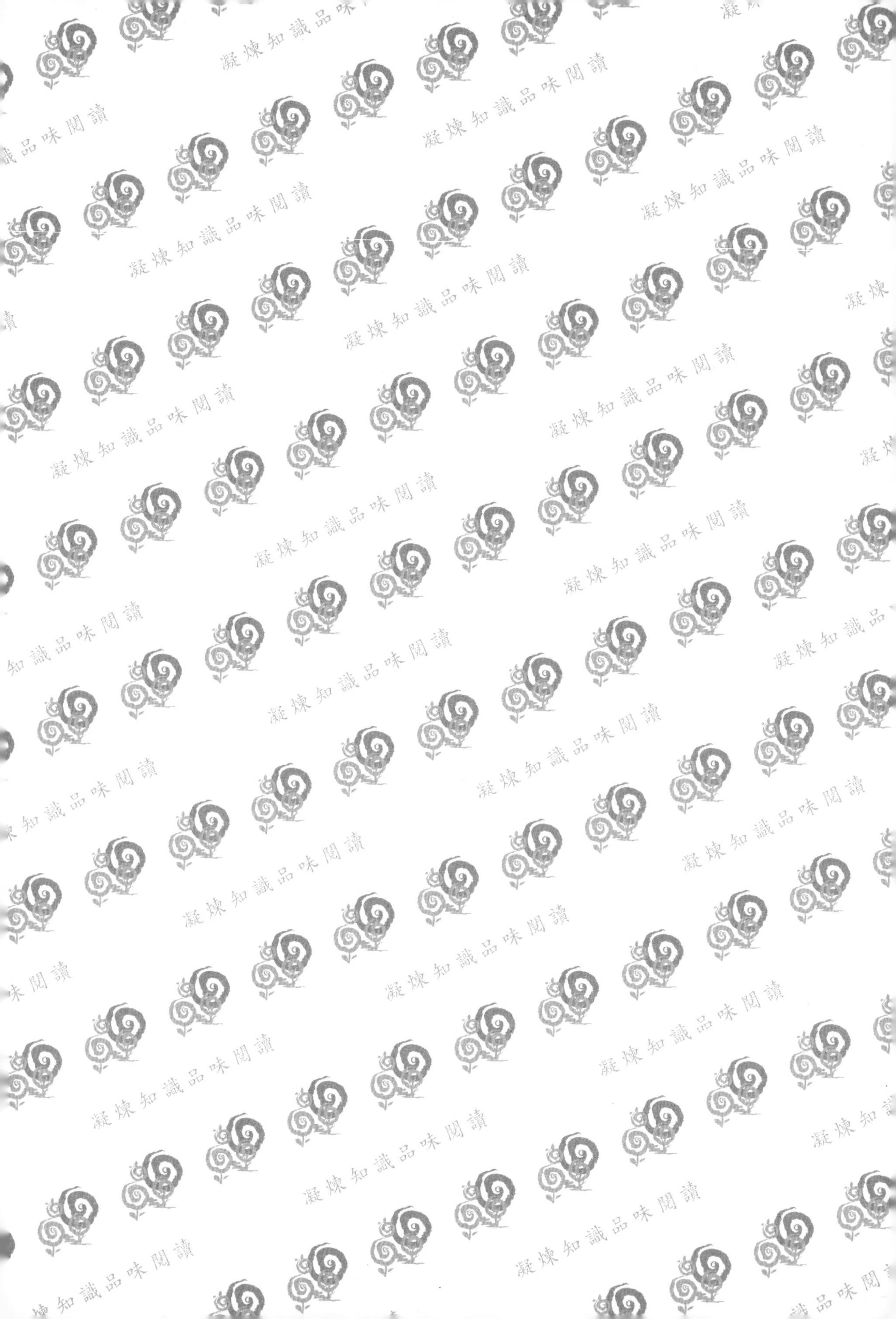
凝煉知識品味閱讀

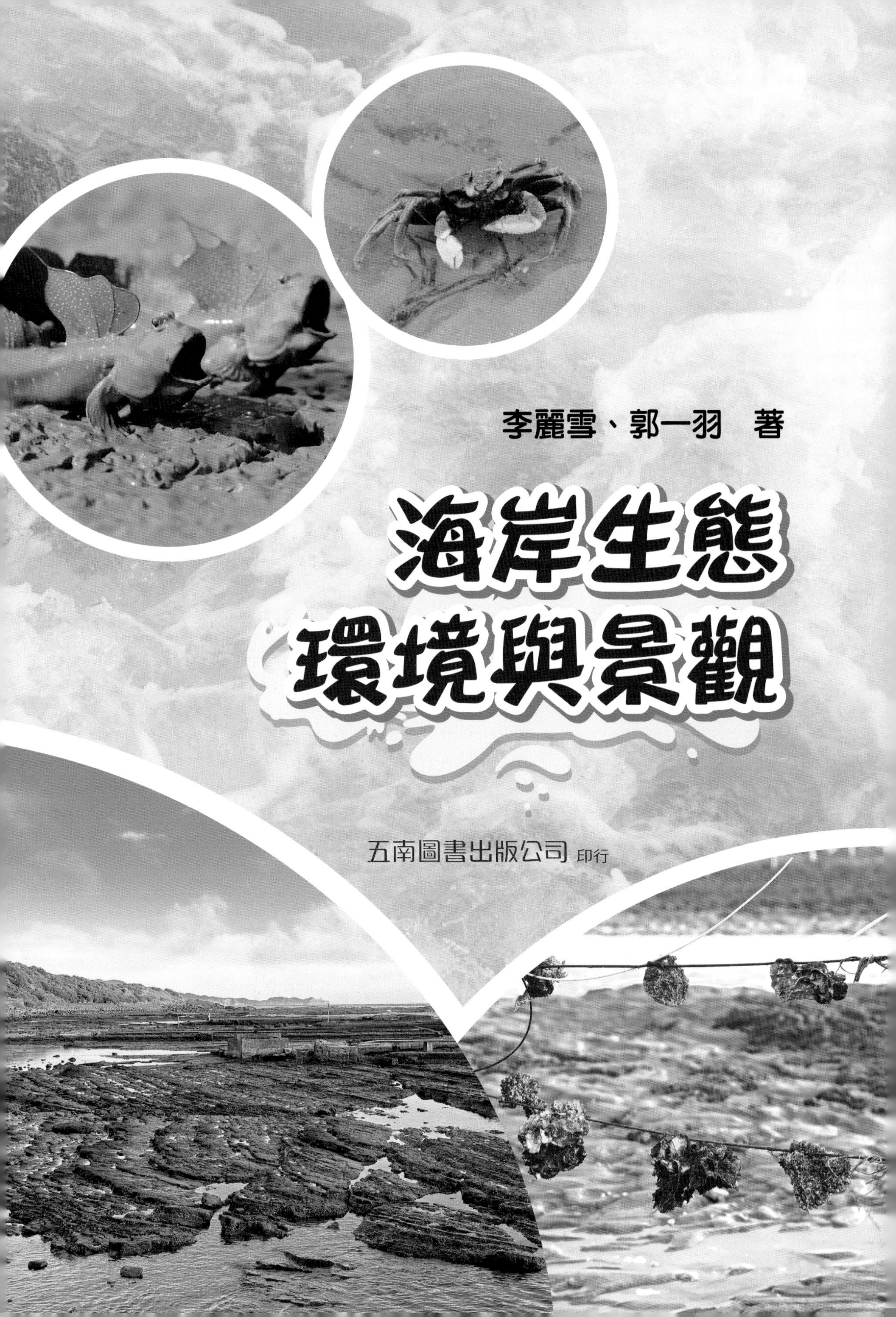
李麗雪、郭一羽　著
海岸生態
環境與景觀
五南圖書出版公司 印行

CONTENTS · 目錄

CHAPTER 1

自然海岸

1.1 永續海岸

1.1.1 海岸的定義和分類

陸地與海洋銜接的地帶稱爲海岸。水陸交界本應只是一條水際線，但因潮汐的關係，有各種高潮岸線和低潮岸線的不同，又因颱風低氣壓引起的暴潮，以及波浪在海岸斜坡上的溯升等，故海岸線是一個籠統的稱呼，或是模糊地指波潮等作用可及之處的水際線。海岸的範圍應是從水域最低潮的岸線算起到陸域波潮可及之處的中間帶狀區域。但依臺灣《海岸管理法》的定義，將海岸地區範圍擴大，包括水陸交界的濱海陸地和近岸海域，將其全部納入法規管理範圍之內。

海岸有多種不同類型的分類相當複雜，如依其形成分類有隆起海岸、沉降海岸，如依沉積物分類有泥質海岸、沙質海岸、礫質海岸，如依地貌分類有斷崖海岸、礁岩海岸、沙灘海岸、珊瑚礁海岸、岬灣海岸，依地理位置分類有島嶼海岸、河口海岸、外洋海岸、內灣海岸等。各種不同的海岸其各有不同的特徵，包括景觀、生態、自然力、水質、利用價值等，一般而言像臺灣或日本這種島嶼國家，可以擁有較多不同類型的海岸。泥、沙或礫石地形的海岸，海水所及之處的陸地稱之海灘，斷面如圖 1.1 所示。而此從最低潮線到最高潮線中間的區間，稱之潮間帶，又因其地面上時而有水時而無水，土壤經常保持潮濕狀態，故亦屬於一種濕地可稱

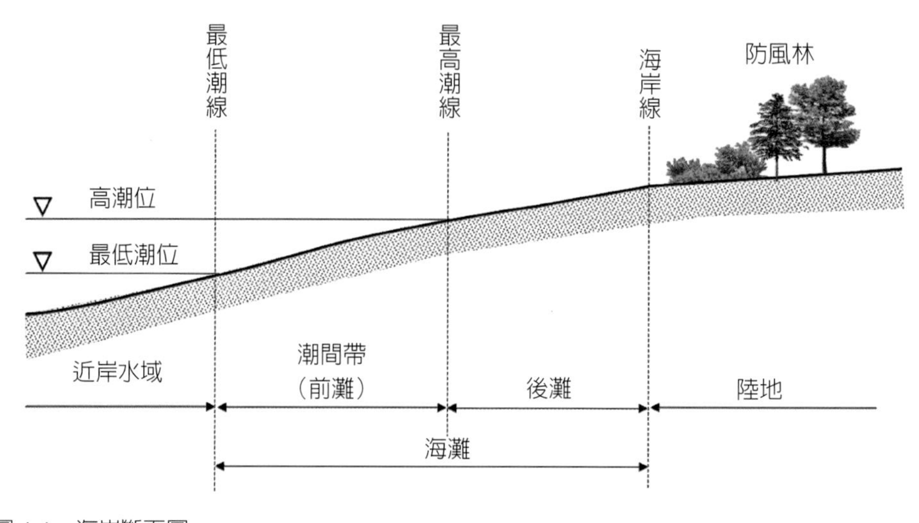

圖 1.1　海岸斷面圖

爲海岸濕地。

臺灣四周環海，西側爲臺灣海峽，海底坡降非常平緩，東側面臨太平洋，海岸陡峻，海底坡度急遽下降。全島海岸線相當平直缺乏天然灣澳，但因地理位置、氣候及海象條件的影響，本省海岸地形、景觀與生態極富變化。大致上臺灣西部多爲沙泥質海岸，包括平原、沙洲、海灘、潟湖和沙丘等，東部爲礁岩海岸，包括斷崖、岬灣和小沖積扇平原等。進一步區分則西北部爲沙丘海岸，中西部爲灘地海岸，中南部爲沙洲海岸，北部爲岬灣海岸，南部有珊瑚礁海岸，東部則全爲斷層海岸，如圖 1.2 所示。本島 19 條主要河川中有 15 條向西流入臺灣海峽，4 條向東流入太平洋，大部分河川都坡度陡峭加上颱風頻繁，常從上游輸送大量砂石至河口，加上外海風浪及潮流的作用，近岸海底漂沙盛行，海岸的淤積或侵退更替顯著，故全島海岸線總長度時有變化。

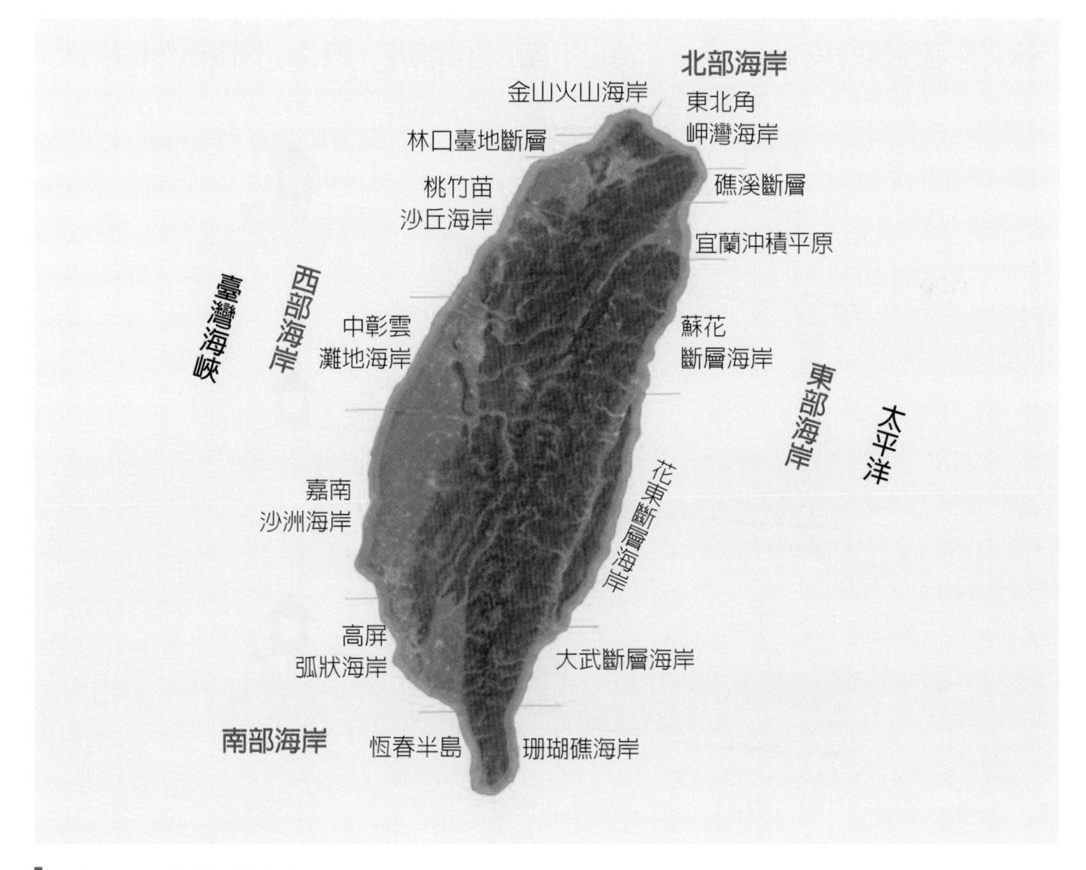

圖 1.2 臺灣海岸類型

海岸爲海洋與陸地的交界，故屬於一種群落交錯或生態過渡的景觀生態敏感區（ecotone），具有景觀多樣性與生態多樣性的特徵，對人類而言是重要的地理自然資源，也有極大的生活、社會與經濟利用價值。由於人類對海岸的利用，人爲設施的介入改變了海岸原有的地形地貌，即會喪失海岸的自然特性。依照日本以及水利署（水利規劃試驗所，2022）對海岸的分類，如圖 1.3 所示，波潮可及之處的海岸線往海側包括全部潮間帶未經人工改變，保持完全自然狀態的海岸，視爲自然海岸；爲對抗自然力的作用，海岸線附近被加諸以人工構造物（即所謂的海岸結構物），但仍保有自然狀態潮間帶的海岸，視爲半自然海岸；而像港灣、塡海造地、海埔地等連自然潮間帶也都已被人工構造物所取代的海岸，則視爲人工海岸。

以臺灣目前海岸而言，有一半左右的海岸線已建有海堤，完全自然的海岸只剩不到一半，若再扣除人類難以接近的斷崖海岸，臺灣的自然海岸其實已是所剩無幾，人跡所至幾乎都是建有海岸構造物的半自然海岸。我國《海岸管理法》在計算全國自然海岸線的長度時，半自然海岸不屬於自然海岸；但爲了保護仍然維持著自

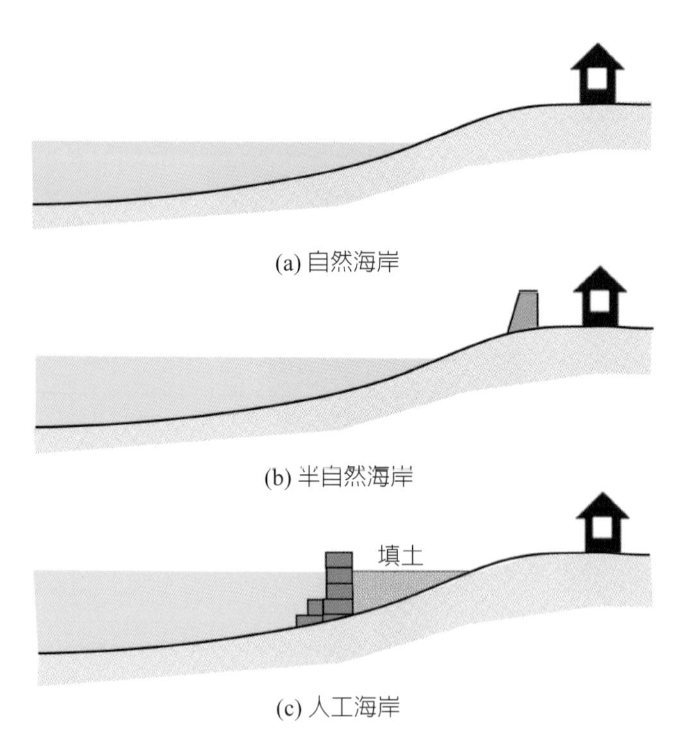

圖 1.3　自然海岸、半自然海岸與人工海岸

然狀態的潮間帶及近岸水域不遭受人爲侵害，對半自然海岸而言，定義人工構造物所在之處的土地屬於人工海岸，但構造物外的潮間帶及水域仍應視爲自然海岸。

「自然海岸零損失」的提倡可以追溯到二十世紀 70 年代的美國，與「濕地零損失」的概念一樣是一種生態補償政策，旨在確保海岸開發造成對生態系統的損失不可超過補償措施所能恢復的範圍。而臺灣在《海岸管理法》中明訂，以後自然海岸線占總海岸線的比例原則不再減少，一方面不再新建海堤和漁港，另方面鼓勵拆除失去既有功能的海岸結構物，盡量將人工海岸恢復成自然海岸。然而至今由於民意高漲與法規不明確，要將既有海堤拆除以恢復自然海岸的做法其實窒礙難行。因此恢復自然海岸的重點，應放在努力考慮生態補償措施的推廣，如潟湖、藻場或海岸濕地的生態復育，以及將海堤近自然化的景觀復育等，用來彌補已遭破壞的部分海岸生態系統與自然景觀。

1.1.2 海岸的可持續性發展

對自然海岸的重視和保護即使大家都能獲有共識，但臺灣海岸由於經常受強烈季風與颱風風浪的侵襲，需要堅固的海岸結構物來避免國土流失和保障海岸土地的利用，因此常造成自然海岸的破壞或損失也是情有可原。然而如何發揮人類的智慧，一方面要防治海岸災害使土地能夠有效利用，另方面要保護海岸的自然資源不因人爲利用而遭受破壞，兩者能夠兼顧或取得平衡是海岸經營最爲重要的課題。

1983 年，聯合國教科文組織（UNESCO）首次提出了「可持續發展」（sustainable development）或稱「永續發展」的概念。依此，永續海岸的概念也在二十世紀 80 年代後期開始被提出。自然海岸是沒有受過人爲干擾或開發的海岸，其即使經常受大自然力的作用而地形地貌產生變化，但通常仍是一個生物多樣性豐富的生態系統。而人爲的介入與干擾常會違反自然現象，造成自然生態系的扭曲或破壞。永續海岸是指在維持海岸健全生態系統的基礎上，實現可持續利用和發展的海岸，亦即保護和維護海岸自然資源，同時在經濟、社會和環境方面都能夠長期穩定地發展和維持。健全的生態系統是支撐自然生態和人類活動的重要基礎。總之，永續海岸的目標是透過人與自然的和諧發展，以確保未來世代的可持續性。爲了實現永續海岸的目標，需融合各種不同專業領域的知識，包括生物多樣性維護、推動生態工法、實施適應性管理、推動可持續的旅遊業和漁業、落實環境教育和民眾參與等。透過這些努力，一方面維護人類生活福祉，一方面保護和維護自然海岸的生態系統。歷經長久的時間所形成的空間就是自然，完全自然的海岸肯定是一個永續的海岸，故盡量讓人工海岸逐漸變成半自然海岸，讓半自然海岸逐漸恢復成自然海岸，經過正向的生態演替過程，逐漸增加生物多樣性。生物多樣性的恢復和提升，是永續發展的一個重要指標。生態系統中，生物多樣性愈高者，其所形成的生態網絡（ecological network）愈龐大愈複雜，對抗破壞的韌性和自行修復的機制愈強大，因此永續生存的可能性亦愈高。

海岸面對大自然，承受著強風、波浪、潮汐、海流及漂沙等的作用，海岸土地的利用必須控制並緩和這些大自然過多的能量，以減少海岸土地流失或岸上民眾生命財產的損失。以硬體方式克服這個困難需要的是海岸工程結構物，以軟體方式克服這個困難需要海岸的有效管理，前者即所謂的工程手段，後者是非工程手段。波浪、潮汐這種地球上的大自然現象，對海岸生物生態系的影響，與對單獨人類生活的影響並不盡相同。海岸工程技術以往只是以人類的利益爲目標，並不考慮整體生態系的立場與對應方式。若以自然景觀和生態保育的必要性來看待海岸經營，亦即以實現永續海岸的目標而言，對大自然的抗衡，傳統海岸工程的規劃設計方法，有必要做大幅的改變與調整，否則將違背永續海岸發展的目標。例如近年來在海岸工程方面，政府積極推動工程減量，限制海堤、漁港等的建造，可說是走出了永續海岸發展的第一步。

所謂海岸的有效管理，是倡導永續海岸特別要去強調的內容，要求明智地對海岸帶進行規劃、保護和管理，執行一系列作爲以求海岸的可持續利用。我們確保海岸資源的永續利用和環境的永續保護，要從法律、管理、監測、科學研究、社會參與等多方面綜合考量，平衡和協調不同的利害關係做適應性管理。所謂適應性管理是應對複雜、不確定、多變的環境或情境，在實施過程中持續性地觀察、學習和不斷地調整做法，以確保所制定的計畫能夠適應變化。臺灣於 2011 年《海岸管理法》公布以後，明示海岸地區以永續海岸發展爲目標，利用跨部門合作方式，不論政府機構或民眾團體對海岸土地與水域的利用，必須經由申請通過嚴謹審核，在有條件的約束下方得以利用，藉以保護國內海岸的生態和景觀自然資源。以上論點簡單歸納如圖 1.4 所示。

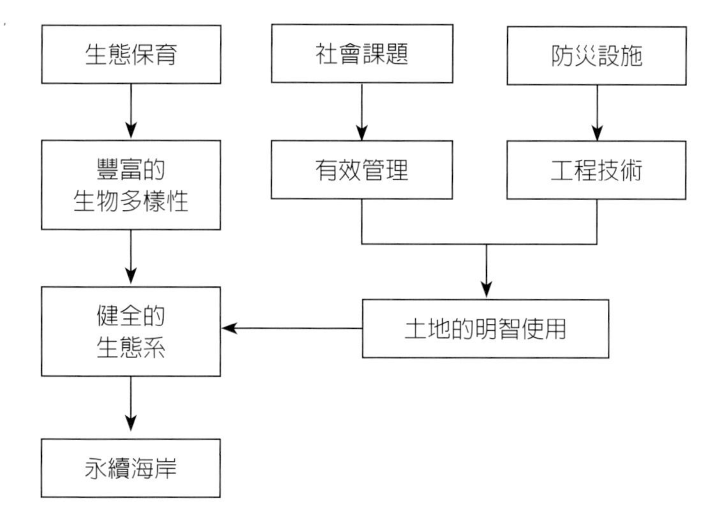

圖 1.4　永續海岸的構成

1.1.3 里海倡議

繼地球永續發展宣言，日本於 2010 年提出「里山里海倡議」，後來更多國家和地區也開展了類似的地區環境保護運動，保護和恢復人類居住地周圍的自然環境。其中包括非都市地區的海岸，要求生態復育和經濟發展並重，積極合理調整海岸的土地利用方式，例如避免過度開發、避免破壞沿岸濕地，以及避免土地任其荒廢等。

近些年來，鄉村人口往都市集中的趨勢愈來愈明顯，鄉下包括海岸地區荒廢的土地愈來愈多，在里海倡議的原則下，荒廢的土地除了少部分可在生態保育的基礎上做產業復興外，其餘大部分土地應以恢復自然海岸爲主要目標。恢復自然海岸最理想的做法是尊重自然的力量還地於海，但基於國土不可流失的國家政策要求，土地仍需受有某種程度的保護，因此在避免土地流失的原則下，將荒廢土地恢復成自然生態的狀態是最好的選擇。但須注意的是，土地任其荒廢棄之不顧並不等於土地回歸自然，荒廢的土地必須經過有效的人爲生態復育介入，方能使其朝正面的生態演替發展，保障生物多樣性的增加和繁榮。

此外，海岸除了港口以外本就不是易於人類發展經濟的地方，因此由於土地價格不高，導致肆意浪費使用土地，減損了動植物生存的棲地，這也是維護自然海岸的一個很大威脅。里山里海的主要目標是產業與生態共榮，一方面要以增加生物多樣性來發展地方產業，另方面希望產業發展能夠兼顧到生態復育，例如沿岸藻場、漁場的復育，或海岸濕地生態旅遊等創生產業的興起，以及避免過度發展沿岸養殖畜牧與綠能設施等即爲里海倡議的實踐。對於荒廢的海岸土地以及被過度開發利用的海岸土地，里海倡議的內涵如下表 1.1 所示。

表 1.1 里海倡議內容

	荒廢的海岸土地	過度利用的海岸土地
訴求	健全的生態系	生物多樣性增加
目標	回歸自然	產業與生態共榮
方法	生態復育	縮小、減輕、破壞
案例	雜木林、廢棄鹽田	水產養殖、綠能設施

1.1.4 海岸生態系對人類的服務功能

以人類的立場而言，生態系統應是以人類爲中心，但以人類的長期利益或永續發展著眼，維護健全的整體自然生態系統才是維持人類生存的基本條件。地球的自然生態系提供給人類重要的資源、服務和保護，影響著我們的食物供應、生活品質、自然防禦、碳循環和經濟發展。

據說地球上生命的起源是在河口海岸，由於波浪在海洋岸邊發生碎波讓海水中含有充分的氧氣，又岸邊水淺水中陽光充足，以及從陸地特別是河口有大量營養鹽流下，空氣、水、養分和陽光具備，因此極爲有利於生物的產生和繁衍。由於海岸位於大氣、海洋和陸地三種不同介面交接之處，也是淡水和鹹水交混之處，是一種高度複雜的異質交錯帶，具備多種形態的生物棲地，本身生物多樣性極爲豐富，同時也是孕育地球上豐富海洋魚類的最重要基地。保護這些生物多樣性有助於維持生態平衡，並提供食物、汙染淨化、防災、娛樂等生態服務，爲人類提供重要的生活環境和資源。

首先是水產漁業發展，海岸地區提供人類大量的食物來源，如魚類、蝦蟹、貝類和藻類等。自然生長於海洋的水產資源屬於自然生態系，適度的採集是我們使用海岸生態資源最好的方式。但由於過量捕撈以及棲地遭受破壞，此自然資源日漸枯竭，許多沿海社區轉爲依賴水產養殖業維持生計。水產養殖屬於一種人爲生態系，其對於海岸生態系的繁榮亦不無貢獻，但生物多樣性相對貧乏，必須在經營上加強多種生物棲地的營造來增加生物多樣性。然而水產養殖不論是海域養殖或陸域養殖，往往會產生水質環境汙染問題，造成海岸生態系的劣化或破壞，必須嚴格做好防範措施。維護可持續性的海岸生態系，對人類生活福祉而言，至少可以確保持續的食物供應，維護食物的安全和營養。

海岸生態系同時具有淨化沿岸水質的功能，而乾淨的海水又對海岸生物多樣性包括水產資源的繁榮也有重要的意義。海岸不論是礁岩或沙泥底質，生活其中的底棲和浮游生物可消化由陸地帶來的有機汙染物質，將其轉化爲魚類、鳥類甚至人類的食物。水質經過淨化，水中增加了陽光，加上適度的營養鹽，浮游藻類或底棲藻類得以生長繁殖，帶來魚蝦貝類等水中動物，形成一種良性的循環，如圖 1.5。然而海水若被過度汙染，底棲生物和魚類、鳥類等消化不完這些汙染物質，棲地條件將會惡化，海岸的生物多樣性降低，只能存有一些耐汙染性的生物。海岸水質和海岸生態系彼此關聯相互影響，而海岸水質優劣同時也影響海岸遊憩行爲的可行性。

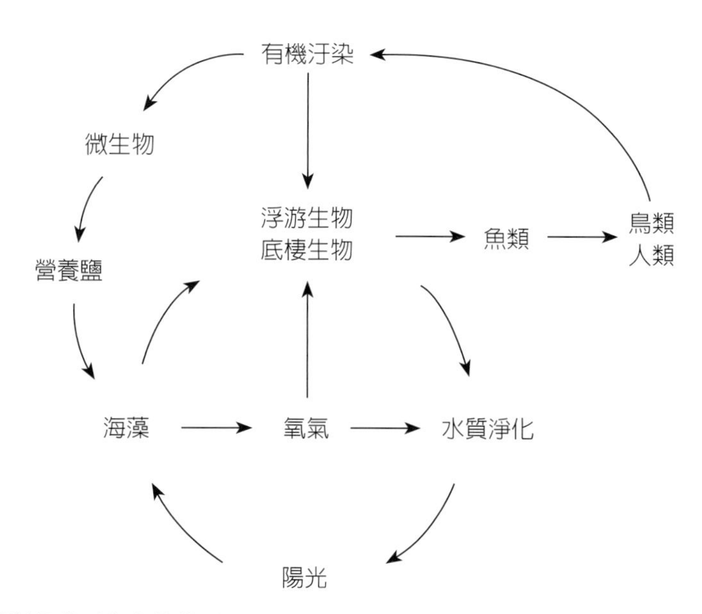

圖 1.5　海岸的汙染淨化與生態循環

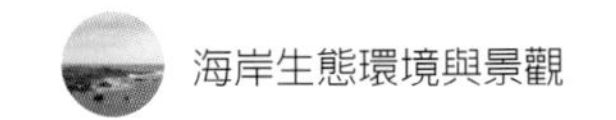

海岸地區的美麗景觀和豐富的生物多樣性，可以吸引大量愛好自然和休閒旅遊的人群。發展旅遊業可提供就業機會和增加經濟收益，對於許多沿海社區的經濟發展至關重要。海岸生態旅遊可以讓人體驗海邊的大自然，隨著生活水準提高，最近受到很多民眾的喜愛。例如藻礁、珊瑚礁或紅樹林的特殊景觀可吸引很多觀光客到海邊，釣魚、挖蛤貝、抓螃蟹或是到濕地觀賞水鳥，從以前就一直是很受歡迎的海邊休閒遊憩活動。然而生態旅遊必須在有條件的規範下去進行，才不會影響或破壞到自然生態系，例如海岸水鳥的賞鳥活動，必須讓人和鳥之間有適當的隔離；濕地的生態體驗，不能有入侵性的破壞行爲等。

此外，海岸陸地和水中的植物都會行光合作用吸收二氧化碳，在生長過程中將其儲存，貯藏於地下或水下，即所謂的碳匯，如此將二氧化碳從大氣中移除，有助於減緩地球暖化。碳以各種形式儲藏在海岸生態系中，例如紅樹林、濕地、藻場、海草床、沼澤地等，屬於海洋碳匯。海洋碳匯是地球上所有碳匯中儲存二氧化碳總量最高者，而其中紅樹林的碳儲存能力是所有海洋碳匯中最高的，超過全球主要森林的單位碳儲存量，紅樹林所吸收的碳約有 88% 會儲存在超過 3 公尺的底泥中。臺灣屬亞熱帶氣候，西海岸紅樹林遍布甚廣（圖 1.6），對氣候變遷調適有很大的幫助。

圖 1.6　新竹新豐紅樹林

1.1.5 臺灣海岸生態環境變遷

上個世紀中期以前，除了少數港口周邊的聚落外，臺灣的海岸一片荒蕪，但同時維持著高度的自然生態與景觀，岸邊海藻水草叢生魚蝦豐富。其後慢慢爲了海岸土地的社會經濟利用，開始築造海堤，隔絕海洋和陸地，侵占海岸原有的生物棲地。早期由於政府經費有限，海堤是簡易的土石堤，爲了安全和節省經費盡量靠向陸地，距離海岸潮間帶較遠，成爲半自然海岸，對原有海岸生物棲地的影響比較不嚴重。然而隨著經濟的發展，人們開始與海爭地，海堤堤線逐漸往海側靠近，水泥取代了土石，將陸地的生態環境與海洋的生態環境完全隔絕。海堤愈築愈高愈堅固，很多地方的海平面已高過堤內土地地面高程（圖 1.7a），堤內的排水渠道穿過海堤時都要有防潮閘門的設計，高潮時閘門關閉，低潮時打開閘門讓水排出去，並常需要有滯洪池配合蓄水滯洪。由於臺灣的海岸侵淤不定，海岸線進退變化週期短，侵蝕的時候加以防堵，淤積的時候因無安全顧慮置之不理，因而有些海堤變成堤外的海底高於堤內的地面（圖 1.7b），造成排水溝渠出口淤塞，打開閘門水也排

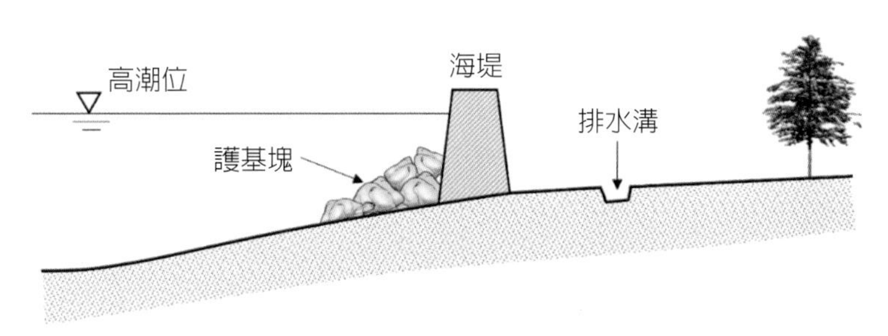

(a) 堤外水面高於堤內地面

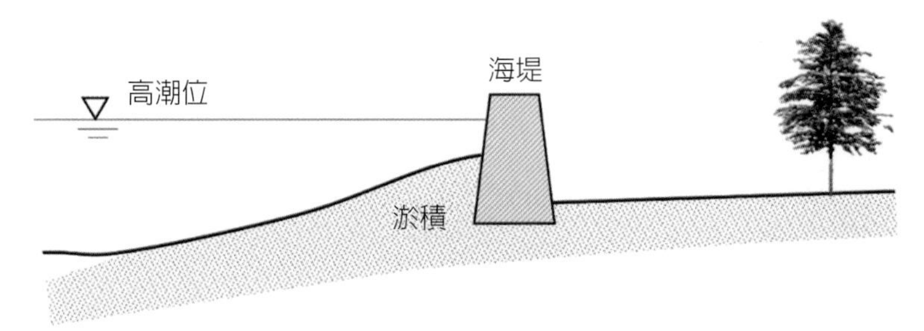

(b) 堤外地面高於堤內地面

圖 1.7　海堤內外高程示意圖

不出去外海，以致堤內土地時常淹水。此外，早期大家沒有保護濕地的觀念，海岸濕地大部分被填築形成海埔新生地做農業使用，後更為了增加土地面積做工業使用，在近岸海域填海造地形成新興工業區，侵占廣大的潮間帶生物棲地。

近一、二十年來，受國際社會資訊流通的影響，國人與政府也了解到保護自然海岸的重要性，於是開始呼籲並積極進行保護與拯救海岸的行為。如今，國內所有海岸工程建設均被要求需考慮對生態環境的保護，海堤、漁港與岸上風力發電機等原則上不再新建，防災措施要求盡量以非工程手段取代硬體工程建設，盡量拆除已失去既有功能的海岸結構物，新建的港灣或海岸設施必須提出生態補償措施，又訂定了自然保護區、國家濕地等受嚴格管制的保護區範圍，海岸地區的所有設施除少數例外，所有開發行為都必須通過海岸利用管理說明書的嚴格審查。雖然如此，但近數十年來海岸濫用導致的生態環境破壞，若要予以修復，除了國人的積極和用心外，可能還需要一段漫長的時日。

政府水利機關近些年來，特別是對一般性海堤的海岸區段，做了很多環境營造復育工作，在視覺景觀上有相當明顯的改善（圖 1.8），但對生態環境的改善相對上則較難以落實。事實上，生態是依靠大自然而產生，以人工手段來處理，一方面知識、經驗與技術難度高，另方面需要有足夠長久的時間。倘若我們能夠先充分了

圖 1.8　海堤環境營造

表 1.2　臺灣海岸生態環境營造的 SWOT 分析機會

優勢	機會
▪ 生物多樣性豐富 ▪ 土地仍未被高度經濟利用 ▪ 沿岸水域海水交換良好	▪ 環境保護意識抬頭 ▪ 已立法管理 ▪ 生態旅遊興起
劣勢	**威脅**
▪ 環境與水質汙染 ▪ 海象嚴苛 ▪ 漂沙飛沙嚴重 ▪ 海岸工程過量	▪ 氣候變遷 ▪ 綠色能源產業的威脅 ▪ 養殖事業的環境汙染 ▪ 防風林的消失

解臺灣生態環境的基本背景，了解如何將生態系統融入工程系統，對於往後的復育或營造工作的規劃，將會有比較明確的方向。表 1.2 爲臺灣海岸生態環境的 SWOT 分析結果。

臺灣海岸具有各種不同的地形地貌，有礁岩、沙灘、沙洲、瀉湖及岬灣等多樣性的生物棲地。臺灣沿岸水域開闊海水交換良好，加上沿岸周邊有海洋洋流經過，帶來多種海洋生物，沿岸水域生物多樣性極爲豐富。沿岸陸域土地除港口周邊集聚較多人口外，由於氣候惡劣風強浪大，空氣中含有很高鹽分，只適合嚴苛環境應力耐受型生物棲息，加上沿岸漂沙與飛沙盛行，海岸侵淤不定，棲地變動頻繁，也只適合耐受干擾型的特殊生物生存。但也因耕種不易，地方上人口稀少，反而有利於自然海岸生態的保全與復育。

然而目前臺灣要恢復自然海岸遭遇到的最大困難，在陸域是海堤過量，在海域是海水汙染。海堤阻絕了水域與陸地之間的生物通道以及景觀的連貫性。臺灣西海岸由於人口密集加上海底坡度平緩，幾十年來由陸地排入的汙水已造成近岸海水嚴重汙染，海岸生態系已遭受了嚴重的破壞（圖 1.9）。所幸近些年來自然生態保護意識抬頭，政府也已陸續制定了《海岸管理法》、《濕地保育法》、《國土計畫法》等相關法規積極保護自然海岸的生態與景觀。同時隨著國人生活水準提高，生態旅遊日漸盛行，經由生態旅遊的實施和教育，增加民眾對海岸生態的認識，期望對海岸永續發展有更加積極的作爲。

圖 1.9　海岸的水質與底質汙染

氣候變遷對海岸的威脅無疑是未來必須面對的問題，但目前臺灣海岸生態保護與復育面臨的更大威脅，一是防風林的消失，雖然防風林現已被劃設爲保護區，但其自然老化死亡而逐漸消失的問題並未受到重視，沒有積極復育的計畫和作爲。二是臺灣海岸不論陸域或海域，已有大量的水產養殖產業，且往後將會更加興旺逐漸擴大面積，相對地其所產生的生物多樣性喪失、海洋汙染及景觀環境劣化等問題必須設法有效解決。三是大量海岸風力發電以及太陽能這種綠色能源的發展，是否會對現有海岸生態系造成浩劫，應有周全的計畫持續加以監測、研究和探討。

1.2 氣候變遷對策

1.2.1 氣候變遷與韌性海岸

雖然不破壞或改變自然海岸是目前一般大眾既有的共識，但隨著地球暖化氣候變遷的問題日益嚴重，海洋水平面上升以及極端氣候造成風浪暴潮增大，海岸自然環境的穩定面臨更大的挑戰。海平面上升造成的災害是海岸線後退、原有生態棲地破壞，以及地下水位上升和鹽化。海平面上升速率的預測是一個複雜的問題，存有很大的不確定性，取決於不同的氣候模型和碳排放情景。根據聯合國氣候變化專門委員會（IPCC）的報告，從1850年到2014年，海平面上升速率約爲1.7毫米／年。然而，近二、三十年來由於溫室氣體排放的持續增加，海平面上升速率逐漸加快。IPCC估計到本世紀末，海平面上升速率可能會在0.26米／年到0.77米／年之間。這種上升速率可能會對沿海地區和島嶼等低窪地區的人類和生態系統造成重大浩劫。另方面地球暖化，溫暖的海水和增強的水汽含量可以爲颱風提供更多的能量，颱風的數量會減少，但會增加強度較大颱風發生的機率。然而具體的數據，氣候模型在預測上同樣存在很大的不確定性，發生機率和強度仍需要更多的觀測和研究來得出更確切的結論。對海岸地區而言，颱風發生機率減少對防災有利，但對海岸生態不一定有利。颱風強度增大，必須增加海岸結構物的強度，例如以往五十年回歸期的波高與暴潮設計值變得偏小，必須加大來考慮。

因應氣候變遷的結果，我們不能無止境地一直去加高和加強海岸結構物的量體，因此從本世紀初開始有韌性海岸（resilient coast）的呼籲和提倡，它逐漸成爲沿海地區永續發展的重要策略之一。韌性海岸是強調降低災害風險，永續海岸是強調海岸的生物多樣性，但兩者對海岸發展的目標是一致的，也可說韌性海岸是永續海岸發展中降低災害風險的一個手段。韌性海岸是一種綜合性的管理方法，需要在保護生態系統、社會經濟發展、土地使用和管理等方面進行綜合考量，以實現沿海地區的可持續發展。其一，需要考慮氣候變遷對海岸線帶來的威脅，進一步研擬對抗自然災害的防護措施，但這些防護措施盡量不要與海岸原有自然生態產生衝突。依靠人工結構物之外，我們保護和恢復沿海的生態系統，如沙洲、潮間帶、紅樹林或防風林等，除達到保全生物多樣性的目的外，這些生態系統亦可緩解海岸侵蝕或暴潮溢淹的災害。其二，是加強土地使用管理，檢討土地利用方式是否會對沿岸地區生態系統產生負面影響，或多增加了民眾生命財產承受自然災害的風險，以及加強居民的防災自主能力，包括提供預警設施、居民避難所和救援措施等，甚至擬定撤離高風險地區的計畫。

想要減緩地球氣候變遷主要的手段是減碳和固碳措施。海岸地區除了災害防治問題外，對減碳固碳而言亦具有重要的意義，例如潮間帶、蘆葦、紅樹林等的維護，或藻場、藻礁、防風林等的復育，都可顯著達到固碳的作用。又沿岸地區是風力發電、波浪或潮汐發電等綠色能源發展潛能很高的地區，在臺灣海岸風力發電已成爲綠色能源中的一主要來源，然而在海岸地區風力發電的發展與自然生態的保全互有競合關係，如何權衡去追求兩者共乘效果最大化，也是往後永續海岸經營的一個重要課題。

1.2.2 以自然爲本的解決對策

以自然爲本的解決對策（Nature-based Solutions，簡稱 NBS）最早於 2008 年出現，國際自然保育聯盟（IUCN）將其定義爲：「保護、可持續管理和恢復自然的生態系統，以有效和適應性地應對社會問題的挑戰，同時爲人類福祉和生物多樣性提供利益。」社會問題包含糧食安全、氣候變遷、水安全、人類健康、災害風險、社會和經濟發展、環境劣化與生物多樣性喪失等。NBS 如上同樣成爲實現永續發展的一個重要手段，希望土地利用要兼顧人類福祉和生物多樣性，減少對自然環境的破壞，實現生態與經濟共榮的目標。NBS 最初只是提倡希望人類的活動能與自然生態系合作，達到與自然共存以求能夠永續發展的目標。隨後因氣候變遷的問題日益嚴重，它的討論方向也逐漸移到減緩氣候變遷的問題上，認爲與其繼續採用過往的灰色人造設施（混凝土結構），不如恢復退化的生態系、多保護現有生態系統和落實永續土地管理，才是減緩氣候變遷造成災難的解決之道。

NBS 其實與上面永續海岸、韌性海岸或里山里海倡議的目標、內容與目的都很相似，如表 1.3 所示。NBS 從名稱上可知其強調的是以自然爲本，一切以自然爲依歸，對海岸而言也就是海岸的利用經營要以恢復自然海岸爲依歸，讓人工海岸成爲半自然海岸，讓半自然海岸回歸到自然海岸。而所謂「自然」，其指標高低就是以生態系統的健全與否來做判斷。NBS 提出的解決問題的對策有以下五種方案，這些都適用於海岸自然資源的保護、維護和利用。

1. 生態系統恢復方案，例如生態復育、生態工法等。
2. 與氣候防災相關方案，例如生態防災、氣候變遷調適等。
3. 基礎設施相關方案，例如自然基礎設施、綠色基礎設施等。
4. 以生態系統爲基礎的管理方案，例如改善地區土地管理、整合性沿岸資源

表 1.3 里海倡議、韌性海岸與 NBS 的比較

名稱	里海倡議	韌性海岸	NBS
目標	永續海岸	永續海岸	永續海岸
重點	生態與產業共榮	防災	以自然為依歸
方法	生態復育	綜合性管理	健全生態系統

管理等。

5. 生態系統保全方案，例如生態保護區管理、自然生態地區維護等。

其中生態復育、生態保全、生態工法、生態防災以及自然基礎設施等將在下面章節做討論。自然基礎設施（nature infrastructure）與綠色基礎設施（green infrastructure）的差異，前者是著重於生態系統的恢復和運作，比較適用於較大尺度的地區；後者比較強調生態系統的對人類的服務功能，大小尺度的空間都可適用，特別是針對城鎮地區的基礎設施。其實兩者所提示的原則與目標大都是重複的，均是將基礎設施與生物多樣性做結合。在生態保全方面，法定保護區受有法規的保護，問題單純，而非法定保護區的生態系雖重要性較低，但反而是我們一般民眾要去關心和保護的對象。

至於海岸生態系的管理，因生態系統是一個高度複雜的動態系統，存在很大的不確定性，在沒有充分了解和相關知識的情況下要做管理和決策，必須使用彈性管理或適應性管理，適應系統外部環境和內部結構千變萬化的形式做靈活的管理。它的過程是經過計畫、執行、監測、評價、回饋和改善的循環操作，透過邊做邊學習的方式，來得到最後最適當的結果。但這種學習與回饋的操作方式需要很長一段時間，其與短時間的應變操作方式之間必須取得一個適當的平衡點。

1.2.3 生態防災

早在二十世紀中期，當時有一些學者已開始關注自然災害和生態系統之間的關係，提出了生態系災害風險降低（Ecosystem-based Disaster Risk Reduction, Eco-DRR）的概念。而在其後有了永續發展的議題後，其更成爲海永續發展中的重要發展目標之一（圖 1.10）。其強調保護和增強生態系統，以提高對抗自然災害的韌性，減輕自然災害對社會、經濟和生態系統的影響。這種方法將如何防制自然災害

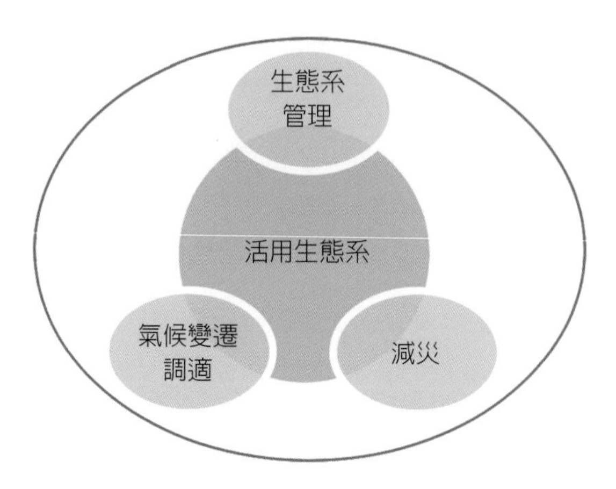

圖 1.10　生態減災為永續發展的一個目標（PEDRR, 2010）

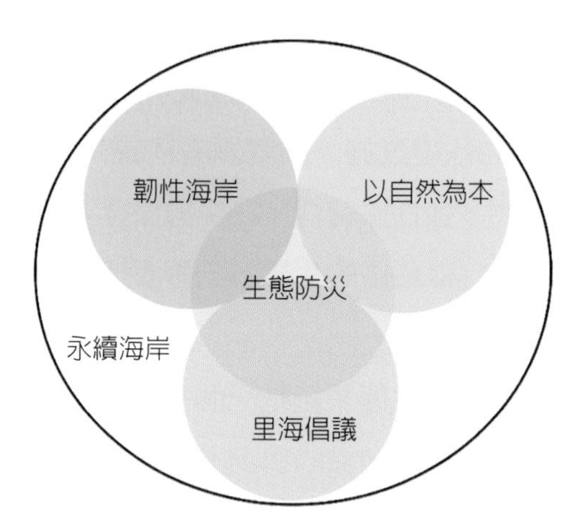

圖 1.11　生態防災是實現韌性海岸、里海倡議及 NBS 的主要策略

視爲一個綜合性問題，旨在透過提高社區的生態韌性來減少對自然災害的敏感度，利用保護海岸生態資源來減少颱風或氣候變遷帶來的對海岸地區的破壞，同時也強調當地社區和利益相關者的參與，以確保解決方案的可行性和可持續性。故生態防災也是實現韌性海岸、里海倡議及以自然爲本解決問題的主要策略，如圖 1.11 所示。

考慮利用生態系來降低海岸災害的緣由如下：

1. 用以抵禦超過設計値的波高和暴潮：如海堤等海岸結構物的強度通常以五十年回歸期來設計，受氣候變遷的影響，發生越波或海堤破壞的風險將會逐步增加，健全的海岸生態系可以吸收部分此增加的風險。

2. 荒廢土地增加：鄉下人口老化加上年輕人口往都市遷移，海岸土地逐漸荒廢，釋出大量空間可用來復育生態。

3. 結構物老化：海岸堤防興建歷史久遠，結構老化，維護費用增高，利用自然生態取代部分人工結構物，可節省大量經費。

4. 國際趨勢：恢復自然海岸如今爲國際重要議題，例如韌性海岸或以自然爲本的解決方法（NBS）受到高度重視，增加生物多樣性的理念爲今後人類共同努力的目標。

5. 臺灣海岸高度經濟利用的土地不多：受到季風與颱風的氣象因素以及海岸線平直的地形因素影響，臺灣海岸土地甚少有人口密集的都會區，營造海岸自然生態的可行性較高。

災害風險依據「亞洲災害風險管理中心」的定義（ADRC, 2005），災害風險高低是由自然災害的危險性、暴露於危險狀況下的程度以及遭受危害時會被破壞的難易度三者所決定，如下方程式所示：

$$災害風險 = f(危險度、暴露度、脆弱度) \tag{1.1}$$

因此如圖 1.12 所示，若能減少暴露度和脆弱度即可降低災害的風險。

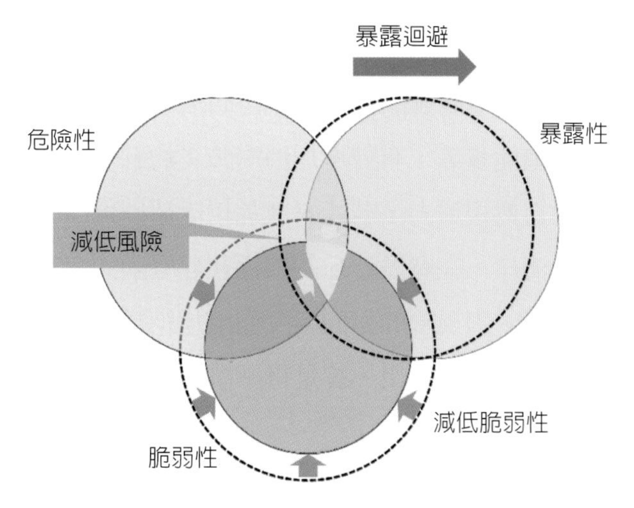

圖 1.12　災害風險減輕策略（ADRC, 2005）

健全生態系可以減低暴露度的風險。一方面依靠對生態系變化的觀察，可以了解土地暴露於災害的程度。對沿岸植生時常受損或變化的海岸地區，要盡量避免開發使用。另方面對既有開發已在利用的土地和房舍等人工設施要盡量考慮撤離危險區，而將釋出的土地作爲農業使用，因其有較強的災損後復原能力；或是將災害風險較高的部分地區，復育生態系作爲緩衝災害的空間（圖 1.13）。緩衝區亦有調節氣候、淨化空氣及保育水資源等增加人類生活福祉的功能。緩衝區寬度在 30 公尺以上就有減少溫度變化、降低侵蝕、保護水質及野生動物棲地的效益。即使是狹窄的緩衝區（7.5-15 公尺寬）在某些情況下也可以有效地實現其特定目的。海岸濕地緩衝區的最佳寬度取決於現場條件、鄰近條件以及緩衝區所需功能的綜合考慮。

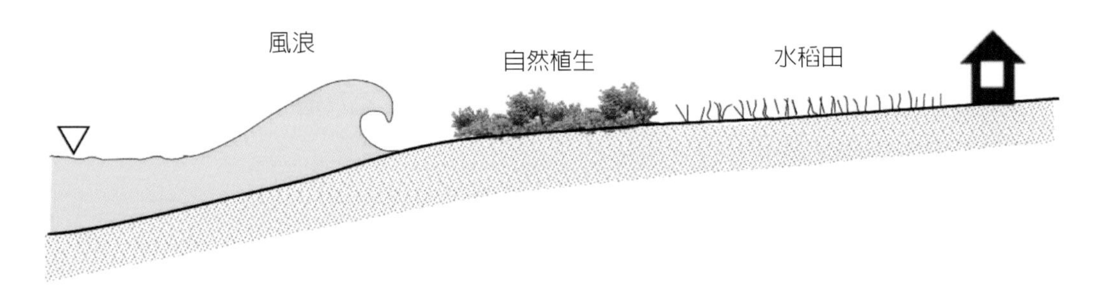

圖 1.13　利用生態系迴避災害暴露風險（緩衝帶）

另外健全生態系同時也可降低海岸脆弱性。自然生態系本身即可作爲對抗自然災害的緩衝材，例如防風林可防風防沙、藻礁可防海岸侵蝕、沙丘可防侵蝕和暴潮以及潟湖沙洲可消減波浪能量等，有效增加海岸防災的韌性（圖 1.14）。同時自然生態系本身具有強大的自然復原力，若能有效加以活用則可節省大量防災所需的人力物力。在臺灣有不少海岸，在寬廣沙丘的前面興建堅固的海堤，忽略了沙丘的防災功能，此既沒達到降低災害風險的目的，反而增加結構物的災害暴露度，每年要花費不少海堤及防汛道路的維護費用，實是得不償失（圖 1.15）。

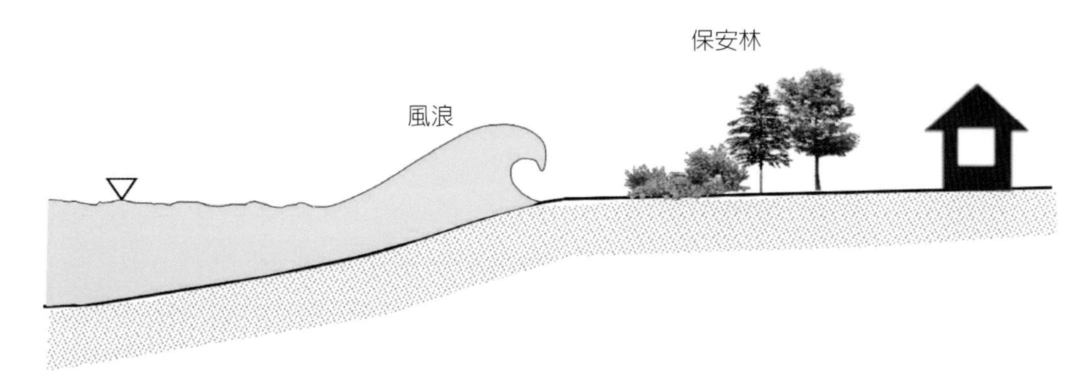

圖 1.14　利用生態系降低海岸脆弱性（緩衝材）

圖 1.15　沙丘前方已被沙覆蓋的海堤

參考文獻

1. 水利規劃試驗所（2022）。水利工程生態檢核參考手冊編撰。資源及環境保護服務基金會。
2. 營建署（2015）。海岸管理法。
3. ADRC (2005). Total Disaster Risk Management - Good Practices.
4. Cohen-Shacham, E., Walters, G., Janzen, C., & S. Maginnis (2016). *Nature-based Solutions to address global societal challenges*. Gland, Switzerland: IUCN.
5. PEDRR (2010). Demonstrating the role of ecosystems-based management for disaster risk reduction.
6. 日本環境省自然環境局（2016）。生態系を活用した防災・減災に関する考え方。

CHAPTER 2

海岸防護

2.1 自然防護基礎設施

2.1.1 防風林

防風林或稱保安林，在海岸潮間帶或海灘的陸側上方，以某種寬度平行於海岸線，可以減輕海風和飛沙對岸上土地的威脅，其寬度愈大功效愈佳。臺灣東北季風時期風勢強勁，風中含鹽沫，以及沙灘上的沙粒隨風飛起，懸浮的沙塵顆粒飛向內陸，對於沿岸人民的生活和農作造成很大的困擾。強風吹進樹林，樹枝樹葉隨風搖動大幅消減風能，同時沙粒也自然沉降或被攔阻，樹與樹相互支撐共同分攤強大海風的作用力，避免被逐一破壞。群集的樹木才能有效地發揮防風功能，但密不透風的防風林，風吹不進林內而從樹梢越過，風的能量得不到減衰，反而防風效益不高。一般飛沙都是發生於沙質海岸，泥質海岸由於海灘常保持潮濕，土壤顆粒不易被風飛起，礫石海岸由於礫石顆粒重也不易飛起，所以對沙質海岸而言防風林特別重要。

臺灣海岸的防風林大都起源於日據時期，所用樹種大都是木麻黃（圖 2.1），日本海岸種的防風林很多是用黑松（圖 2.2），它們都有很高的樹高，具很好的阻隔作用。木麻黃和黑松能夠適應含有一些鹽分的土壤，對於高鹽度的環境有一定的耐受能力，但根部不能直接浸泡於海水中生長，所以一般防風林要距離海岸線有些距離，避免樹根受海水淹沒。海岸若是侵蝕，海岸線往內陸移動，常會見到一大片木麻黃枯死在海灘上（如圖 2.3）。在某些情況下，例如沿海地區的鹽沼或潮間帶，木麻黃可能在一定程度上生長著，那是因爲這些地區的土壤含有淡水讓鹽分濃度降低，提供了一個比純海水適合木麻黃生長的環境。木麻黃防風擋沙的效果雖然很好，但林相的景觀遊憩效果不佳，黑松防風擋沙效果較差，但林相優美利於休閒遊憩。紅樹林一般生長於鹽分高的海岸濕地，與遏止風飛沙無關，但可有限度地消減強風和風浪。另有些樹種如苦楝樹、欖仁樹等的根系可以容忍高鹽度的海水長期浸泡，但可能抗風能力較差，少見廣植成林作爲防風林。比較理想的防風林，以生態的觀點而言應該是一個雜木林，但以休閒遊憩的觀點而言不希望林相過於雜亂。防風林一般初期都是由人工栽植易於成活的少數樹種，林內棲地條件改變後，經過生態演替或林相更新逐漸形成樹種較爲豐富的混合林。

圖 2.1　木麻黃防風林

圖 2.2　黑松是日本主要的海岸樹種

圖 2.3　受侵蝕的海岸防風林

除了群集的大型喬木之外，防風林也常與小喬木及灌木如黃槿、海桐、白水木等結合形成複層植栽，對防風擋沙更具效果，生態也更豐富。防風林的前面一般是沙灘，從海側向陸側，沙灘、地被植物、草本、灌木、防風林依次排列，對海岸土地防護構成一個很有效的災害緩衝區帶（圖 2.4）。防風林除了防災功能之外，還有豐富生物多樣性、固碳、淨化空氣、水土保持以及農業支援等多項功能，是海岸很重要的自然基礎設施。然而在臺灣，由於樹齡老化、土地被侵占以及缺乏維護

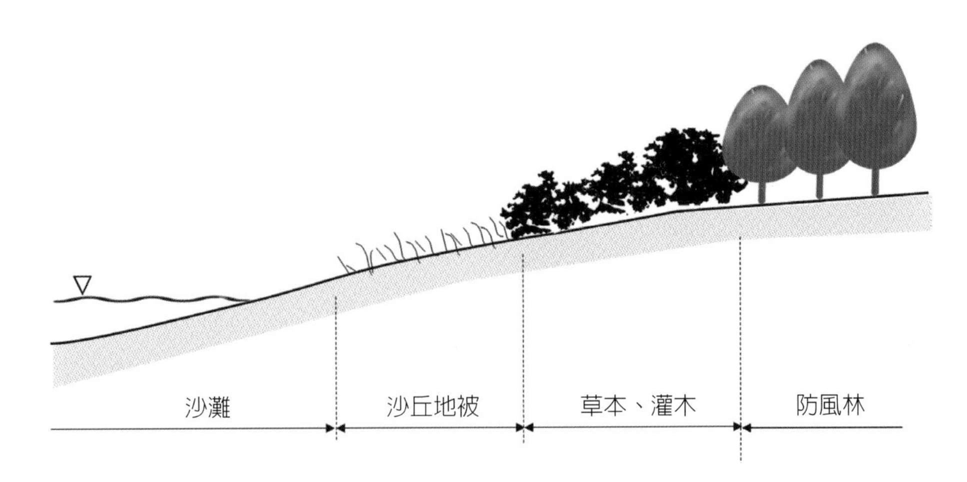

圖 2.4　海灘、沙丘、灌木以及防風林縱斷面圖

管理等原因，防風林的面積一直在縮小，雖然現在防風林已被認定是一種生態保護區，但需要受到重視和復育的積極性還是有待加強，防風林如何營造的內容詳見10.4.2節。

2.1.2 沙丘

臺灣西北部海岸，東北季風風勢強勁飛沙盛行，沙丘地形是常見的海岸景觀。沙丘一般位於海灘高潮位線後方，防風林的前方，是保護海岸的天然屏障。沙丘的組成以鬆散的沙粒爲主，藉由向岸海風的搬運堆積所造成。向岸強風從乾燥沙灘上飛起沙粒，遇到地面突起物的干擾阻礙後開始沉降逐漸堆積，類似海洋風浪的形成，從小沙丘逐漸成長變爲大沙丘（圖2.5）。

圖2.5　海岸自然沙丘

沙丘一般位於防風林海側，形成一道屏障，暴潮期間沙丘能防止海水淹沒陸地，有防潮堤的功能，又可防止波浪、飛沙入侵內陸，具有海堤或護岸的功能。颱風大浪時，沙丘吸收了波浪能量造成侵蝕，沙子移向海域，等到長時間的季風期間，風浪又會慢慢地將沙子推向岸邊，經強風作用堆積恢復成沙丘，沙子的搬運遷移可消耗風與波浪的能量避免陸地受到侵害。沙子爲一種天然的柔性材料，以自身變形因應大自然的作用力，沙丘對海岸地形環境的變化，具有調適與緩衝的功能。

沙丘上的植生覆蓋對沙丘的安定和成長有很大的影響。沙灘上面有了一層覆蓋，沙子才不會飛走而堆積下來，而最好的覆蓋物是植物。沙灘上植物的生態演替（時間）或分布（空間）都是分階段完成的，開始或前面先有草本蔓藤性沙丘植物，如馬鞍藤（圖 2.6）等，這類植物的特點，是根部可深入地下獲取水分，以及莖葉遭受沙子完全覆蓋亦可伸出地面繼續生長，如此沙子一邊堆積，馬鞍藤一邊生長順便牢牢抓住沙子，而且因其具有蔓延性，這類植物可以很快地覆蓋沙灘或沙丘表面，防止地面上的沙粒受風作用移動。待蔓藤性植物發育稍穩定後，上面開始出現多年生草本，以及灌木、矮樹種、豆科植物等出現，最後木本科植物進入，形成複層林相。海灘植物生態的多樣性也會形成動物生態的多樣性。

自然沙丘的形成需要時間和機會，但我們可以人爲方式例如利用沙籬促使形成沙丘，即人工沙丘（圖 2.7），是海岸防災的一種近自然工法。沙籬的材料以竹子、木樁、石塊或漂流木等自然材料爲佳，等沙丘成形後可以與沙灘融爲一體。沙籬的最佳構築方式包括高度、縫隙及間距等，與飛沙發生條件有關，但因工程規模小其實也無需特別去做計算，依現況及經驗因地制宜即可，惟須盡量考慮如何能夠與自然景觀相融和。人工沙丘的景觀與自然沙丘的景觀大有不同，如何使其自然化，使其也能夠具有自然的美感，仍有待後續工法的研究和創新。

圖 2.6　蔓延性植物可防止飛沙

圖 2.7 人工沙丘

2.1.3 潮間帶

不論是礁岩海岸、沙質海岸或泥質海岸，雖然寬度不同但都有潮間帶，潮間帶對消減波浪能量而言都具有顯著的功效。礁岩海岸（圖 2.8）除少數小面積的海蝕平臺外，潮間帶寬度都很小，但潮間帶上都是堅硬崎嶇的礁岩，礁岩表面極為粗糙不規則，礁岩之間有很大的孔洞，波浪作用於這些礁岩便會消耗掉很大的波浪能量，好像是一種天然的消波塊。而且，礁岩海岸是經過很長時間的波浪衝擊考驗，結構極為穩定，不像一般消波塊需要常去補充和維護。礁石海岸岸邊水深，波浪未能淺化，波高很大，礁岩海岸相對上比較沒有海岸侵蝕的問題，但對一些異常現象的海象如瘋狗浪或暴潮越波等偶發性的災害，仍須設法加以防制。

泥質海岸（如圖 2.9）由於底質顆粒小，邊坡安息角也小，經波浪作用後，形成非常平緩的海底坡度，因此潮間帶的寬度很大。外海波浪經過這又淺又長的水域接近海岸，本身具有的能量經波浪淺化、摩擦以及碎波而大量衰減，大幅消減了波高和波能。接近岸邊的風浪波高變小，可以減少很多海堤量體的需求，包括堤高、堤身和保護工等，海堤的大部分功能變成只是要防止暴潮的溢淹。這種遠淺的海岸水域由於波高小水面穩靜，適合牡蠣的水產養殖，密集的蚵架對波浪侵襲海岸又有

圖 2.8　礁岩海岸

圖 2.9　泥質海岸

某種程度的消能作用。

至於沙質海岸（圖 2.10），潮間帶坡度與寬度介於上述兩者之間。沙的顆粒孔隙較大易透水，波浪沿著海灘溯上時，水粒子會因重力滲入沙灘下面，從地下再流回海洋，如此可減低沙灘表面波浪的溯升高和回流時帶走沙子造成的侵蝕，沙灘下面若有透水層效果將會更好（圖 2.11）。沙子黏著力低較鬆散，沙灘海岸常會因波和流而發生垂直於海岸的向離岸漂沙，颱風來時把岸邊的沙子帶到外面堆積，等到

圖 2.10　沙質海岸

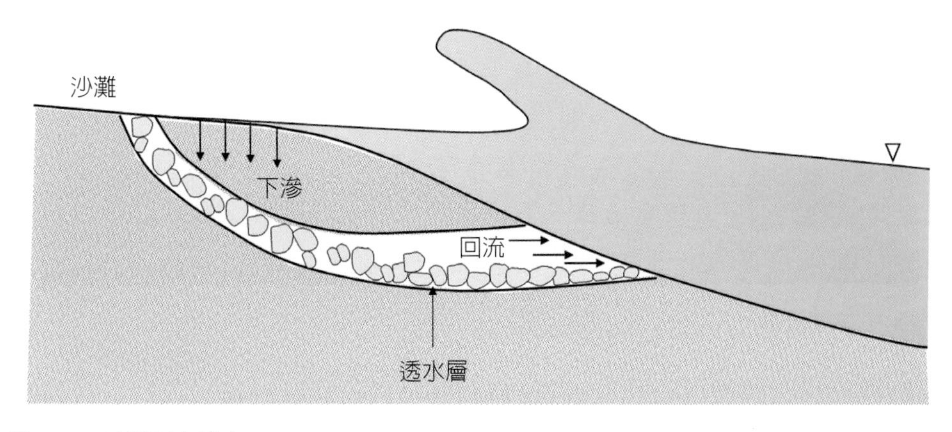

圖 2.11　沙灘重力排水

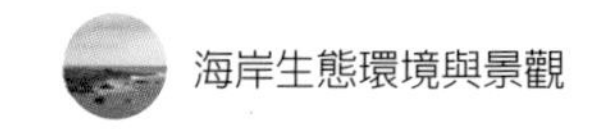

季風期間又慢慢地把沙子推回岸邊；或是平行於海岸的沿岸漂沙，因波向的關係沙子沿著海岸線不斷地移動。波浪水流在攜帶大量沙子移動的過程中，可大幅消耗掉自己的能量，減輕對海岸的直接侵蝕。然而漂沙的運行，往往會造成海岸地形的不穩定，對海岸土地利用產生不利的淤積或侵蝕災害。

2.1.4 沙洲與潟湖

臺灣西南部海岸有很多的沙洲和潟湖，如外傘頂洲、七股潟湖、大鵬灣等。海岸邊的潟湖常和沙洲一起存在，以沙洲為屏障成為一個較封閉的水域，但其隨著潮位變化與潮流的流動，水體與外海海水仍可有充分的交換（圖 2.12）。沙洲是一個離岸的沙灘或沙丘，有些沙洲在高潮位時灘面會低於海平面，一般是高於海平面，偶爾上面會有植生（圖 2.13）。沙洲上面的植生對保護沙洲至為重要，否則會因風飛沙而使沙洲與潟湖逐漸消失成為一般的潮間帶。沙洲的一些缺口或連繫外海與潟湖的水道稱為潮溝，需要時常保持其暢通，讓潟湖得以與外海有充分的水體交換，以保障潟湖內的水質與生物多樣性不致劣化。

圖 2.12　岸邊潟湖

圖 2.13　沙洲與潟湖（日本天橋立國家公園）

對防止波浪的侵襲，沙洲如同離岸堤，潟湖如同消能靜水池，成為防護海岸安全的屏障。波浪經過沙洲的阻擋、潟湖的消能，最後還有岸上海堤的防禦，形成一系列縱深防禦，由各個單元來分攤消減波浪能量，這就是所謂「面的防護」方法（圖 2.14）。此與單純的只有海堤的「線的防護」相較，有更大的防護功效。沙洲與潟湖的存在可以降低岸上海堤高度、移除消波塊和減少維修工作。一般離岸堤是剛性結構，受到波浪的直接攻擊，常有損耗必須隨時維護補充，而沙洲是自然的柔性材料，受到外力作用，靠著地形反覆變化吸收能量，可以持續維持著沙洲的存在，並不需特別去加以維護。

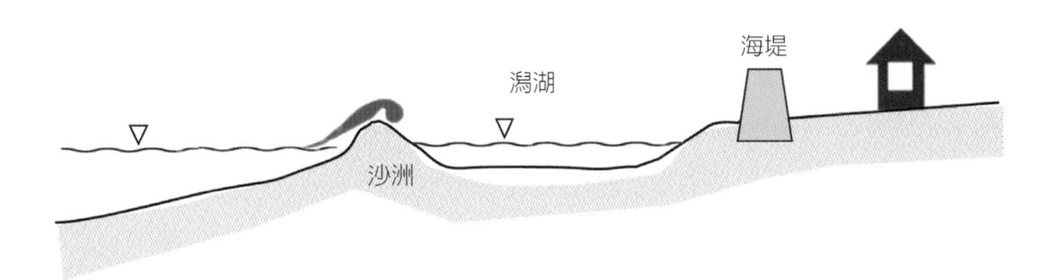

圖 2.14　沙洲潟湖「面的防護」示意圖

然而，沙洲若是長時間沒有浸到海水，乾燥後表面易產生風飛沙，沙子飛向陸側的潟湖，潟湖將逐漸淤積而陸化，沙洲亦逐漸消逝，如外傘頂洲沙洲逐漸向陸側遷移造成潟湖面積變小深度變淺，影響到牡蠣養殖業的生存。這種狀況，沙洲上的定沙工作就非常重要。沙洲上若有植生或防風林存在，則不致產生飛沙問題，但剛開始如何能夠讓植物活下來是一個困難的問題。沙洲上的植生須克服淡水來源和風害的問題，在沙洲上植生幼苗得不到常時的淡水澆灌，人造沙籬難以承受颱風波浪的作用，人力難以發揮作用，必須不斷努力嘗試等待適當時機（天候）才能解除這種困境。沙洲是由自然的力量所形成，自然是長久時間的累積，以人力對抗大自然，最好的方式還是要以時間來換取空間。

此外，沙洲是由過量的漂沙淤積而成，因此其地形可能因漂沙行爲而不斷改變，隨時間變化沙洲可能也會有遷移的現象，沙州的侵淤或移動可以吸收很多風浪的能量，對後方的海岸防護非常有利。因爲災害風險高，沙洲上的土地也不能做經濟利用，故任其自然遷移變動是最明智的做法。若要如同保護一般海岸一樣在沙洲上去做防護結構物，讓「面的防護」變爲「線的防護」，因外海風浪更大漂沙劇烈，將海岸防線外移，是非常得不償失的一種作爲。

2.1.5 濕地

海岸濕地一般位於河口、潮間帶或潟湖地區，爲海水所及而形成水生動植物繁茂生長的區域，蘊含豐富的生態資源（圖 2.15）。海岸濕地生態豐富但不適於人類居住，因此可成爲海岸防災的緩衝空間。波浪侵蝕或暴潮溢淹會對濕地造成某種程度的破壞，但濕地生態系具有強韌和快速的恢復力。海岸波流作用和生態修復都是大自然的力量，利用大自然的自我平衡來保護海岸是海岸防護最明智的做法。

海岸濕地的水中與土壤含有鹽分，在熱帶地區其主要的生態是紅樹林生態系，在溫帶地區主要的是蘆葦等草本生態系。故臺灣海岸河口地區有很多紅樹林濕地（圖 1.6），其爲海岸淡鹹水混合地區的木本植群。紅樹林多生長在泥灘地，有固灘的作用，繁殖快速，大片群集的紅樹林枝葉可以有效阻擋波浪入侵海岸，代替消波塊消減波浪能量減輕岸上海堤的壓力。歷經一次颱風巨大風浪的侵襲，大部分紅樹林可能因吸收波浪能量而遭受破壞，但如果颱風發生的週期夠長，紅樹林的自然

圖 2.15　濕地

生長本能有機會可以讓其恢復原狀，重新發揮抵抗波浪的功能。由於氣候變遷，未來颱風發生的頻率變低週期變長，因此利用紅樹林作爲海岸生態防災材料的可行性愈來愈高。然而，由於臺灣沿海水質汙染，特別是在河口地區養分過多，紅樹林快速繁殖，其擴展導致生物多樣性降低和堵塞河口排水，必須在特定範圍內做定期清除，以維護健全的海岸濕地生態系。

2.2 生態工法

2.2.1 生態工法、近自然工法和柔性工法

臺灣近一、二十年來生態工法的提倡在社會上廣爲普及，但至今仍常受到一些誤解，認爲不用混凝土的施工方法就是生態工法。生態工法（Ecotechnology）或生態工程（Ecological Engineering）依照國際生態工程學會的定義是「基於人類與其他生物的相互利益，利用工程技術構築人類與自然共存的生態系」。生態工程與生態工法的區別以往稍有爭議，但廣義上都是強調重視環境倫理，尊重生命，永續經營，避免擾亂大自然的規則。其包括兩種不同面向，一種是以工程技術爲主，生

態學爲輔，例如海堤或道路，在進行民生工程建設時，要求同時關注生態保育的問題，這比較適合稱之生態工法。另一種是利用工程手段進行生態保育或復育，例如人工濕地營造或防風林復育等，要以生態學爲主，工程技術爲輔，這比較適合稱之生態工程。當然也有兩者都要同時兼顧的工程，例如海岸人工養灘。

光靠人類有限的時間和力量是無法創造自然，只能盡量使人工營造出來的東西去接近自然，但我們無法做到眞正的自然。所以自然工法應只是近自然工法的簡稱。上面所提到的「以自然爲本的解決對策」（NBS），把它放在工程技術上應該就是這裡的近自然工法。而一般比較直接的想法是近自然工法特別強調，要以天然材料和自然力形成的地形或結構物來達到防災、繁榮生態和創造人類福祉的目的。另方面由於自然材料如沙、石或樹木，以及由自然力所形成的地形地貌，如自然海岸線或自然沙丘的形狀，都有很高的美學意涵，所謂自然就是美，所以近自然工法的另一個重要目的是在創造美質環境。生態工法與近自然工法兩者的主要訴求大致上是相同的，但生態工法並不排斥人工材料，重點是在棲地營造，只要能對生態有幫助或對生物多樣性有利的材料和構築，均可被視爲生態工法。例如下面 2.3 節中所討論的生態性海岸結構物即爲生態工法的一些案例，其中有很多都不合適稱之爲近自然工法。近自然工法的案例則將在 5.1 節中提出討論。

此外，近二、三十年來柔性工法在海岸工程設計上亦常被提倡和推動。有鑒於以往傳統的海岸防災設施均以混凝土這種剛性結構來抵抗波浪，有時極端波浪的力量非常巨大，堅持以硬碰硬的方式來對抗，結構體的量體施作和維修都需要付出很大的代價。故考慮利用以柔克剛的方法，藉著材料的變形來吸收和化解外力帶來的能量，可能是事半功倍的一種做法。柔性工法的重點在於材料的選擇，我們若能夠使用草木就不用土沙，能用土沙就不用石塊，能用石塊就不用混凝土。如此這種做法與近自然工法和生態工法大致不謀而合。然而柔性工法不限於一定是自然材料，例如不織布、沙腸、沙袋的使用，此不屬於近自然工法，又因其在水中易於移動變形，無法形成穩定的良好生物棲地，也不屬於生態工法。反之，例如混凝土塊置放於水中具有很好生態效果，是一種生態工法，但其不屬於近自然工法或柔性工法。

總之，不論柔性工法或近自然工法，只要能增加多樣性生物棲地的做法也就是生態工法，但柔性工法有較多力學上的優點，近自然工法有較多美學的優點，與生

表 2.1　生態工法、近自然工法和柔性工法的區別

	生態工法	近自然工法	柔性工法
目標	生物多樣性	以自然為本	以柔克剛
材料	不拘	自然材料	柔性材料
學理特徵	生態學	美學	力學

態工法各有不同的功能和取向，最好不要加以混淆和誤解（表 2.1）。

2.2.2 生態工法的操作

生態工法是爲工程學與生態學二者之結合。一個生態系包含的要素愈多構造愈複雜，其內部自行調整自行修復的機能愈大，抗衡外界衝擊的安定性也愈大。然而相對上人類對其複雜奧妙的機制也就愈不易了解，因此對其構造、機能和反應就無法加以人爲有效的操控，如動植物的生命週期、植生演替等，有其自有的固定時間歷程，不像工程系統無絕對的季節因素或工期長度。一般言之，工程系統至今所發展出來的知識與技術，對結構物的操控性已是相當成熟，且對非生物性的大自然環境，如氣候、水文、地震等無法確實理解的自然現象，利用近似方法、統計方法或使用安全係數的方法等，也已有了合理適當的推估和掌控。然而對屬於生物性的自然現象，卻相形見絀，生態工法要得到充分發展這是一個必須克服的問題。因此，生態工法的發展，必須盡量將生態系統化繁爲簡，利用既有知識、調查分析和簡易模式，盡量將其形成可人爲操控的元素，溶入人工構造物的設計條件，以達成工程建設能兼顧生態環境的目的。

以往海岸工程之目的主要是爲克服潮差、波力等條件進行規劃設計，生態工法則必須同時也滿足生物棲地條件去做規劃設計。然而要了解棲地條件則必須事先經過調查、分析、評估和決定目標生物，了解影響目標生物的棲息環境的要因爲何，進而建立目標生物與棲地條件之相關模式，具體的棲地條件可作爲工程規劃設計之依據。生態工法之實施操作流程如圖 2.16 所示。

有關海岸生態調查部分詳述於後。分析評價的目的是要了解生物生活狀態、棲地環境及人工構造物對整體生態系造成的衝擊程度。分析生物物種與數量及周遭棲地環境的資料，可供決定生態復育目標，以及作成表現生態系統特性的定性或定

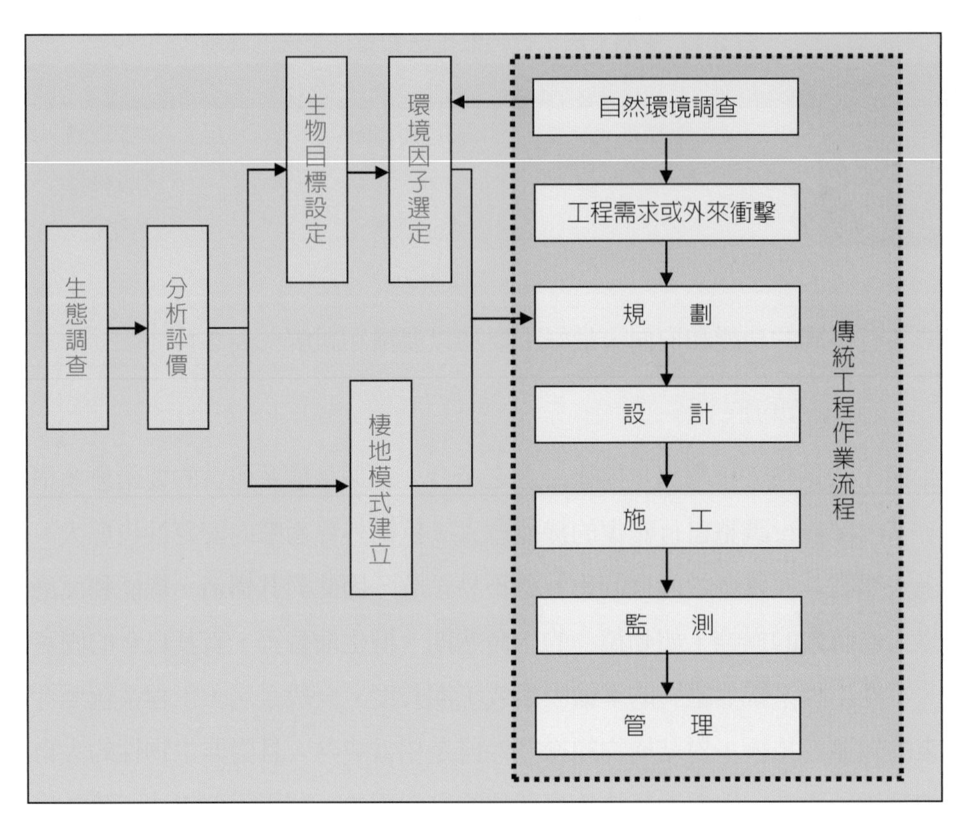

圖 2.16　生態工程操作流程

量模式，供工程的規劃和設計使用。生態目標設定的目的在於確定棲地復育條件，以供納入工程設計考量。生態目標的設定可選擇指標生物或生態指標（詳見 3.3 節）。其原則上都以生物多樣性高低作爲生態品質評估準則。其實若不以全球性生物多樣性爲立足點，只對地域性作考量，除了生物多樣性之外還有自然性、固有性、稀有性、特殊性、典型性等也可加以考慮（龜山章，2002）。

生態目標確定後必須先選出影響生態變化的環境因子條件，才能具體建立生物與棲地環境之間的關係。環境因子的選擇可用相關分析、主成分分析等解析方法，找出影響生物生存的重要因子，如波高、潮位、水深或土壤粒徑等，最好是能予以定量化的物理量。分析過程中如能同時確定各因子對生態影響的權重，則很容易地就可建立其生態棲地模式（詳見 4.2 節）。

了解作爲生物棲地所需的土壤、水力等自然物理條件之後，則可進行整體工程計畫的擬定。計畫的擬定如圖 2.17 所示，依環境條件決定可能的開發方案，再導入生態模式以預測目標物種或生態系的變化。其中環境條件包括自然因素及社會人文因素等。利用既有的生態模式或參數進行分析，比較各種不同的土地開發計畫，預測各方案的生態環境未來變化結果，經決策分析選取最佳方案，再擬定具體執行的工程計畫。

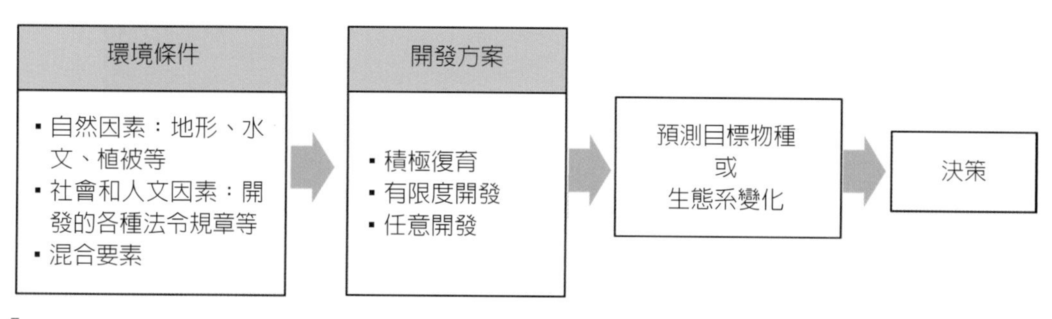

圖 2.17　工程計畫擬定程序

工程的規劃設計過程，一方面可利用既有資料及以往案例當作參考，一方面要盡量因地制宜構思不同的做法。工程完工後的追蹤、調查、監測和檢討，即適應性管理非常重要。生態系統比工程系統難以預測和掌控，棲地條件因生態的演替變遷是會隨時間變動，因此對於棲地變遷要利用調查資料仔細評估，經檢討後對計畫和工程做必要的適度修正。

2.3 海岸結構物生態營造

2.3.1 海堤

國內的海岸防護結構物，以海堤爲最主要設施。海堤有各種形式，如直立式、陡坡式和緩坡式等，以往以陡坡式爲主，近些年來逐漸調整爲緩坡式，緩坡式在防災、生態與景觀上都具有比較大的優點。海堤結構早期以土、石爲材料，因其爲自然材料故對自然生態的衝擊較小，但後來爲加強防禦功能和減少維修，大部分海堤

圖 2.18　直立式海堤

堤面改以混凝土爲材料，在景觀與生態上造成很大的負面效果。

直立式海堤大都是鋼筋混凝土結構，用於土地狹窄堤寬受限時，其堤身難以生態化（如圖 2.18）。但堤前保護基腳的保護工，只要能常時接觸到海水，不論是混凝土塊或石塊都可以做些生態性設計，如表面粗糙化、結構多孔化等，仿造自然海岸礁岩，增加水中底棲或附著生物的棲息空間。此外只能在堤後盡量增加植生，進行綠化工作，提升一點生態和景觀效果。

緩坡式海堤相對上可說是一種比較生態性的海堤（圖 2.19）。其前坡的堤面坡度最好能在 1：6 以下。後坡坡度雖一樣是愈緩愈好，但因不受波浪直接衝擊，爲節省土地一般都用陡坡。坡度放緩，則坡面比較穩定，承受波浪的作用力也比較小，因此可以使用比較天然的材料如岩塊或石塊等，表面和孔隙可營造海岸動植物生態。如果設計成階梯式，則亦可覆上沙土栽種耐鹽性的草本植物或灌木。此外，緩坡海堤可降低波浪的溯升高度，因而可降低海堤堤高，同時若兩邊坡面變緩，也可以減輕水陸之間生態通道的阻隔。

(a) 拋石式

(b) 階梯式

圖 2.19 緩坡式海堤

然而緩坡海堤工程量體變大，除了建造費用較高外，也並非適用於所有的海岸。堤前灘地狹窄的地方，大都是海岸坡度較陡，堤前波高較大，拋石堤不足以抗拒波浪，堤面還是需要混凝土鋪面或混凝土結構如消波塊等來抵禦，如此已失去了將海堤緩坡化的生態意義。因此緩波海堤應盡量使用在堤前灘地寬廣的地方。

陡坡式海堤爲最普通的傳統式海堤，如圖 2.20 所示，坡面水泥化，生態性不佳。如何將其改善以提升生物多樣性，是目前我們面臨的難題。依水利署水利規劃試驗所「一般性海堤生態棲地調查計畫」成果建議（水利規劃試驗所，2013），在沙泥灘海岸的海堤是以堤面綠化、緩坡化、土丘化、砌石化爲改善策略。在礁岩海岸的海堤是以堤面綠化、砌石化或消波塊整理爲改善策略。對已經陸化離海岸線有明顯距離的海堤，是以自然化、土丘化或海堤拆除爲改善策略。

圖 2.20　陡坡式海堤

堤面綠化可使用覆土、植草磚、掛網、漂流木框架等材料覆蓋堤面，栽種耐鹽性強並善於攀爬的植物覆蓋其上（圖 2.21）。緩坡化是在堤前坡面覆土將其改造成緩坡海堤，緩坡後之堤面使用塊石或礫石加以覆蓋以利植生（圖 2.22），但這種新形成的空白生態棲地，很容易讓外來入侵種雜草入侵，如大花咸豐草等的繁衍擴散，其生態意義如何有待商榷。砌石化則是在坡面上乾砌塊石或拋石，盡量使坡面孔洞化及粗糙，以營造良好的生物棲息空間，這最好用於堤前經常可與海水接觸之處，利於海洋附著生物著生。另若在原已是沙丘發達的海岸，可考慮順其自然讓飛沙將整個海堤覆蓋，促使其成爲一個近自然樣貌的沙丘（圖 1.15）。

圖 2.21 綠化的海堤

圖 2.22 緩坡化堤面植生

爲了避免受波浪淘刷基礎，陡坡式海堤基腳經常置有大小不等的消波塊，消波塊形狀突兀有礙觀瞻（圖 2.20），但若其能經常接觸到海水則上面會有附著生物生存。若接觸不到海水則極其乾燥無法成爲生物棲地，反而會阻擋陽光破壞底層的生物棲地。因此如何配置消波塊，對生態功能而言意義很大，至於消波塊的形狀如何，則是景觀上的意義大於生態上的意義。

海堤是平行於海岸線綿延不斷的一種構造物，不像港口建設只占用一小段的海岸。除了堤身的阻隔外，一般堤後的防汛道路也會造成一些小型動物的路殺事件，例如陸蟹或許可以爬越海堤到海邊產卵，但經過道路時可能慘遭車輛輾壓死亡。除了少數被高度利用的海岸以外，大部分海堤後面仍有很多生態豐富的土地，海堤對海岸這種水陸交接的生態敏感區而言，是極爲嚴重的生態破壞者。水陸之間生態廊道的建立，對海堤是一個很大的挑戰，須依不同物種的需求，採用不同構造材料和型式，請教專家擬定合適的方案。

另有一種類似海堤的海岸結構物是護岸，護岸是用於陸地地面高於波潮可及處之高程以上，只爲防禦波浪侵蝕，而無需顧慮陸上溢淹問題，故其只有前坡而無後坡，如圖 2.23 所示。護岸不像海堤會有生態廊道阻隔的缺點，只要其坡度不要太陡，對生態環境算是友善的海岸構造物。其構造設計與堤防的前坡類似，一樣是盡量要求緩坡化、拋石化，增加動植物生長棲息的空間。海上人工島的興建需要用到大水深的護岸，靠近水面部分因風浪作用力大，置放混凝土消波塊，水面下則置放大石塊。倘若爲了增加生態效果，設計上利用複層斷面盡量在水深 5 到 10 公尺的地方增加坡面面積，因在這種深度有充足的陽光、空氣又能避開波浪的強力衝擊，可形成繁盛的海洋生物棲地或漁場，如圖 2.24 所示。

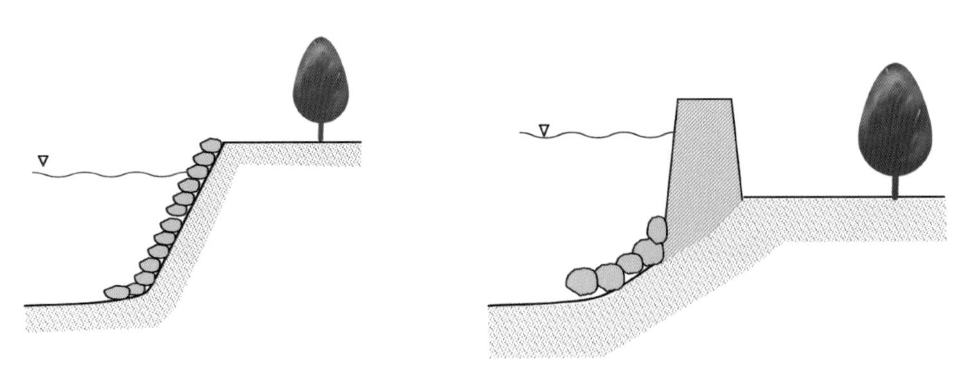

圖 2.23　護岸與海堤構造示意圖（左：護岸，右：海堤）

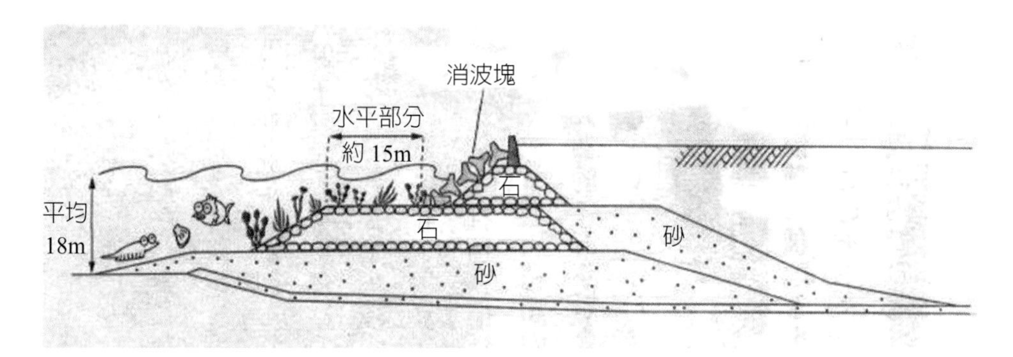

圖 2.24　緩傾斜拋石護岸的斷面示意圖（日本港湾環境創造研究協会，1998）

2.3.2 防波堤

海堤一般是偏於陸地上的構造物，一側是海另一側是陸地，防波堤則是建在水中的構造物，兩側都是水域。防波堤大部分用於港灣建設，偶爾用於發電廠冷卻水的取水口，主要功能是阻擋波浪，圍出一塊穩靜的水域。此外在塡海造地工程的初始階段也是要先用防波堤圍出一塊水域，以後裡面再慢慢塡土，塡滿後防波堤變成護岸或海堤，但這護岸是位於較深的水域，其構造功能比較接近防波堤而不是岸邊的海堤。防波堤的形式有很多種，早期受限於工程技術和費用，用的都是拋石堤，近來則採用混凝土方塊堤、沉箱堤或合成堤居多。防波堤堤身構造大部分沒於水下，水深在 30 公尺以淺，陽光可以穿透，且因波浪的作用水中含有豐富的氧氣，加上結構體相當固定，有點類似礁岩海岸，適合水中動植物生長。防波堤本身具有成爲生物棲地的條件，若是對結構體能夠在規劃設計上多加用心，將可發揮更大的生態功能和效果。

拋石防波堤是由石塊、混凝土方塊或消波塊堆疊而成，如圖 2.25 所示。因其需要有一定的坡面安息角故是一種傾斜堤，水下堤體有各種不同水深的坡面，以及大小不等的孔洞，可以提供海洋附著生物以及魚蝦類棲息。拋石堆疊時下層粒徑可以較小，上面粒徑較大，表面的石塊愈大愈好，才會有足夠的孔洞且不易滾動滑落。石塊或混凝土塊的表面要盡量粗糙，讓藻類易於附著生長。拋石堤是最具有自然生態的防波堤，但現在由於港口愈做愈大，要求的水深愈來愈深，防波堤興建於大水深之處，拋石堤量體太大且大石塊來源有限，現已較少採用。

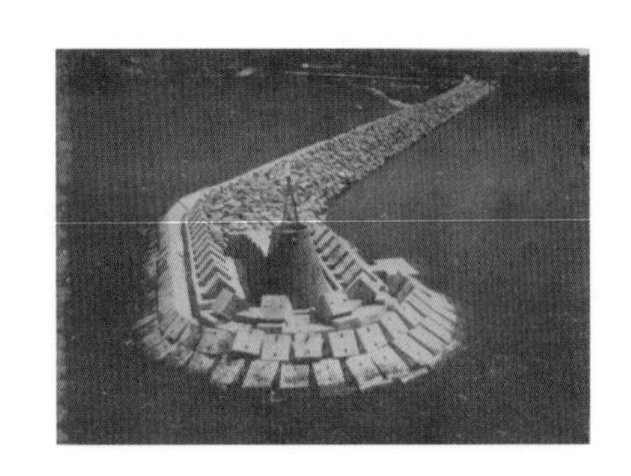

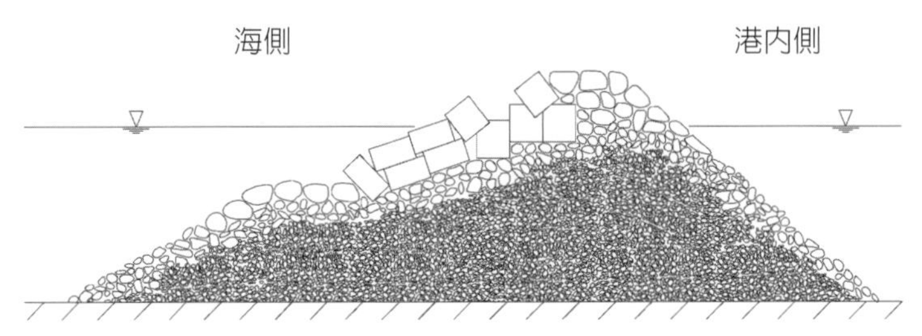

圖 2.25 拋石防波堤（Quinn, 1961）

混凝土方塊防波堤是利用各種混凝土預鑄塊堆疊而成，如圖 2.26 所示。混凝土塊易設計成多孔隙的結構體，其形狀與大小的設計，可依不同需求做調整。陽光及水分可及之處的混凝土表面爲附著生物之生長基質，形成的孔洞成爲海洋生物棲息空間。另堤腳保護基礎的結構，在形狀與材料上可以考慮使其兼具魚礁或藻礁即所謂人工生態礁的功能。

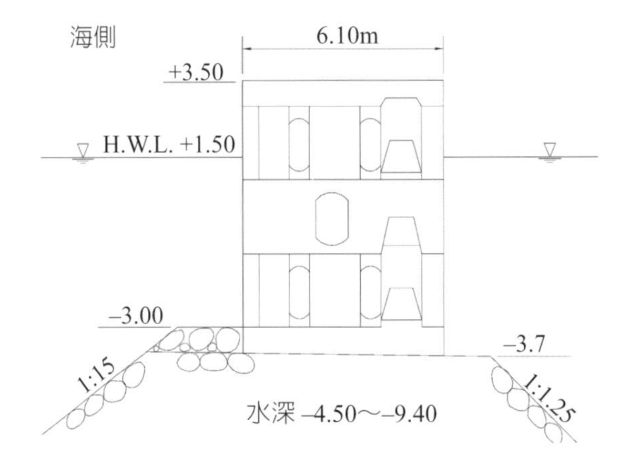

圖 2.26 混凝土塊堤設計斷面圖（單位：公尺）

沉箱防波堤是一種表面平滑的直立堤，堤身難以形成生物棲地，但其前面常堆疊消波塊，消波塊有很多孔隙，一樣可形成海洋生物棲地（圖 2.27）。爲了形成良好棲地，要盡量讓消波塊沒於水中，也就是說要疊寬而不要疊高，消波塊表面要盡量粗糙或有溝紋，以利海洋生物附著生長，例如那霸、基隆等一些港口外港深水防波堤的消波塊上曾有珊瑚著生的調查報告（圖 2.28）。以經濟建設爲目的的人工結構物，可以成爲稀有生物的棲地，是工程與生態結合的生態工法一個很好的案例。或許有些生態保育人士對海中的消波塊仍持有非常負面的看法。事實上，消波塊的生態效果與礁岩海岸的生態效果當然存在很大差異，因爲消波塊容易移動和損壞，不像礁石可以存在百年千年，人工構造物常經不起時間的考驗，所以無法達到眞正的自然和永續。但在有限時間內，工程建設能夠爲周遭生態環境帶來暫時性的繁榮，總是一件值得欣慰的作爲。

圖 2.27　沉箱防波堤

圖 2.28　珊瑚叢生的消波塊（日本港湾環境創造研究協会，1998）

2.3.3 離岸堤與突堤

離岸堤是平行於海岸線的水中結構物，類似海岸沙洲的功能，可在岸線前面阻擋波浪，構成面的海岸防護（圖 2.13）。其不像海堤是連續性的結構物，而是一系列間斷式構造，每段離岸堤之間留有缺口（圖 2.29），可讓部分波浪進入和潮水出入，一方面不阻礙海水交換和海洋生物移動，另方面堆積向離岸漂沙形成沙舌形狀的海灘，每個缺口各自形成一個小岬灣。離岸堤一般建在離岸不遠但有點水深的地方，由塊石或消波塊堆疊而成，其間有很多孔洞，可消減波浪能量，又其大部分沒於水下以及水質較佳，可形成海洋生物的良好棲地。消波塊堤孔隙大，消浪功能與生態性可能優於塊石堤，但其視覺景觀不良，又為強調自然材料，近來比較傾向以大塊石作為材料。若為兼顧消能、生態和景觀，在臨海側使用消波塊，臨陸側使用大石塊，或許可兩全其美（圖 2.30）。堤體兩側因波流作用及水質狀況不同，生態特性會有明顯的差異。

離岸堤堤頂若完全沒於水下，稱為離岸潛堤，其消浪效果較差，但生態效果較

圖 2.29 離岸堤

圖 2.30 離岸堤海側使用消波塊

佳，特別是使用消波塊時，因全沒於水下更沒有視覺景觀上的問題，而堤體兩側的生態特性差異亦較小。

離岸堤是一種很好的生態工法，具有類似礁岩海岸之生態特性，但其所形成的沙舌有時會阻擋沿岸漂沙，造成鄰近海岸的漂沙不平衡產生岸線變化。此外離岸堤若用在漂沙移動劇烈的地方，漂沙移動會覆蓋或摩擦底下塊石基質表面，附著生

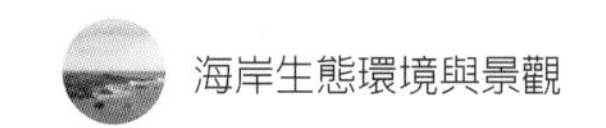

物較難生存。離岸堤比起在岸邊的海堤受到更大的波浪衝擊，如要承擔全部波浪能量，結構容易受損得不償失，故離岸堤的設計應只要求阻擋部分波浪能量，其餘的能量由後面的水域和沙灘去吸收。因此在設計上建議離岸堤堤頂不要離水面太高，允許部分的波浪越波，並且盡量加寬堤寬，讓波浪在堤頂摩擦、變形或破波消耗掉能量，堤頂的消波塊或石塊若經常能夠充分接觸到海水，亦可成爲海洋附著生物的棲地，增加生態的豐富性。

相對於離岸堤，突堤則是垂直海岸線的海岸結構物，偶爾是單根出現，但通常是類似河川丁壩，多根沿著岸線排列，以阻止土地的沖刷侵蝕（圖 2.31）。突堤可攔截沿岸漂沙，使其堆積下來，不論是單根突堤或突堤群，都會造成沿岸漂沙方向上游堆積下游侵蝕的狀態，即所謂的「突堤效應」（圖 2.32），故在設計上需要特別對整體海岸的地形變遷有全盤的考量，以免造成鄰近海岸的侵蝕。在生態上，突堤會阻隔沿岸底棲生物平行岸線的移動，形成生態廊道的阻隔，其影響大小視物種、水深與突堤長度而定，故建議突堤長度不要太長和伸入太深的水域。但突堤和突堤之間若能形成了岬灣形狀的岸線，則對生態和景觀效果而言或許反而變得有利。突堤也是由石塊或消波塊堆疊而成，也有礁石生態棲地的功能，但因其離岸較

圖 2.31　突堤形成的岸線

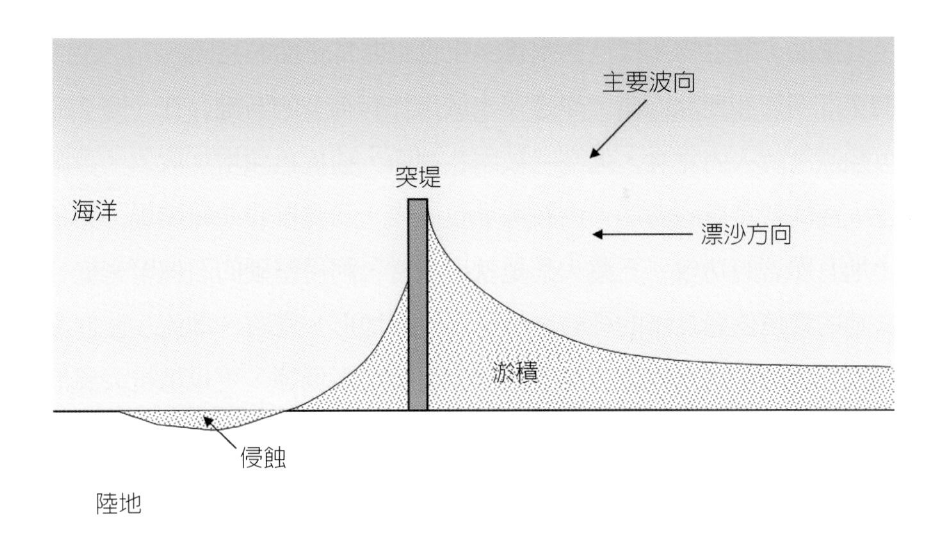

圖 2.32　突堤效應

近水深較淺，生態豐富性比之離岸堤爲差。生態設計上，同樣是建議盡量讓石塊或消波塊能夠浸沒水中，增加底棲與附著生物的棲息空間。由於突堤一般都是建置於沙泥質海岸，在沙泥海灘的生態系統中，能夠增加一點礁岩性海岸生物，多少對提升當地的生物多樣性而言應是有益的。

突堤是使用於沿岸漂沙不平衡時防止海岸侵蝕，離岸堤是使用於向離岸漂沙顯著時防止海岸侵蝕。突堤因接近岸邊比離岸堤容易建造，又與陸地相連，讓人易於親水遊憩，如釣魚、抓蝦或捕蟹等。突堤也可離岸建造，稱爲離岸突堤，此對生物移動阻隔較小也接觸較多海水，生態性較佳。另有時爲了加強保護突堤間的沙子不外流，特別是人工養灘做親水遊憩時，突堤前端擴大加寬形成 T 型突堤，造成突堤間的水體和底質過於封閉，失去了自然海岸的原貌，對海岸永續利用而言不是一個理想的做法。

2.3.4 漁業相關結構物

與漁業生產有關的一些結構物，有時也可發揮防護海岸的功能，特別是能夠使用自然材料而不破壞自然海岸的結構物，例如魚礁、藻礁等人工生態礁若置於離岸不遠的地方，可以當作消波塊使用以消減波浪能量；又如岸邊的牡蠣養殖，不論是插竿式或懸吊式養殖，對消減波浪能量多少也有一定的效果。這些結構不只對漁業、防災有幫助，對生物多樣性與水質淨化也有非常正面的意義。

臺灣東北海岸和西北海岸，岸邊淺水域以往有很多的石滬存在（圖 2.33），漁民利用魚類漲潮時入內覓食、退潮時被困在裡面，捕捉魚類增加收入。石滬一般都位在潮差大潮間帶寬廣的海岸，由石塊堆疊而成。石滬群有如離岸堤，對抗風浪保護沿岸土地有顯著的功效。石滬大都是就地取材，利用堅硬的石塊緊密嵌合而成，須配合當地的環境依憑長年的經驗來修建，包括地形、底質、潮流、波向等，依據這些來調整石滬的位置、構造、開口方向、寬窄、高低等，可以抵抗大風浪而不受破壞。石滬本身粗糙多孔洞，相當穩固且經常保持潮濕狀態，有利海洋生物棲地的形成，著生在石塊上的附著生物如牡蠣等相互糾結，又可增加石塊間的膠結力。石滬多建於坡度平緩的沙泥或礫石海岸，沙泥海岸上能夠增加一些有固定基質的礁岩棲地生態，有助於當地生物多樣性的提升。

圖 2.33　石滬（苗栗外埔）

建造石滬需耗費大量人力，如今已無多少漁業經濟價值，除非是在生態旅遊或休閒漁業方面做小規模的復舊，否則似乎已無繼續維護和推廣的意義。然而石滬一方面使用天然石塊，另方面其結構體的組成和配置符合力學自然平衡的原理，能夠抗拒大風浪的衝擊，加上其構造本就是一種生態礁。我們若將現有離岸堤的構築採用類似石滬的構築方法，符合自然工法與生態防災的原則，可減低人工結構物過於干擾自然海岸的詬病。因此利用先人既有智慧，在以自然爲本的防災對策上，是很值得參考的一個方向。

石滬若建造在潮間帶上便形成了潮池，可以加長水體滯留於灘岸的時間，有利海洋生物棲息，故不論其漁業經濟價值如何，對海岸生態復育而言是有很有意義的作爲。政府水利單位曾在苗栗海岸，利用其滯留海水的功能，於沙灘海岸上讓沙子保持濕潤以抑制風飛沙的災害，效果顯著；惟因工法未能完全遵循古法施作，耐久性不足，使用期間有限甚爲可惜（圖 2.34）。

圖 2.34　防止風飛沙的石滬（水利署第二河川局提供）

另在金門海岸有一種非常獨特的牡蠣養殖方式，稱之石條式養蚵。以花岡片麻岩爲材料，切割成長 1 公尺、寬 30～40 公分、厚 5 公分的石條，垂直埋入泥灘約 30 公分深，直立於海灘上作爲養殖牡蠣的基質。每根石條或石柱間隔約 50 公分，大量的石柱在整片潮間帶形成一個寬廣的石林，如圖 2.35 所示。一般養殖牡蠣的方法多是用插竿或懸吊的方式，其構造雖可消減一些波浪能量，但本身結構無法抗拒大風浪，故不能應用在風浪大的海岸。而此石條式養殖所用的石條，材質堅硬重量大，可以耐受大風浪的衝擊不受破壞，因此這由石柱群聚所形成的牡蠣養殖場也很適合作爲消減波浪能量的海岸防護設施。

圖 2.35　金門石條式養蚵（黃瑋柏提供）

這種以石材作爲基質生長的牡蠣當地稱之石蚵，具有特殊的經濟價值，受地方政府和民間大力宣導與推廣，可成一種永續性產業而不虞消失。石條養蚵雖是以生產單一物種的生物爲目標，但其採用自然石材讓海水中的浮游幼體自然著生，是完全依賴自然所營造出來的生態，因此並非只是單一物種的生態系，會伴隨其他海洋生物包括魚類等共同形成一個較複雜多樣的生態系。其同時發揮消能防災以及淨化水質的功能，兼顧民生福祉、防災和生態，也是一個以自然爲本的防災對策很好的案例（金門水產試驗所，2015）。

參考文獻

1. 水利規劃試驗所（2013）。一般性海堤生態棲地調查。台灣濕地學會。
2. 金門水產試驗所（2015）。金門沿海石條式牡蠣養殖區淤泥沈積因應對策及復育試驗研究。國立臺灣海洋大學。
3. 郭一羽主編（2017）。海岸工程學。台灣海洋工程學會。
4. Quinn, A. Def. (1961). *Desgin and construction of ports and marine structures*.
5. 日本港湾環境創造研究協会（1998）。よみがえる海邊。日本山海堂。
6. 龜山章（2002）。生態工學。日本朝昌書店。

CHAPTER 3

海岸生態特性

3.1 海岸生物

3.1.1 海岸生態系

沿岸海水中或底質若有適當的陽光、營養鹽，則可生成藻類、海草、浮游生物或底棲生物等，接著魚蝦等較高食物位階的生物便以此爲食而存活，而藻類、魚蝦等屍骸有機物又會轉成水中部分的營養鹽，當然由陸地排放入海的有機物或無機物，更是營養鹽的重要來源，適當的營養鹽是生物繁衍的重要條件。沿岸海域又受到風、波、潮與流等自然物理現象的作用，水域陸域發生著能量物質交換以及相當複雜的物質循環過程，這種物質循環機制隨著地形地質條件的不同，而產生各種不同性質的生態系。例如河口海岸生態不同於一般海岸的生態，礁石海岸生態也不同於沙灘海岸的生態。

海岸位於海洋和陸地的交界，有著比單獨陸地或單獨海洋更複雜的生態系統，具有多樣性的棲地環境，產生多樣性的生物種類，建構更龐大健全的生態網絡。海岸生物有水中的藻類、底棲生物和魚蝦類等，以及陸域的植物、兩棲類和鳥類等，各物種之間又有緊密的關聯性存在。在海岸生態系中魚類和鳥類屬於食物鏈的最上層，亦即上位種，牠們的存在必須以食物鏈下面各階層下位種的存在做基礎，因此整個生態系的健全與否常以牠們作爲評價生態優劣的生態指標。海岸生物的種類非常繁多，各分類的學術專業分野也大不相同，其詳細內容要參考各專業領域的相關參考文獻，在此只做簡單扼要的說明。

3.1.2 浮游生物

漂浮於海水中生活的生物稱爲浮游生物，其中的浮游植物例如圖 3.1 的矽藻等是依靠葉綠素行光合作用獲得能量而得以生存，大多數爲單細胞藻類，體積非常微小。海水中浮游植物的多寡，會隨著季節、環境和氣候而變動，主要是受陽光、溫度和水中營養鹽的因子控制。浮游植物（浮游藻）經光合作用捕捉太陽能，再被浮游動物捕食，將能量傳遞至高一層的營養階層。浮游植物可因吸收營養鹽而具淨化水質的功能，全球海洋中的浮游植物每年可消耗約 20 億噸的二氧化碳，對減緩地球溫室效應有很大的幫助。海洋中的浮游動物（圖 3.2）涵蓋非常廣泛的生物類別，常見的浮游動物包括有孔蟲、水母、多毛類、翼足類、橈足類、磷蝦類、端足類、毛顎類、尾蟲、貝蝦蟹的幼體期以及仔稚魚等。浮游動物爲許多其他海洋生物的食物來源，在海洋食物鏈中屬關鍵性的地位。

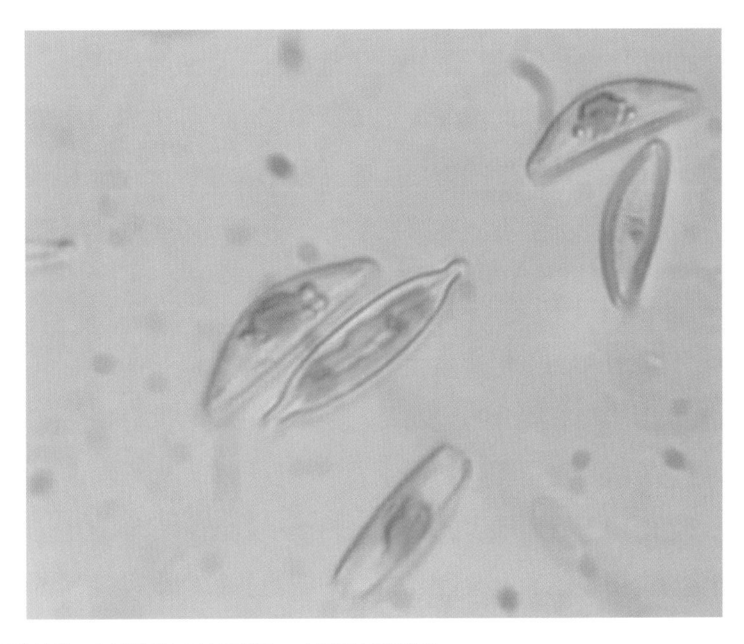

圖 3.1　浮游植物（顯微鏡下的矽藻）（施君翰提供）

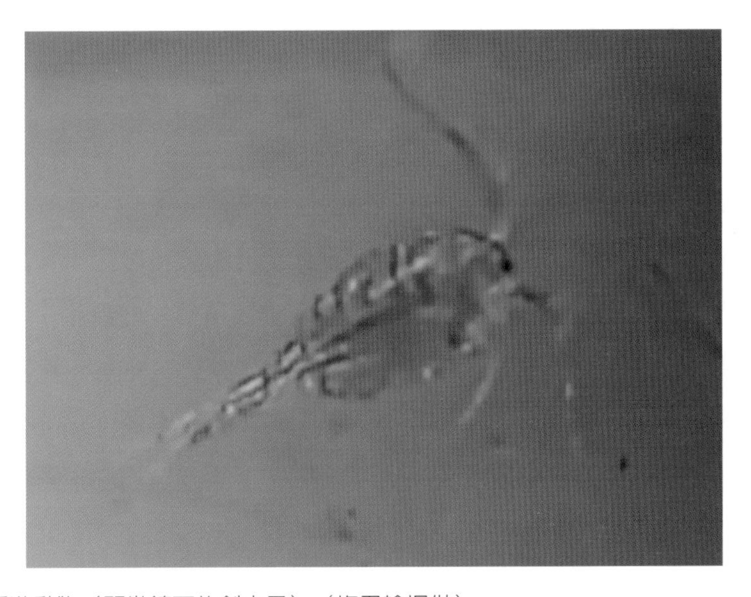

圖 3.2　浮游動物（顯微鏡下的劍水蚤）（施君翰提供）

陸地是海洋營養鹽的主要來源，因此靠近海岸的水域營養鹽豐富，是浮游生物大量繁生的區域。但若因海水的過量有機汙染，使浮游植物主要是藻類過度繁殖，造成透光度不佳，底質固著性藻類無法生長，而浮游生物因生命週期短，死亡後變成營養鹽，營養鹽只會持續累積，浮游藻類過度成長累積會形成赤潮，乃一種藻華現象，赤潮生物的分泌物妨礙海洋動物的正常呼吸而導致窒息死亡，死亡後屍骸的分解過程中又要大量消耗水中的溶氧，造成缺氧環境，發生赤潮是海岸生態的大災難。在一個海域，尤其是較封閉的海域，如何控制營養鹽、浮游生物的數量，形成一個良好的生態系，可以從水理、水質與生態的各種數值模擬計算來做評估。

3.1.3 藻類

海中的植物有海草和海藻，像陸上植物一樣會開花結果的是海草，不開花結果且根部只爲附著並不能吸收養分的是海藻，海中植物絕大部分是海藻。海藻不僅藉由行光合作用提供氧氣，也是海洋動物或人類的食物來源，更提供許多其他生物作爲棲息、附著或是產卵、躲避敵害的場所。海洋中的藻類有浮游性藻類和固著性藻類，前者已在浮游生物中述及，後者有較大的個體一般肉眼可見。固著性藻類通常分成四個主要類群——藍綠藻、綠藻、紅藻和褐藻。臺灣是藻類物種豐富的區域。主要是由於受到黑潮暖流及大陸沿岸冷流交會之影響，不僅有熱帶性種類如仙掌藻、軸球藻等，也有溫帶性種類如石花菜、紫菜、頭髮菜等。有許多種類的褐藻具有較大的體型如海帶等，聚集而形成海中林，是海洋中生產力極高的生態系，但以褐藻所形成的海中林，主要分布在全球的溫帶海域。

每一種藻類都有其特定生長條件，海岸地帶海水的透光度最爲重要，一般在較陰暗或水深較大處，藻紅素與藻藍素比葉綠素更能有效吸收陽光，故在潮間帶上部多爲綠藻類，如石蓴、石髮等，潮間帶中部多爲褐藻類，如囊藻、團扇藻等，低潮線附近及深海多爲紅藻類，如石花菜、珊瑚藻等。此外，地形、底質、水質、水溫、潮汐、風浪、汙染物、食植動物及種間競爭等，都會影響海藻的生長與分布。臺灣西部海岸多爲泥沙灘，藻類生長基質無法固定，東部礁岩海岸雖有固定基質，但坡度陡峭適當生長的水深範圍很小，故海藻主要分布在北部、東北部、南部恆春半島及離島區域（邵廣昭等，2000）。

海藻與陸地的落葉樹或草本類似，生長狀況依季節而不同，但時間提前，冬初開始成長春末繁殖夏初死亡，最茂盛時期的現存量約等於其年總生產量。溫帶海藻的生產力與溫帶落葉樹大約相同，熱帶海藻的生產力與熱帶雨林大約相同；而熱帶藻類的現存量與年生產量都大於溫帶藻類。

臺灣海藻多為一年生，只在亞潮帶較有多年生海藻。近年來海水受到汙染，棲地遭到破壞，海藻已有明顯減少的趨勢。但根據最近的調查研究顯示，只要底質環境可以提供藻體附著，臺灣海岸於 1 月至 4 月仍有多樣的海藻出現，但這些海藻體型較小（圖 3.3），約在數公分至數十公分，無法有效作為海洋生物的棲息場所，

(a) 石塊上的海藻

(b) 消波塊上的海藻

圖 3.3　岸邊的附著藻

因此生物相也較爲貧乏。但相對於沒有海藻的水域，有海藻生長的地方仍然可以發現有較多的小型無脊椎動物，伴隨著海藻而生。

3.1.4 附著生物

附著生物通常是指一群經過在水中的漂浮期後，在堅硬的基質附著，同時改變外部形態，棲息於該處不再有明顯移動直到死亡的生物。附著生物的種類繁多，上面所述的海藻也是海岸重要的附著生物之一；而海洋的無脊椎動物中，從構造較簡單的海綿、水螅至構造複雜的藤壺、牡蠣、貽貝及海鞘等都是屬於常見的附著生物種類。

附著生物在固著於基質後，由於長期棲息於該環境不再遷徙，因此附著生物生長的過程與族群的分布等生物特性，如同底棲生物一樣，可以反映出當地海域環境的狀況。棲息於岩礁海岸高潮線附近的附著動物以石鱉、螺類爲主，附生在潮間帶中部的岩石上則有藤壺、牡蠣，低潮線附近與潮池裡，岩石上附生著許多海綿、菟葵和海鞘。附著動物如海綿、水螅和藤壺等可濾食海水中的有機物，也有許多以刮食岩石表面的藻類維生，如海膽、貝類和海兔等。海膽常在岩礁上鑿穴，形成岩礁坑坑洞洞的外觀，加速岩石的侵蝕和崩解；牡蠣和藤壺分泌的鈣質骨骼，則有鞏固岩礁的作用。

附著動物的棲息條件是須有固定的基質可以附著，只要固定不動則材質關係不大，即使如空瓶罐、舊輪胎或破家具等被卡住不動，上面也都可能有附著生物著生（圖 3.4）。此外，水質和水流也是影響其生長的重要因素。水質不佳時，物種的多樣性減少，環境應力強的優勢物種如牡蠣等快速繁殖。潮上帶浸水時間短的地方如藤壺等仍可生存，但物種的多樣性低。海流的流向和流速影響其從浮游期轉變成附著期的時間長短和個體形態，以及遇到附著物的機會等。同時海流的作用會影響海域環境的變化，海流中所帶來的化學物質組成、沉積物、懸浮顆粒多寡及光線強弱等都會影響生物的附著。

珊瑚或珊瑚礁是熱帶或亞熱帶海洋中很重要的生態系，依據外表分石珊瑚、軟珊瑚和柳珊瑚三大類。影響珊瑚生長的環境因子，包括光度、溫度、海流、水質、沉積物等，最適水溫在攝氏 23 至 28 度間，故臺灣除了西部沙岸外，沿岸海域和離

圖 3.4　固定基質上的附著生物

島都有珊瑚分布。珊瑚礁是海洋生物多樣性的寶庫，它的多孔性立體結構提供生物居住和掩蔽，它的高生產力提供海洋生物充足的食物來源。

3.1.5 底棲生物

從生物分類的觀點來看，底棲生物幾乎包括所有類別的生物，從細菌、藻類、眞菌、無脊椎動物到脊椎動物。底棲生物種類占所有海洋生物種類的 80% 以上，種類如此多的原因，可能與活動力弱、居處固定、容易受到地理隔離而經長期演化作用的結果有關。底棲生物生活的底質通常爲由沙或泥構成的軟底質，生活於硬底質表面上的生物，必須有很強的附著力，故稱之附著生物。軟底質表層不穩定，常因波浪或海流作用而受到攪動，生物在軟底質表面不易生存，因而大都挖掘洞穴，躲藏在沙泥底質內，僅覓食時才鑽出表面來活動（圖 3.5）。臺灣西海岸的中部和中南部有寬廣的泥灘地，加上大量有機汙染物質，孕育了豐富的底棲生物。

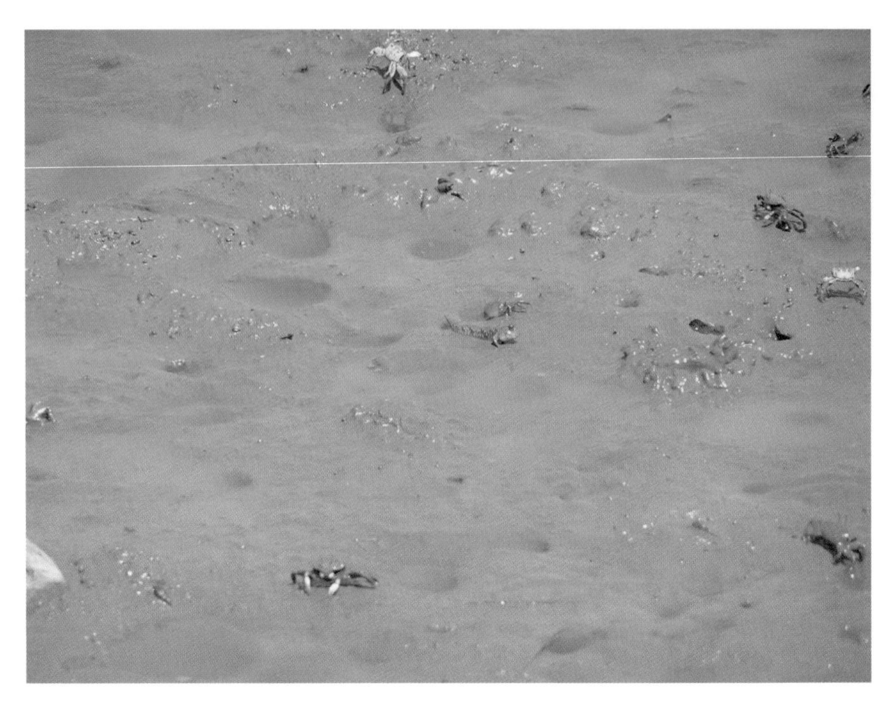

圖 3.5　底棲生物螃蟹與彈塗魚

海岸底棲動物包含了多個不同的動物門，每個門都包含了許多不同的物種，形成了多樣性豐富的海洋生態系統。有研究曾估計底棲動物的數量，平均每平方公尺底床約有 106 尾，重量達 1～2 公克。其分布範圍以潮間帶區域最高，然後再隨海水深度遞減。底棲動物種類組成也有垂直及水平分布之現象。造成此帶狀或分層分布主要受底質孔徑、溫度、氧氣及鹽度之影響。在泥地多集中在表土 1cm 內，而沙地則分布可深達 9cm，但大多數均在 7cm 以內。身長 1mm 以下的底棲動物有線蟲和一些底棲動物的幼蟲。一般採樣所採集到的都是 1mm 以上的底棲動物，其中體重 1 公克以上的稱爲大型底棲動物。大型底棲動物有二枚貝、螺類、甲殼類、彈塗魚等。在河口、海岸潮間帶地區，大量的有機碎屑懸浮、沉積，許多物種以濾食或吞食底質的方式攝取這些有機質爲生。有的則以水中浮游生物或底質中的微生物爲食，甚或捕食其他小型動物。環節動物門的多毛類爲底棲生物中的優勢群種之一，當中包括腐食性、濾食性和捕食性等，多毛類在其生存的環境中扮演著能量移轉的重要媒介。龐大的多毛類族群供給其他生物如魚類等豐富的食物來源，因此多毛類在海岸、河口濕地生態系的食物網中具有極爲重要的地位。

海岸潮間帶之底質特性，如顆粒的大小、粉砂一黏土含量、含水率、有機質含量、底質有氧層之深度及微地形的變化等，均會影響底棲生物的分布與豐度的變化，反之底棲生物的活動亦會改變棲地環境的特性。因爲底棲生物很少移動或不移動，長期居住在當地，經年累月受到海岸地理條件的影響，具有累積周遭環境訊息之能力，可以反映海岸生態體系的變化。比較上海水是不斷地流動，水質只能反映一時的環境狀態。底棲生物生活在底泥裡，受到沉積物的影響比水質要來得大，而沉積物具有累積的效應，更可反映海岸潮間帶眞實的生態環境。此外，底棲生物的生活史很短，可以快速反應環境改變或衝擊，如汙染情形或人爲水深地形改變等。

3.1.6 魚類

魚類爲海洋中最主要的動物，在海洋生態食物鏈中的生態位階是屬於消費者的位階，其又分爲三個層次，第一層次爲草食性魚類，牠們以植物和藻類爲食，這些動物獲取了光合作用生產者所合成的有機物質，作爲牠們的能量來源。第二層次是肉食性魚類，牠們以草食性魚類爲食，屬於肉食性消費者，進一步轉化和利用其能量。第三層次包括食肉性掠食者或頂級掠食者，牠們位於食物鏈的頂端，往往沒有天敵。這些掠食者可以捕食其他肉食性消費者，屬於食物鏈中的頂級捕食者。實際海洋中的眞實情況可能更爲複雜，因爲魚類可以在不同的生活階段和環境中採取不同的食性。此外，魚類的食物鏈也可能包含更多層次和交互關係。草食性魚類因以植物或藻類爲食，必須生活於陽光和空氣充足的沿岸水域；肉食性魚類除了以草食性魚類爲食外，底棲和附著生物亦可爲其食物來源，故其分布也較接近海岸；掠食性魚類則可能生活於離海岸較遠的海域。

此外，有些魚類屬於洄游性魚類，爲了覓食、繁殖和幼魚生存之故，具有到處洄游的特性，這種魚類由於長距離洄游，需要具有高能量密度的食物來源，如浮游生物、小型魚類和甲殼類等，其通常對環境有較強的適應能力。相對地，有些魚類是屬於在地性魚類，其生命週期中主要在特定區域或特定環境中棲息和繁殖，通常不需要進行長距離的洄游，例如珊瑚礁生態系中的魚類，在特定的棲息地中占據特定的生態領域，與其他物種進行競爭和共存，因此在地性魚類與當地海岸生態系有較密切的關聯。魚類的分布狀況除本身的遺傳習性之外，還受到季節、水溫、海洋環境等因素的影響，臺灣的沙泥質海岸地區常觀察到的魚種有黃鰭鮃、黃鰭鯛、花鮫、石斑、黑鯛等，而在礁岩海岸常觀察到的魚種有石斑、盲鰻、鱸魚、金線魚等。海洋魚類一般都有食用經濟價值，魚種、數量和分布等相關資料在民間漁會或政府相關單位極爲豐富。

3.1.7 鳥類

臺灣擁有豐富多樣的海岸生態環境，吸引了眾多重要的鳥類棲息或過境於此，主要有雁鴨科、鷺科、鷸鴴科、鷗科、隼科、鸛科等。臺灣位於東亞太平洋候鳥遷徙路線上，吸引了眾多候鳥在春季和秋季遷徙時到訪，如黃嘴燕鷗、麻鷺、紅頸杓鷸、斑尾鴴、環頸鷸、沙錐鷸等。同時也有很多在海岸地區築巢定居的留鳥，如紅尾伯勞、紅腹黑冠鳥、白頭翁、斑鳩、紅嘴黑鵲等。鳥類的分布會受到季節、棲息地選擇和食物供應來源的影響。臺灣鳥類資源分布，以民間團體各地野鳥協會的觀察資料較爲豐富。

鳥類在生物分類上屬於目之級別，家族繁盛物種繁多。鳥類的生態位階是根據牠們在生態食物鏈中的營養關係和營養方式進行分辨的。海岸有廣大的潮間帶濕地，因此水鳥是海岸地區的重要鳥類，這種鳥類以捕食魚類或底棲生物爲主，其寬而扁平的嘴型適合撿食水生植物或小型無脊椎動物。岸上陸地的鳥類有以植物的種子、果實或植物組織爲食的草食性鳥類和以捕食昆蟲爲食的肉食性鳥類，具有長而細的嘴型。除了以營養關係分類，以棲息地和築巢習性而言，有些鳥類棲息於樹林，有些棲息於草叢，有些棲息於礫石堆，有些棲息於濕地，又各有不同的形態特徵。

在臺灣海岸地區受保護且稀有的鳥類，有臺灣黑面琵鷺、臺灣白鷺、東方白鳳頭、紅嘴鴨、藍尾鴨等，保護這些鳥類對維護生物多樣性和生態平衡非常重要。反之，有些是外來侵略性強的鳥類如埃及聖䴉、紅冠鸛、斑鳩、紫背燕等，這些入侵鳥類通常具有較高的繁殖力和適應性，使其在新環境中能夠快速繁殖和擴散，爲了保護當地生態系統的平衡，必要時須採取移除或管理的措施。與海洋魚類不同，除家禽外一般鳥類並無食用價值，人類不會主動去增加或減少其數量，相對上調查研究資料也比較少。

3.2 海岸棲地

3.2.1 生物與棲地

沿岸海洋生態系有浮游生物、附著生物、底棲生物、魚類及鳥類等非常多的生物種類，所謂「生態」包括生物及其棲地，有適當的生活空間環境即「棲地」動植物才得以生長和繁衍。有些生物要有固定的棲地，有些生物比較沒有固定的棲地。雖然生物都有遷移的行爲，但有些生物的個體終其一生固守在一個地方，例如植物或海洋附著性生物，其只能靠種子或幼苗的傳播而遷徙。動物一般其個體可自由移動，但移動範圍有大有小，例如海洋底棲生物移動範圍較小，魚類移動範圍較大。生物鏈下層的生物生活範圍較小，上層的生物生活範圍較大，亦即前者棲地較固定，後者較不固定。像魚類或鳥類爲尋覓食物或避敵而到處移動，只要是有食物可吃的地方，如浮游生物、底棲生物、附著生物或植物的棲地即爲其棲地。故棲地的調查與營造，應注重在生物鏈上屬於比較基層生物的棲地，只要有了基層生物存在，食物鏈上層的鳥類與魚類自然產生。基層生物的棲地條件與自然物理條件比較有關，上層生物的棲地條件與自然物理條件比較無關，而與基層生物的存在與否比較有關，例如魚類的棲地是以食物來源爲主，局部定點的水流速度或地形條件對魚類而言並不是絕對需要的生存條件。

海岸有陸域、水域以及介於兩者之間的潮間帶，其有各種不同的地形、地貌、底質和海象，也各有適合它的生物生存其間，而形成各種不同形態的棲地。水域的海洋生物以沿岸魚類爲主，其覓食沿岸水中的小型生物，並找尋遮蔽空間躲避大魚的攻擊，主要是以沿岸水域食物多寡決定其物種和數量的豐富性。在陸域的生物棲地是以植物爲主體，進而形成各種動物的棲地，植物多樣性愈高其動物多樣性亦愈高。但海岸植物與一般內陸植物有所不同，必須能夠耐受強風鹽沫的嚴苛環境，故其種類受到限制而多樣性較低，一般以防風林與海岸鹽沼濕地水草爲代表。至於潮間帶，是一種多元的異質生態交錯帶也是廣義的海岸濕地，以底棲生物和附著生物爲主體，生物多樣性最豐富，這種棲地的優劣受到陸域人文、地理及生態環境很大的影響，其優劣又直接影響水域生態如魚類等的榮枯，因此潮間帶是海岸生態系的重心所在。潮間帶有各種不同的地貌形態，包括海灘、潟湖、海蝕平臺、河口與藻礁等，又依潮上帶、潮中帶和潮下帶位置的不同而有不同的生物棲息，如圖 3.6 所示。以下各小節將詳細敘述各種棲地的形態及特徵。

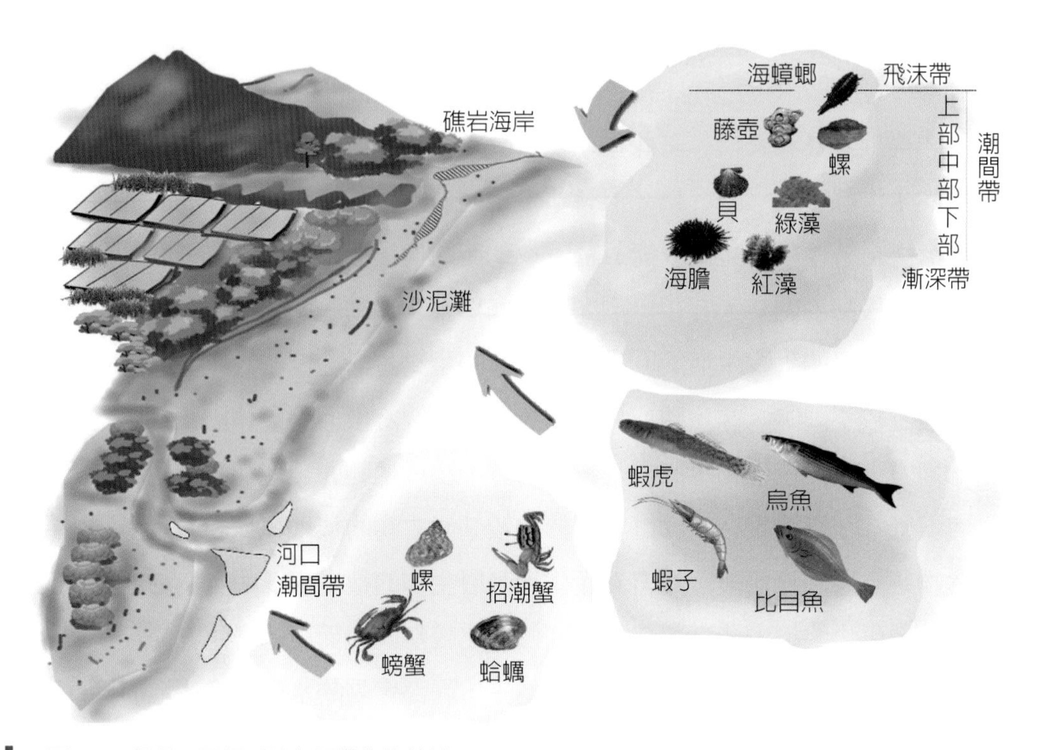

圖 3.6　各種不同類型的潮間帶生物棲地

改編自 1. 日本環境省（2013）。藻場の生態系における役割について。
2. 日本環境省（2022）。瀬戸内海の環境保全と創造をめざして。
3. 渡邊良朗（2012）。豊かを海の恵みを取りもどす：「沿岸複合生態系」研究ブロジェクトがスタート。

3.2.2 海灘

海灘有礫石灘、沙灘、泥灘等（圖 3.7），因底質組成成分不同而在地形、景觀、生態上有所區別。海灘因為受波浪潮汐的作用，細顆粒底質的海灘安息角較小，所以泥質海灘的形成有較平緩的坡度，潮間帶很長，波浪因長距離的底質摩擦而波高變小。而沙灘或礫石灘底質顆粒愈大安息角也愈大，坡度愈陡，其中的細顆粒部分則被淘洗至較大水深處。沙質、泥質或礫石海灘各有不同的動植物生態，一般而言泥質海灘，土壤顆粒間隙小，底層缺氧，水不易流通，易積蓄有機物質，因底質穩定又波浪小可生長水生植物，具有較高的生物多樣性。沙質海灘土壤顆粒粗孔隙大，水和空氣易流通，有機質不易沉積，因海岸坡度大波高也大，消能的同時顆粒容易移動，也較不會累積汙染，同時沙質海灘的地面坡度與粒徑大小適中，親水遊憩的利用價值高，因此人造海灘一般都是以沙質海灘爲對象。礫石海灘則因顆粒大孔隙大，亦受波浪作用而滾動，底棲生物不易棲息，雖然礫石上可能會有藻類等一些附著性生物生存其間，但坡度陡受浪潮作用基質不穩定，比較難以形成生態豐富的生物棲地。

對海洋生物的生態豐富性而言，泥質海岸保水性佳、有機物含量豐富以及面積廣大，可能容納更多的藻類、蠕蟲、彈塗魚、蛤蜊、蝦和蟹等底棲生物。這些底棲生物又可吸引魚類及鳥類前來覓食，其卵及幼苗亦爲近海浮游動物的重要食物來源，故生物多樣性一般而言比沙質海岸爲高。但因底質的空氣和水不流通，棲地條件苛刻，常以耐汙染性的底棲生物爲主。比較上，沙質海岸雖然底質空氣流通水質良好，但沉積的有機物質不多，

(a) 礫石灘

(b) 沙灘

(c) 泥灘

圖 3.7 各類海灘

總生物量較少，生物多樣性也可能會受到限制，但仍然有一些可適應沙質環境的物種存在，例如沙蟲、海星、二枚貝、蝦和螃蟹等生物。然而，這只是一般情況下的觀察結果，實際的生物多樣性可能受到當地特定條件的影響。海灘的地理位置、氣候、水質、潮汐和人為活動等因素都可能對海灘生物的多樣性產生影響。

除了粒徑顆粒大小之外，隨地點和時間不同，各海灘的生態特性亦大不相同。由於氣象與海象極端不規則性的變化，即使在同一地點，地形和生態環境常年皆有著週期性與非週期性不安定的變動。原則上，安定的海灘有較為豐富的生態性，但有適當水流和漂沙的環境是更為理想的生物棲地，對生物多樣性有益。海灘的底質顆粒大小影響海岸地形坡度，海岸坡度影響波浪潮流在岸邊的水理特性，波浪潮流又是影響生物生長的重要因素。依調查結果顯示，底棲生物歧異度隨著海灘坡度變緩而增加，附著藻類歧異度隨著海灘坡度變緩而減少。

3.2.3 礁岩海岸

礁岩海岸如圖 3.8 所示，地形坡度陡，岸邊水深浪大，水體交換良好水質佳，是海洋生態景觀最豐富地區。礁岩海岸對抗波浪作用的抵抗能力很強，即使有侵蝕

圖 3.8　礁岩海岸

作用速度也很緩慢，是地形較爲安定的海岸，海洋動植物有充分的繁殖成長時間和空間。礁岩是爲極固定的底質，表面粗糙多孔隙，易於著生動植物，同時在礁岩間參差起伏曲折變化的空間裡，生物可以躲避掠食得到庇護，卵及幼魚也可以在這些空間裡孵化和成長。礁石上著生的動植物大部分以水中懸濁物爲食物，從水中吸收一些有機物質而成長。同時礁石上著生的動植物也是一些魚貝類的食物來源，因此礁岩區可吸引大量的海洋生物聚集，形成豐富的生態系。我們常在沙泥質海岸的海底拋投人工魚礁，其目的即是模仿礁岩生態系的優越聚魚功能。

礁岩海岸水底地面崎嶇，構造複雜，水中大型海洋生物物種豐富。潮間帶岩石上之生物，顯著物種多半是獨居或行無性繁殖的群體動物。在岩縫中有許多蝦蟹類和螺類，在石塊底部和縫隙間則匿居著許多海葵、多毛類、甲殼類、貝類和陽燧足。亞潮帶位於潮間帶的下部，生物多樣性通常較高，因爲這區域的水深較深，受到潮汐和波浪的干擾較少，生態系統較穩定。礁岩位於水中或即使只要短時間接觸潮水，經常保持濕潤狀態即可著生海洋生物。長期乾旱的礁岩長時受陽光直射，無法保持濕潤狀態，難有植物生存，亦難以形成動物的棲地，礁岩海岸在高潮位以上，若仍爲礁岩地質，則生態貧瘠。

由於礁岩海岸地理環境加上潮汐、波浪以及水質的不同，形成各種不同的生態環境。臺灣東部以及北部、南部大部分爲礁岩海岸，除少數地點有漁港建設和海岸公路開闢造成破壞之外，由於居住人口稀少海水汙染不嚴重，仍保留著豐富的礁岩性海洋生態，因魚類豐富經常吸引大批釣客前來岸邊海釣或潛水。東部海岸很多是斷崖或岬角，地形坡度陡峭，除了少數面積很小的海蝕平臺外，幾無明顯的潮間帶存在，所以雖然生物多樣性高，卻不似沙泥質海岸有寬廣可供大量生物生存的棲地存在。然而由珊瑚礁或藻礁所形成的礁石海岸，有大面積的淺水域或潮間帶，生物多樣性高，生態非常豐富，是非常重要的海洋生態系。此外，東部海岸岸線曲折，突出的部分是礁岩海岸，而凹入的部分因波浪漂沙形成沙灘海岸，保有一點寬度不大的潮間帶，如此可形成稍微多樣化的棲地（圖 3.9）。

圖 3.9　臺灣東部海岸

3.2.4 潟湖

以沙洲或礁石與外海有某種程度或全部隔離的水域稱為潟湖（圖 3.10），規模小的或稱潮池，但潮池特別是指由潮汐或潮差所形成的岸邊水池。海水越過沙洲或

圖 3.10　潟湖

圖 3.11　日本福岡市内的海水潟湖公園（日本海洋開発建設協会，1995）

透過礁石進入潟湖時可被淨化，潟湖內的水域較不受波流作用水面穩靜，因此適合魚貝類的生育繁殖。也有不少情況是依賴潮溝，利用漲退潮將海水引入岸上內地形成潟湖（圖 3.11），潮溝一方面讓潟湖與外海有充分的水體交換，另方面也作爲海洋生物的生態通道。潟湖或潮池在整個沿岸海域生態系占有重要意義，漲潮時一些海洋動物到潟湖中覓食或產卵，退潮時小魚或仔稚魚仍留在與外海阻隔的潟湖中受保護。這種在退潮時仍然保有部分水域的特殊海岸空間，類似礁石海岸的孔洞，提供海洋生物庇護生息的場所，間接對周遭海域的生態繁榮有很大的貢獻。同時由於水體較爲封閉，少量陸地上淡水的注入也會減低部分水體的鹽度，因而產生更多樣化的棲地條件。潟湖形成於沙質、泥質或礁石海岸其各有不同的生態系統，而相同性質的海岸，若有潟湖存在，則生物多樣性會大幅增加，例如臺南的七股潟湖、屏東的大鵬灣等都具有非常豐富的海洋生物多樣性。

基於水域穩靜並且水體交換良好，臺灣西南部的潟湖大都成爲漁民養殖牡蠣的重要據點。因牡蠣以海水中的浮游生物爲食，可以淨化海水，同時牡蠣的幼苗成爲水中浮游動物，吸引各種海洋動物包括魚類和無脊椎動物前來覓食，進一步豐富了海岸生態，對海洋生態環境的影響是利多於弊。

但因水淺以及水體較為封閉，潟湖生態系對於溫度相當敏感。當水溫過高時，水中溶氧量降低，魚貝類就會因缺氧而窒息；而水中的水溫上升，因蒸發讓潮池中的水量減少使得鹽分濃度增加，酸鹼度也相對提高，造成不適生物生存的環境。由於水溫的升高所衍生出的連鎖反應，會使得整個潮池生態系受到影響，所以潟湖面積愈大或與外海水體交換愈好，生態功能愈佳。而潟湖愈大，有不同的水深地形，棲地形態多樣化，生物多樣性高。同時較封閉與面積較小的潟湖，很容易因汙染問題而造成水質不佳，影響到生態系的健全發展。

3.2.5 河口

河口海岸是一種比較特殊的海岸生態系，河口的存在對鄰近的海岸地形和生態環境具有很大的影響力。它有以下幾個主要特徵，一、河口是範圍最大的淡水和海水交會處；二、河川從河口輸送大量泥沙進入海洋；三、河川攜帶大量的陸地上有機物質和營養鹽從河口進入沿岸海域；四、某些魚類從海洋通過河口洄游到河川上游繁殖；五、河口地區時常形成大片的半鹹水河口濕地。

陸地上的雨水匯集到河川，經由河口流進海洋，河川下游接近河口會受潮汐影響的地方稱為感潮河段。感潮河段的河水含有鹽分，並且靠近出海口的河岸也會受到波浪的作用，故其也應算是海岸的一部分。因其鹽度較低、波浪較小以及食物和養分較多，比起一般海岸更適合於生物的生存繁衍，故河口生態系的結構與一般海岸生態系有所不同而且更加豐富。漲潮時海水由河口倒流入河川，退潮時河川淡水可全部流入海洋，在這水域是海水和淡水交雜混合的地方，其水中鹽分隨著漲退潮時間以及河川流量變化而不定。當漲潮海水流入河口時，海洋中的魚類可隨著潮水進入河道覓食。河川在上游匯集地面雨水的同時，也收集了地面上的生物碎屑及礦物成分，將其帶至河口，成為附近沿岸水中的營養鹽或海洋生物的食物，形成物種和數量豐富的河口生態系。

除了淡水和營養鹽以外，河川亦從上游帶來大量的泥沙，經河口排入海中，這些河川輸沙是為海岸漂沙的主要來源，特別是颱風時期河川會帶下大量泥沙淤積於河口附近，然後再由季風波浪經長時間以漂沙形態將其帶往沿岸或深海。漂沙行爲以及河川輸沙特性直接影響海洋底棲生物的棲地形態，河口沙源的持續補充讓海洋沿岸底質有不斷更新的機會，這種海岸動態平衡有利於海洋生物棲地的活化。有時河川帶來的泥沙會在河口附近淤積，在水域形成淺灘或在陸域形成窪地，成爲半鹹水的河口濕地，例如紅樹林或蘆葦等河口濕地生態系都具有很高的生態意義和價值。又有時沿岸漂沙的堆積，會阻礙河水排入海洋而形成沙嘴地形（圖 3.12），產生了類似沙洲潟湖的半鹹水生態環境。

圖 3.12 河口沙嘴地形

3.2.6 藻場

海中的藻場有如陸地上的森林或草原，吸引很多動物來覓食與棲息，是食物鏈最基層的生物棲地，其生長需要陽光和養分，故一般是要接近海岸。海藻、海草的根莖葉以及伴隨其而生的浮游植物可消化水中營養鹽，並在水中進行光合作用釋出氧氣增加水中溶氧量，有利生態繁榮和水質淨化。

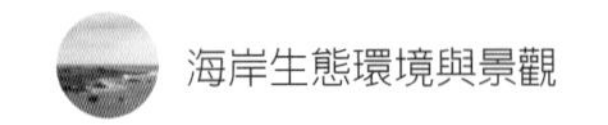

藻場的形成最重要的是水下要有固定的基盤，基盤是由許多藻礁集聚而成。有一種藻礁是由珊瑚藻死後硬化堆積而成的結構體，類似珊瑚礁，需要幾千年的時間慢慢累積形成，如圖 3.13 所示，具有豐富生物多樣性，是一種珍貴的海岸自然生態資源。而一般藻礁是指易於讓附著藻著生的大塊礁石，天然藻場的形成需要很多生成條件，數量有限，為了豐富海岸生態，我們可以在水深較大且條件適合的地方，刻意大面積大量拋置人工藻礁形成人工藻場，以增加海洋生物棲地和水產漁業資源。藻礁的材料不限定是天然石塊，混凝土塊一樣能夠適用，但表面不能過於平滑，如圖 3.14 表面有凹槽效果更佳。藻場的形成除了基盤以外，尚需有一些基本生長條件，包括水質、光線、適當的波流、不受漂沙作用以及孢子來源等，需要多方條件具備才能成功。由於人工藻場的形成，除了豐富海洋生態之外，對漁業資源也有很大利益，應多加推展，但事前須經謹慎評估，不能破壞海岸原有的自然生態。

圖 3.13　藻礁（桃園）

圖 3.14　表面凹凸處理的混凝土塊藻礁（日本海洋開発建設協会，1995）

3.3 生態指標與指標生物

3.3.1 生態價值

豐富的動植物生態是地球上寶貴的資源，健全的生態系與我們的生活環境息息相關。對於生態豐富性的評價，最簡單直接的標準是對生物多樣性的認定。生物多樣性顯示物種的豐富性，形成健全的生態系統，基於多樣的動植物或微生物的存在，使有機物的產生和營養鹽的再生順利循環，並對外來的干擾和衝擊能有效應對，保障物質與能源交換的順暢與平衡。

所謂生物多樣性有遺傳基因多樣性、物種多樣性、生態系多樣性、地區的多樣性及地球整體的多樣性等等，內容深奧錯綜複雜。各種生態系的不同配置會影響物種多樣性，又各地域固有種的保存可保障全球的多樣性。雖然我們一般是以物種的多樣性作為生物多樣性的主要考量，但對於物種多樣性的高低，往往仍是無法用簡單的計算去客觀正確地加以評估。不同科屬別的生物群集不能相互做比較，例如在一個地區幾種大喬木和另一個地區幾百種野草，難以用計算方式去判定哪個地區的生物多樣性比較高；又例如受人類行爲影響或汙染所產生的物種，像蟑螂、老鼠或野狗之類的數量與物種豐富，並不表示其生態價值會比較高。我們要以整個地球的尺度、生態網絡的結構及人爲干擾的程度等深入宏觀地來做判斷，生物多樣性的眞義才不會被曲解。因此對於生態價值的評估，除了以一般簡單統計計算獲得的狹義生物多樣性之外，尙須考慮如下幾個生態系的生態特性：

1. 自然性：形成其極盛相需愈長時間的生態系生態價值愈高。

2. 典型性：對階層構造與種組成十分發達的群落，有特殊典型的形態出現則生態價值高。

3. 固有性：具歷史傳承地域性很強的特殊群落或固有物種愈多，評價愈高。因時間久遺傳因子會具有與其他地點不同的特異性，此或稱原生種。

4. 稀有性：物種、群落數目或棲地面積已稀少者生態價值高。

5. 分布限界性：分布區域邊緣或已與主分布地區隔離的生態其生態價值高。

6. 地區特異性：特殊地區才能生長的物種或群落生態價值高。

7. 脆弱性：對環境壓力脆弱而能生存下來的物種生態價值高。

8. 滅絕危機性：滅絕威脅很大或滅絕機率高的物種生態價值高。

對於生態價值的判斷，或許可綜合上面幾個生態特徵性去做思考，經當地生態資料的蒐集和調查結果，集思廣益找出需要努力去保全的物種和棲地，才能避免對生物多樣性的定義有所混淆和誤解。然而即使觀念正確，但若要能具體落實生態保育或復育的目的時，仍需要有一些更清楚具體的指標或標的物以方便判斷生態系生態價值的高低，因此我們常用生態指標或指標生物作爲保育或復育工作前後判斷生態好壞的依據。

在指標生物方面，如何從調查到的大量生物資料中，找出代表性的物種較爲困難，但物種確定後，其與棲地的關係就比較容易建立。有些物種需要靠現地調查資料去分析，有些只由既有文獻即可獲得需要的相關資料。反而生態指標與棲地間之關係的建立比較困難，必須利用現地調查資料加以分析，而且其關係也較具有地域性，難以一般化應用於不同的地區。以上所述如表 3.1 所示。

表 3.1　生態價值指標的設定

	設定之難易度	建立與棲地關係之難易度	生態環境評估	應用地點
生態指標	容易	困難	直接	地域性
指標生物	困難	容易	間接	一般性

3.3.2 生態指標

生態指標通常是以一個或多個定量的統計數字來表示對生物多樣性的評估結果，最簡單的指標是物種數，但出現的各物種個體數分布是否均勻也是生物多樣性重要的判斷依據，因此有綜合物種數和個體數成爲單一數字的統計計算值，目前常用的有歧異度、均勻度、豐富度等，我們利用如下的數學公式很容易將調查資料定量化。

Shannon 種歧異度指數

$$H' = -\Sigma(n_i / N) \ln(n_i / N) \tag{3.1}$$

均勻度指數

$$J' = H' / \ln S \tag{3.2}$$

豐富度指數

$$SR = (S - 1) / \ln N \tag{3.3}$$

式中，n_i 表示調查數據中第 i 種生物之個體數，N 表示調查數據中所有生物種類之總個體數，S 表示所出現生物之種類數。H’ 與 J’ 愈大，表示個體數在種間分配愈均勻，SR 愈大表示群聚內的物種數愈多。以上指標的運用都只能侷限於同樣類別的物種，例如對沿岸魚類的生態性做評價，或對濕地底棲生物的生態性做評價，而不同類別的物種例如魚類和底棲類不能合併去計算，故只能針對某特定類別的生態做評價。至於生態評價是要對魚類做評價或還是要對底棲生物做評價，那就要回到復育目標或是指標生物認定的問題了。

此外，常用的生態指標還有生物整合性指標 IBI（Index of Biological

Integrity），是依特定目標以主觀的判斷找出多個評價方向或項目，從生態調查數據分別估算各不同評價項目，評價高的給 5 分，普通的 3 分，低的 1 分，予以標準量化評估，加總各項評分結果，以總分判斷綜合性生態品質優劣的一個指標。例如欲比較某地區工程施工前後，沿岸魚類的生態綜合性評價，可先找出魚類總個體數、物種數、歧異度、洄游性物種比例、汙染敏感物種比例，以及仔稚魚個體數比例等多個評價方向，先訂定評分準則，依現地調查資料結果給予評分，再總合各評價項目得點數，總分愈低表示該生物群集受環境變動影響的程度愈嚴重。IBI 指標的思維在內容與操作方法上可加以彈性更改應用，例如 B-IBI 是用於底棲生物的生態評估，CW-IBI 是用於水體生態健康的綜合評估（水利規劃試驗所，2016），其雖在計算過程具有主觀影響因素存在，但方法簡單應用範圍很廣。評價項目的選擇和評分準則的決定，若能以專家會議取得共識，則結果就會具有比較可靠的客觀性。

其他在植物學中，重要值指數（IVI）是一種用於評估植物物種在特定區域中的相對重要性的方法。IVI 值的計算是基於物種的頻度和豐富度，以及物種在植物群落中的覆蓋程度。透過計算 IVI 值，可以獲知在特定區域中，重要植物物種在生態系統功能、生物多樣性和群落結構等方面的影響程度。另在評估水質的生態指標中，如生物類群指數（Biological Indices），是基於特定生物群體（如底棲無脊椎動物、浮游植物或魚類）的結構和功能特徵來決定的指標，可以提供對水體狀態的綜合評估。其他各種生態指標的提議有很多，可在各相關文獻中查閱參考。

3.3.3 指標生物

提倡生態復育，我們首先遭遇的第一個問題是，到底要復育什麼？依照以上對生態價值的定義我們努力的目標應是生物多樣性的提升。以地球而言，毫無疑問我們要保育的是快瀕臨滅絕的稀有種生物。而以一個地方性區域而言就比較複雜，不只是稀有生物，還應考慮當地生物種類的豐富度或物種歧異度，而非獨厚某特種生物的生存而已。一般所謂生態保育，還是以稀有物種的保護爲優先。稀有物種是否就是指標生物？若沒稀有物種是否就沒有指標生物？指標生物如何決定？是目前生態保育或復育工作最重要但也是最先碰到的難題。比較客觀的看法是，原則上在棲地條件比較惡劣一般生物都難以生存的地方，復育目標以對棲地條件要求不高到處都能生長的優勢物種，或對當地環境具有特殊耐力的物種爲對象。反之，在棲地條件優越或一般生物都容易生存的地方，這時強勢物種常會占有優勢，爲了地球生物多樣性或地方生物多樣性，復育目標除考慮瀕臨滅絕的稀有物種之外，另外以物種的生態位階或價值來考慮指標生物的類型有下列幾種：

- 生態性指標種：生態環境類似地區之代表性物種。
- 中樞種：在群集內生物間相互作用具重要性的物種，如消失則會造成生態系變質。
- 象徵種：具特殊利用或觀賞價值的物種。

指標生物的選擇又可分保育類和復育類來考慮。保育類之對象爲現存的某特定生物，目標明確容易決定。復育類則無明確的復育目標，必須依現況和目的再做選擇，其又可分原生物種和潛能物種兩種方式來思考。

1. 原生物種

(1) 對附近自然環境相似地區的生態系做研究分析，找出原生的代表性生物，作爲復育對象（空間上的近似）。

(2) 對擾動前生態系做研究分析，盡量復原成原來的生態（時間上的近似）。

2. 潛能物種：利用環境潛能評估，對當地棲地環境條件如氣候、土壤和水文等做判斷，從具有生存潛能的生物中選擇目標物種。

指標生物的選擇建議如圖 3.15 所示。圖中，普遍種是指除外來入侵種外，到處都很容易生長對棲地不挑剔的物種。稀有種又分地球上的稀有種和地域性的稀有種，像小燕鷗通常不被認爲是地球上的稀有物種，但在臺灣看到小燕鷗通常是在遷徙時的偶發事件，一些自然保護區和環保組織可能會採取措施來保護遷徙的小燕鷗。而在一般棲地，不論採用原生物種或潛能物種都應以其間的中樞種，即在生物間相互作用具重要性的物種爲指標生物，棲地復育才能創造豐富的生物多樣性。

海岸生態復育指標生物的設定，在水域中一般被認爲是以魚類爲指標。因爲魚類是爲水中食物生態位階的上位種，有魚類的存在表示此水域具有生物多樣性的生態環境。魚類生存所要求的棲地環境，有水流速度、水深、水質等多項條件，但最重要的是食物來源。其自然環境中的食物來源是其下位種的一些海洋生物。因此營造能產生豐富的魚類食物來源的生態環境，比營造只適合魚類生存的物理環境來

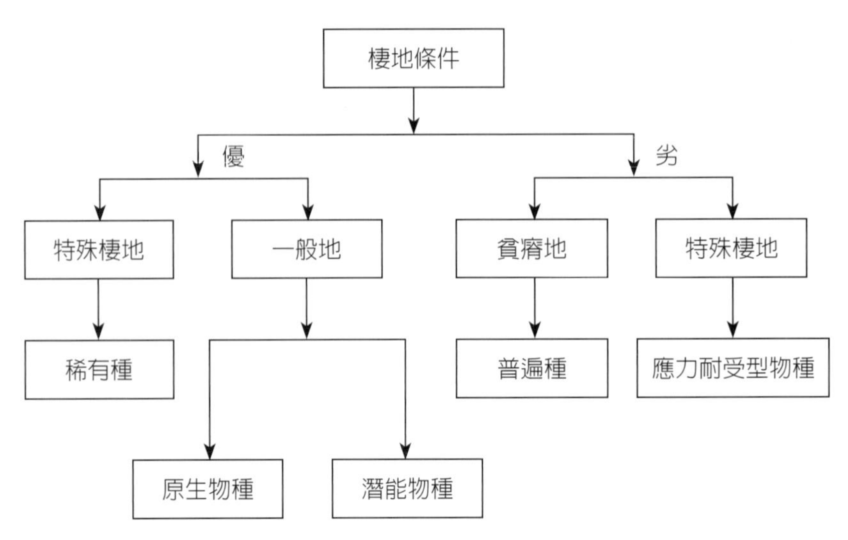

圖 3.15　指標生物的選擇

得重要。例如珊瑚礁海岸具有豐富的生物多樣性環境，這種區域的指標生物（中樞種）無疑是珊瑚蟲而不會是某些魚類。像魚類這種較高等的生物，其有較大適應環境的能力，雖然也受水流等自然因子的限制，但其具有很高的移動力，可以隨時迴避不良環境，可以主動找尋食物豐富的場所。以生態學的角度對大自然生態價值之評估，認爲只要魚類的存在即代表著生態系的健全與完整性是正確的。但以生態保育或復育的角度，若只考慮物理上的要因，刻意營造出魚類能夠生存的自然物理環境，卻忽略下位種生物的生存環境條件，並不是合適的做法。

此外，在生態工法的實施上，因生態工法能做的是棲地營造而非水產養殖，要把與棲地物理條件關係密切的生物當作指標生物才能進行工程規劃設計。一般食物鏈位階屬上位的生物，是依賴下位的生物存活，下位生物與棲地自然物理環境的關係比較密切。海岸的海洋生物，藻類扮演著基礎生產者的角色，故應作爲生態復育的主要目標。但在沙泥質海岸，藻類附著不易加上水質透光度不佳，藻類復育的難度較高。另方面由於海岸潮間帶承受陸地汙染，水中及底質有機物豐富，反而是底棲生物大量繁殖。故選擇某些底棲生物這種下位物種作爲指標生物，既可促進浮游動物、水鳥、魚蝦的繁榮，並可解決環境汙染的問題。然而，生態復育目標的決定是因地制宜，或許該由居民、社區團體、學者、環保人士等共同形成的組織，經詳細的調查、分析和討論來決定。

參考文獻

1. 水利規劃試驗所（2016）。海岸情勢調查作業參考手冊。成大研究發展基金會。
2. 邵廣昭等（2000）。藍色運動——尋回台灣的海洋生物。中央研究院動物研究所。
3. 日本海洋開発建設協会（1995）。これがらの海洋環境づくり。山海堂。
4. 龜山章（2002）。生態工學。日本朝昌書店。

CHAPTER 4

海岸生態評估與補償

4.1 生態調查與分析

4.1.1 調查的目的與內容

生態調查的意義在於了解整體生態系的結構是否健全，以及了解和把握棲地環境的變化，調查的對象是生物的種類、數量及其棲地的構成因子。調查資料經有效的整理和分析後，用來評估生態系的價值和了解生態系統的結構，以作爲生態保育與復育的依據。隨著調查目的的不同，調查方法和內容亦有不同，沒系統組織的盲目調查徒然浪費時間沒有意義。調查的目的有三種，一是情勢調查，蒐集和累積一般性的國土基本資料，作爲生態保育和掌握生態系長時間變化的依據，原則上是定期例如五年做一般普遍性調查，若有必要再隨時對特定生物的分布做特殊調查，情勢調查偏重於全面性的生物種類、數量和分布。二是生態復育調查，在生態劣化地區或瀕臨滅絕生物的棲地，不定時對特定目標做調查，物種和棲地條件要同時考慮，以作爲實施生態復育之參考，調查時間應在生態復育實施前後爲之。三是監控調查，在人爲措施或工程實施時，對當地與周遭的生態與棲地環境是否遭破壞，在工程運作的生命週期中做監控，環境若有受到負面影響即應啟動代償措施（mitigation）。

監控調查分事前、施工中和施工後調查。事前調查又分資料蒐集和實地調查，當蒐集的資料不足以了解現地生態狀況時，即要進行實地調查。與一般環境評估調查內容的不同，在於這種調查並不僅單純地調查海岸周邊的環境變化，以判斷環境是否會遭受破壞，且要把握結構物特性和了解生物生存條件以決定工程的設計條件。爲此，現地調查應顯示當地現有海域環境的生物組群構造、適合生物群體生存的環境，以及預測環境改變後會產生何種生物演替或遷移。施工中與施工後的調查重點則在於檢視生物量的變化，驗證當初工程設計的生態目標是否達成，並據以調整施工方法和內容。

生態調查的項目非常繁多，全部都要調查的話需要耗費很大的人力物力，因此在編定調查計畫時要做適當的抉擇，針對地理環境與調查目的挑選有用的項目去執行。特別要注意的是，生物與其棲地環境必須在時間與地點上做同步調查，才能了解生物與環境因子的相關性，也才好擬訂棲地復育的方法。

生物方面的調查項目包括游行動物、附著生物、底棲生物、浮游生物、植物、昆蟲、兩棲類、鳥類及哺乳類等，各種生物的調查方法不盡相同。游行動物如魚、蝦或烏賊等具經濟價值，可用當地漁獲量包括釣客的訪問資料來評估，鳥類可由當地鳥會等民間社團的常時觀測報告獲得資料，因其出現都具隨機性故需做長期觀測，短期調查資料意義不大。附著生物與底棲生物因棲地固定容易調查，又可反映當地的棲地環境條件，另方面其爲上層生物的主要食物來源，據有海岸生態系的關鍵地位，且其資料不易由他處獲得，故常需做現地調查。浮游生物與水體相關密切，常與水質一起做調查。

棲地環境包括地形、地貌、氣溫、波浪、潮位、海流、水質、底質粒徑、土壤總有機質、土壤重金屬及人工結構物等，學術上屬於物理與化學的領域。其調查內容與方法在海岸工程或環境工程領域都已有成熟的技術規範，其調查分析方法與結果有些可直接作爲生態調查的參考來應用，例如底質平均粒徑、土壤總有機質、水質等。但以工程應用的角度得到的有些物理量，不一定就是生物生存所需要的物理量，例如在海岸工程上的波浪或水流資料，其統計上的代表值是以對海岸結構物最具威脅的極端值爲對象，然而對生物而言最具影響力的統計值，是要採用大浪期間的平均值或是小浪期間的最大值，還是生物成長期間的波高平均值等，至今仍無定論。如何以生物學的角度，來決定這些物理量的調查方法、時間、頻度及分析方法等，仍有待後續的研究和探討。

4.1.2 調查方法

一、生物調查

底棲生物的調查方法依其位於潮間帶或海域有所不同，潮間帶的調查方法有試坑法、誘捕法與定點記數法等；海域的調查方法有底拖網、矩形採樣器、抓斗式底棲生物採樣器與水下攝影等，一般著重於大型底棲生物的調查。附著生物的調查方法有橫截線調查法與觀察框法等，但位於低潮位以深的水下附著生物調查不易，使用水下攝影也因水質混濁而清晰度不佳。浮游生物調查地點以碎波帶外平均低潮位水深 6 公尺內海域爲主，浮游植物的採集使用採水瓶法，浮游動物的採集使用浮游網法，在潮間帶可使用水桶法。以上調查的調查頻度原則上間隔三個月每季一次。

魚類調查內容包括種類、數量及其特性（尺寸、重量與性別等），在海域的調查方法有網具法與潛水調查法等，在潮間帶與河口有袋網法、誘捕法、電魚法、釣魚法與潮池法等，調查位置盡量與浮游生物或底棲生物的調查位置相同。鳥類調查方法有穿越線法、路徑調查法、定點計數法、棲所計數法、群集計數法與群集巢位計數法等，其調查時間牽涉到鳥的作息時間與遷徙季節，調查內容要含括各種棲地形態，如礫石灘、草澤、防風林或潮間帶等，觀測樣線路徑盡可能涵蓋不同棲地環境類型。

植物調查要同時採用穿越線法與植群樣區法，前者乃沿所定樣線記錄出現植物種類，後者在特定方形樣區內記錄綠覆面積以及喬木的樹種和胸高直徑。調查內容包含物種組成、分布位置與植物群落季節變化等，調查時間以夏季與冬季各調查一次或開花期爲原則。調查結果須說明調查樣區內的優勢種、稀有種、特有種與入侵種等。

以上各種生物調查均應依據調查目的與棲地環境特性選擇最適當的調查方法，各種調查的詳細操作方法可參考水利署水利規劃試驗所 2016 年的海岸情勢調查作業參考手冊、環保署環境影響評估作業規範中 2011 年修正公告之「動物生態評估技術規範」、2009 年內政部營建署公告之「濕地生態系生物多樣性監測系統標準作業程序」以及 2002 年公告之「植物生態評估技術規範」。

二、環境因子調查

與棲地有關的環境因子範圍很大項目眾多，包括地形、地質、土壤、氣象、海象及水質等各方面的因子，爲了資料分析的方便可行，要依生態復育的目標或關注物種的棲地需求，從中擇要選取調查的項目。

地形調查爲海岸資料調查的最基本工作，包括陸域測量與海域測量，測量方式採用垂直海岸測線，以測線間距小於 50 公尺，測點間距小於 1 公尺爲原則，測量成果爲間距 1 公尺的地形等高線圖。氣象包括氣溫、雨量、風速，海象包括波浪、潮位及水流流速等，可用溫度計、雨量計與潮波流儀等做監測，儀器類型很多，各自採用不同的物理原理，如今技術都已相當成熟。惟這些物理量均爲時間序列的隨機數據，如何分析求出代表性的物理量出來，在生態議題上目前仍有待探討。水質方面，至少需檢測溶氧量、葉綠素濃度、硝酸鹽氮、亞硝酸鹽氮、氨氮、磷酸鹽、氫離子濃度、濁度、鹽度及水溫等，其他如生化需氧量、大腸桿菌、矽酸鹽及各種重金屬依調查需求再行納入。各項水質檢測都有成熟的技術和完整的法規可依循。

泥質與沙質海岸的底質特性為底棲動物最重要的棲地環境因子，利用採樣鏟或抓取式採樣器，採集底質表面 0 至 15 公分厚的表層底泥，做底質粒徑分布和土壤含水量的分析，底質粒徑常以平均中值粒徑為代表值，土壤含水量係重量百分比。同一樣品可同時用來檢測土壤總有機質含量，原則上採用燃燒測定法檢測之。土壤重金屬種類有 30 種以上，原則上採用快速半定量的 X 射線螢光光譜儀法，若有需要可採用更精確的其他定量檢測方法（水利規劃試驗所，2016）。

4.1.3 數據分析

調查工作費時費力，最後獲得的成果是數據，要將原始數據分析成有用的資料，眞正落實在生態保育或復育工作上才是有意義的調查。故調查工作要有調查工作計畫書，內容需要說明調查資料的分析方法和用途。

生物調查的基本原始數據是物種數和個體數，這些數據都是離散型的數據。初步分析是將這些數據依空間變化和時間變化做統計，例如在空間上要知道每個樣區某種物種出現幾次，在時間上要知道每個月某種物種出現幾次，據此了解某個物種的時空變化狀況，以及各物種間的變化差異。接著根據調查到的物種數與個體數可去計算如上所述的生態指標，各種生態指標的統計值一樣要去做時空變化的分析。

至於棲地調查的資料在時間和空間上本來都是連續性的，必須先將其離散化才能做統計處理。棲地的數據也如同生物數據依空間變化和時間變化做統計處理，而盡可能和生物數據同步處理，亦即同一時間和地點要同時有生物和棲地資料，以便了解其間的相關性。但有些如地形、地質的資料在有限時間內不會變化，只與空間變化有關，而如氣象、水文資料在短距離內變化有限，只與時間變化有關，這與生物資料有些不同，生物資料的時空變化比較複雜。

除了上面傳統的記述統計之外，尚有推論統計方法，可以根據樣本數據的分析結果對整個生態系統的變化進行一定程度的推斷和預測。其中相關分析方法是一般最常用的方法，包括物種間的相關分析、棲地條件間的相關分析以及物種與棲地條件的相關分析等。種間的相關性可了解生態系的組成結構，棲地間的相關性可找出關鍵性的棲地條件。生物量（生態指標）與棲地條件的相關性可作爲指標生物棲地復育或提升地區生態指標的重要參考。

欲探討物種出現的棲地環境與季節，或物種受環境因子的影響程度如何，分析上可採用多變量分析模式，歸納生物樣群間的相似性，藉以探討群集特性與環境因子的關聯程度，並評選可反映環境因子的指標物種（水利規劃試驗所，2016）。其中群集分析（cluster analysis）是一種用於研究生物群體（如植物、動物或微生物）組成和結構的統計方法，它可以幫助我們了解生物群體的類似性、差異性和生態結構。另有多元尺度分析（Multidimensional Scaling, MDS）是一種用於探索樣本間相似性或差異距離的統計方法，可將高維數據轉換爲低維空間，使樣本間的距離在低維空間中保持盡可能的一致性。其計算結果通常以散點圖或二維平面圖的形式呈現。MDS 方法可以應用於分析物種組成、生態群落結構、生物多樣性格局以及環境條件對生物群體的影響。多變量分析計算複雜，使用範圍很廣，使用上已有商用軟體，但在各領域的應用上需有一些其專業上的素養背景。

4.2 生態棲地評估

4.2.1 棲地評估模式

棲地評估模式是指描述生物棲地或生態系特徵的圖、表或數學式，目的是建立生物與其棲息環境之間的關係。評估模式分定性模式和定量模式。定性模式只能敘述生物與棲地環境相關性的有無，至於相關程度則無法加以量測和預測。定量模式則對其相關性程度有明確的界定，利用生態參數或經驗係數建立一些數學關係模式，方便生物數量或棲地條件做定量上的評估或預測。模式的建立都需基於現地的生態調查資料，定性模式只需對現象做歸納整理，如表 4.1 爲在臺灣北部藻類調查結果整理出之資料；定量模式則需對數據做一些統計分析，最好能再配合地理資訊系統（GIS）來建立，此外，不論定性或定量模式都要小心其地域性的適用範圍。

表 4.1　臺灣漁港消波塊上主要附著性海藻之生物特性及生態習性

分類	物種	水深（m）	出現時間（繁盛期）	藻體形式	適合底質	分布海域	生育環境			壽命	增值方法
							潮下帶	潮間帶	潮上帶		
綠藻	石蓴	0-2	全年（2-4 月）	葉片狀	岩礁區	全省	■	■■■	■	1- 數月	孢子及有性生殖
	裂片石蓴	0-3	全年（2-4 月）	長條葉狀	岩礁區	全省	■■	■		1- 數月	孢子及有性生殖
	牡丹菜	0	全年（5-6 月）	葉狀	岩礁區	北部，東北部，恆春半島，東部		■■		1- 數月	孢子及有性生殖
	腸滸苔	0-1	全年（12-4 月）	條狀	岩石或石礫上	全省	■	■■■	■■	1- 數月	孢子及有性生殖
	滸苔	0	全年（3-5 月）	條狀	潮池及沙灘地	北部，東北部		■■	■■	1- 數月	孢子及有性生殖
	寬礁膜（俗稱青海菜）	0-2	12 月至翌年 4 月	葉片狀	岩礁區	全省，澎湖		■■	■	1- 數月	孢子及有性生殖
	杰氏松藻	0-10	全年（2-6 月）	匍匐分枝	岩礁區	北部，東北部，恆春半島，東部	■■	■		數月	有性生殖
	球松藻	0-5	全年（2-6 月）	球狀	岩礁區	北部，東北部	■■			數月	有性生殖
	蕨藻	0-5	全年（12-4 月）	球狀、羽狀、長條狀等	岩礁區	北部，東北部，恆春半島，東部	■■■			1- 數月	有性生殖與匍匐根生長
	綠毛藻	0-1	全年（3-5 月）	絲狀	潮池或沙地與礁石交接處	東北部，恆春半島，東部	■	■		1- 數月	孢子及有性生殖

資料來源：張瑞昇整理

植物與無機的環境（棲地）有較密切的關係，動物除少部分生活地點固定外，都有主動尋找食物的移動能力，故對食物或食物網的依存性較大。不論定性模式或定量模式之建立，首先必須研判生物的生活史或生活行爲，做主要棲地環境因子的選擇。國內雖有很多生態調查資料，但經有系統整理發布的還不是很充分。

定量模式對生態工程之執行可有較具體和實質的貢獻，但目前在海岸方面可用的模式並不多，例如 BEST（Biological Evaluation Standardized Technique）模式，適用於評估沿岸淺水域之生物棲息地的優劣。以某指標物種例如魚類爲對象，針對其成魚數量、成魚食物來源、幼稚魚數量、幼稚魚食物來源、產卵數量及總生產量等項目做評估。比較地理環境性質不同的區域，找出最適當的棲息環境。此模式除了目標物種的選定需專家協助外，操作容易。又如 PVA（Population Viability Analysis）模式，用於評估物種滅絕可能性。首先將目標物種之生物生活史單純化，即將其族群動態模式化，找出生活史參數，如繁殖率、死亡率等。另方面設定各種不同程度的環境干擾狀況，對模式化後的生活史參數影響程度分別探討，進行數值模擬實驗，求出在各種干擾狀況下的存活數量，再利用統計分析，求出該物種在若干年後的滅絕機率。由此滅絕機率可反推棲地初建立時所需的存續可能最少個數，以及存續可能最小棲地面積。此模式的操作較爲困難，需有長期的調查和參數設定過程。

至今經研究發展出來的模式很多，其適用性主要是依使用目的而定，但一般其可靠性都是基於調查數據的充分與否。下面對 HEP 模式及 CHGM 模式做比較詳細的說明，前者是一個定量模式，以生物及其棲地的調查資料建立兩者之間的相關數學式；後者是半定量模式，只是對棲地環境狀況做主觀的評價。

4.2.2 棲地評價模式（HEP 模式）

1980 年代美國魚類及野生動物局改良發展出此棲地評價模式（Habitat Evaluation Procedure, HEP），由棲地條件去判斷生物量，來評估開發計畫對環境之衝擊程度，判斷未來棲地之變化是否可被接受，並據以擬定代償方案（mitigation）。近十年日本也成功應用此方法於沿岸海域生物之研究。此模式爲目前使用最頻繁的生態棲地模式，其施作流程如圖 4.1 所示。

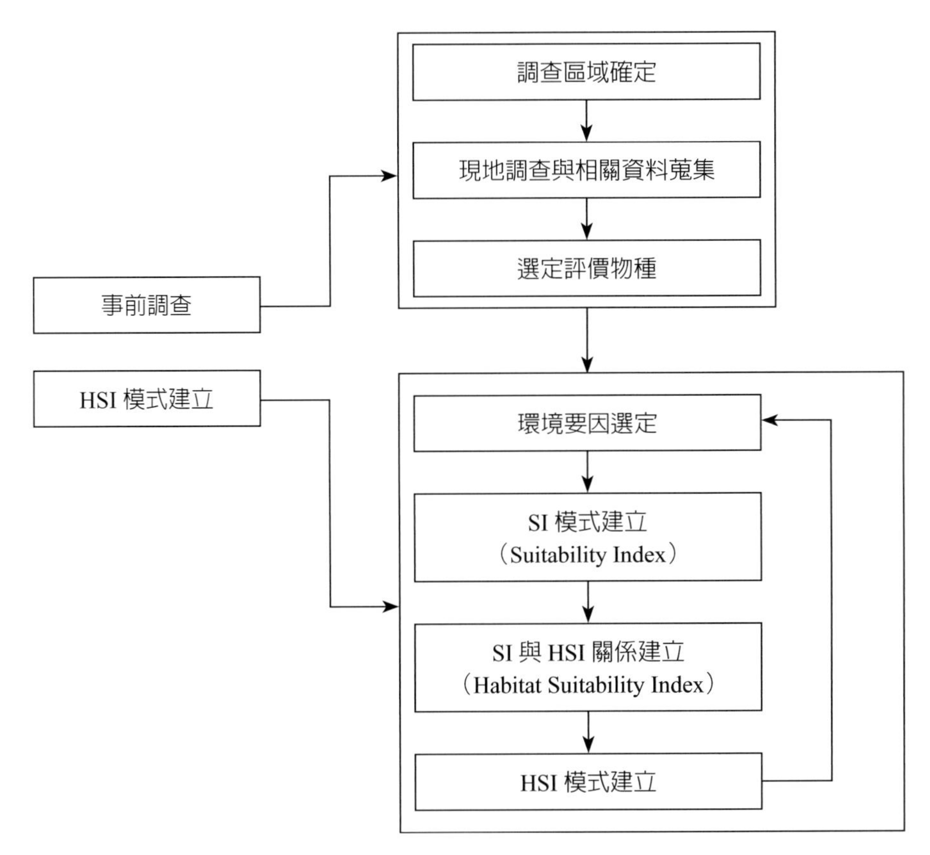

圖 4.1　HEP 評價模式操作流程

以下利用 2002 年新竹漁港消波塊上附著生物之調查資料說明建立 HEP 的操作流程（郭一羽、陳盈曲，2004）。首先要建立各個棲地因子的適合度指數 SI（suitability index），例如圖 4.2 爲水質酸鹼值（pH）的 SI 圖，利用現地調查資料，將各測點的 pH 值與附著生物出現物種數點繪成相關散布圖，橫坐標爲 pH 值，縱座標 SI 值爲物種數正規化後的無因次表示（設定其最大值爲 1，其實際調查基地出現的總物種數爲 23）。因受到其他棲地因子影響之故，同樣的 pH 值在不同測點會出現不同的物種數（SI 值）。圖 4.2 中的曲線是數據的包絡線，表示對棲地因子 pH 值而言，物種數能夠出現的最大極限。這適合度指數曲線表示棲地因子與生物量的相關性，如圖 4.2 表示最適合消波塊上附著生物生活的 pH 值是在 8.0～8.3 之間，各種棲地因子的 SI 曲線可作爲以後選擇適當棲地條件的參考。

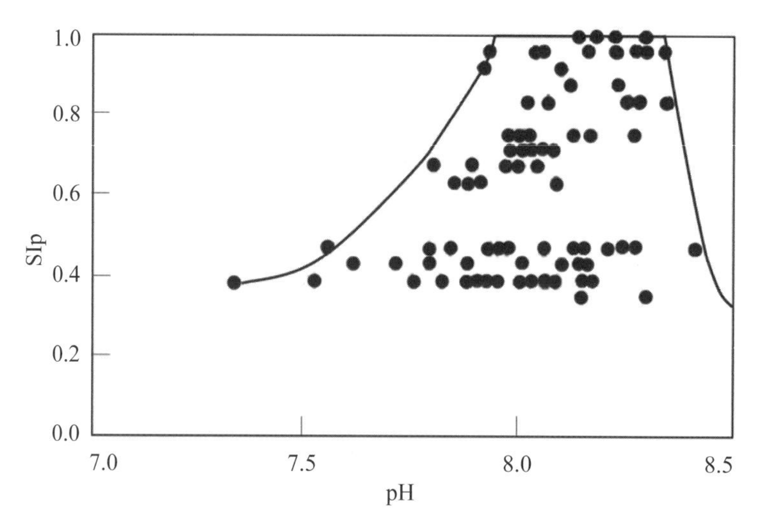

圖 4.2　水質因子 pH 的 SI 指數包絡線圖

然而想要知哪個因子是重要的，哪個是不重要的，下一步驟是整合認爲可能有相關的棲地因子的 SI，去建立綜合性的棲地適合度指數（HSI），其綜合的組成方式有算術平均法、幾何平均法、限定要因法或加算要因法等。嘗試各種組合方式以及各種棲地因子，去選出最能接近實際觀測數據的組合。例如表 4.2 爲利用各棲地因子的 SI（適合度指數），依下式的組合計算出的結果。

$$HSI = Min(SIs, SIp, SId, SIe) \times SIw \times SIg \quad (4.1)$$

表 4.2　各測站 HSI 之結果

站別	鹽度	SIs	酸鹼度	SIp	溶氧	SId	電導度	SIe	浸水時間	SIw	坡度	SIg	HSI	實際出現物種數
ST1	3.16	1.00	7.92	0.94	6.61	1.00	59.70	1.00	9.50	0.83	0.011	0.45	0.48	10
ST2	3.17	1.00	8.01	1.00	6.40	1.00	59.13	0.99	8.67	0.79	0.010	0.43	0.34	10
ST3	3.28	1.00	7.55	0.60	5.29	0.80	59.85	1.00	10.00	0.86	0.010	0.45	0.25	10
ST4	3.20	1.00	8.00	1.00	6.57	1.00	59.58	1.00	9.67	0.84	0.023	1.00	0.84	23
ST5	3.17	1.00	7.98	1.00	6.57	1.00	59.75	1.00	10.33	0.88	0.026	1.00	0.88	20
ST6	3.01	1.00	7.93	0.95	6.36	1.00	58.95	0.97	10.83	0.91	0.028	1.00	0.86	23
ST7	2.99	1.00	8.00	1.00	6.22	1.00	59.58	1.00	10.83	0.91	0.023	1.00	0.91	23
ST8	2.48	0.61	7.68	0.72	5.25	0.78	50.93	0.30	10.00	0.86	0.022	0.61	0.19	8

式中 Min 表示取括弧中的最小值，SIs、SIp、SId、SIe、SIw、SIg 分別表示海水鹽度、pH 值、溶氧、導電度、浸水時間、灘前海底坡度之棲地環境因子的 SI 值。這些 SI 值是由各測站的棲地因子之年平均值，對應各棲地因子之 SI 曲線求出的 SI 值，將其代入 (4.1) 式計算可得到各測站的 HSI 值。HSI 值也是介於 0～1 之間。圖 4.3 中的數據，爲表 4.2 中八個調查站各站在一年中實際調查發現的物種數，與其利用 (4.1) 式計算出的 HSI 值的關係圖，從圖 4.3 中數據的變化趨勢發現，隨著 HSI 計算值變大，實際調查到的物種數也相對地增加，其相關係數約 0.92，此表示上述棲地因子的選擇，與 HSI 模式的構築大致上是可被接受的。否則就需重新嘗試、修正和構築新模式。HSI 模式建立後可做環境棲地的評估和選擇，只要有現地環境因子的資料，就可求出 HSI 值，數值趨近 1 表示是物種豐富的棲地，趨近 0 表示是物種貧乏的棲地。構成物種貧乏原因的棲地條件爲何，亦可由對各個棲地因子的 SI 值的估算結果獲知。

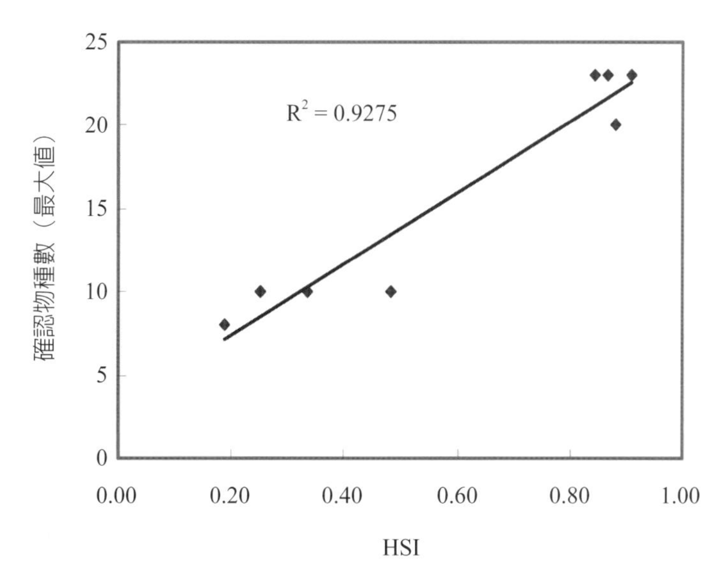

圖 4.3　HSI 的計算值與實際出現的物種數之關係

上述案例是以出現物種數作爲生態目標。目標的設定亦可利用歧異度、豐富度等生態指標或是某種指標生物個體數來操作。模式的建立最好有不同時間與地點的調查資料做驗證，才會更具有一般性的應用價值。SI 曲線的建立，若有既有的調查文獻資料可供參考，則會事半功倍且增加其準確性。

4.2.3 海岸水文地貌棲地評估模式（CHGM 模式）

海岸水文地貌棲地評估模式（Coastal Hydrogeomorphic Approach）的建立，是基於專家的經驗、討論與共識得到的一套直接評估棲地品質優劣的方法，操作方法簡單，不需生物調查資料，只要對海岸的地形地貌做直接的觀察和判斷（郭一羽等，2007；水利規劃試驗所，2011）。CHGM 的評估內容主要分爲「棲地影響因子」與「棲地功能評價指標」兩大部分：棲地影響因子是指與海岸生物生存有關的水文、水理、地形與地貌條件，例如潮汐、海底坡度和植物覆蓋度等。在棲地影響因子的部分，每一項棲地因子皆有各自的評分標準，依照調查當時的棲地環境現況，工程人員以目視觀察的方式，參考評分標準，主觀地分別評出各項影響因子的分數，在評完所有的棲地影響因子的分數後，再綜合起來去評價棲地功能指標。棲地功能評價指標可分幾個面向，例如動物棲息空間、生態綠化維持或汙染自淨能力等。而每項功能指標是由幾項棲地影響因子所組成的，如圖 4.4 所示，例如 A 功能指標是由 a、c、d 因子所組成，B 功能指標則是由 a、b、d、e 因子所組成。因此利用各棲地因子所評出的分數，對應到有關聯的功能指標，透過簡易的數學公式，

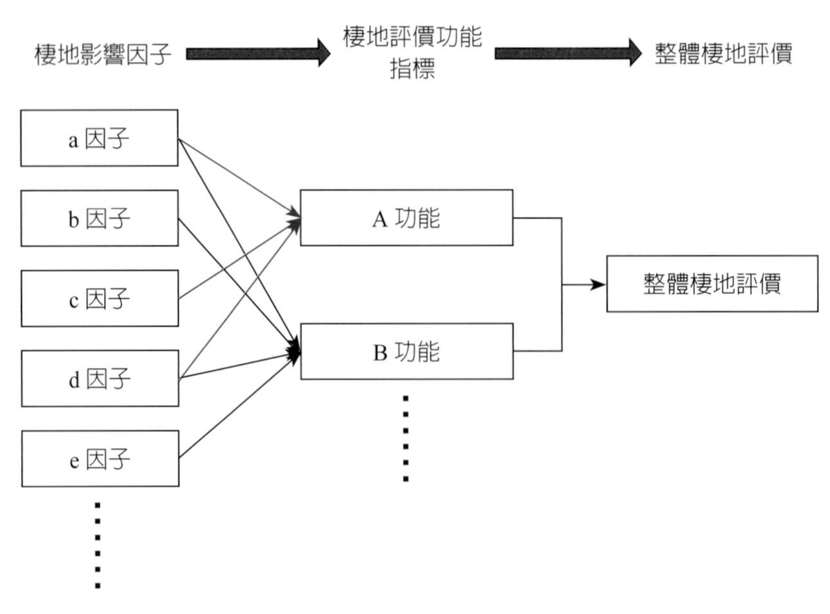

圖 4.4　水文地貌模式操作流程圖

即可計算出各功能指標的分數。每個棲地影響因子均介於 0～1 之間，而各功能指標的分數結果也會介於 0～1 之間。最後依某種權重，計算整體棲地的評價分數，其值也會介於 0～1 之間。分數的高低乃代表整體棲地品質的好壞。

本模式建議的棲地影響因子有十個，包括本地原生種植物覆蓋度之百分比（X1）、潮汐水流交換（X2）、海側環境自然地貌之多樣性（X3）、陸側環境之自然地貌（X4）、海岸安定程度（X5）、周圍土地未開發比率（X6）、海底地形（X7）、海岸線曲折度（X8）、海岸水體品質（X9）以及海岸自然程度（X10）。各個因子的評分標準如表 4.3～4.13 所示。另棲地功能評價指標有四項，包括水域

表 4.3　本地原生種植物覆蓋度之百分比（X1）評分表

覆蓋程度	分數
70% 以上	1.0
40% ～ 70%	0.7
10% ～ 40%	0.4
10% 以下	0.1

表 4.4　潮汐水流交換（X2）評分表

場所描述	分數
潮水交換完全沒有受到阻隔或限制	1.0
潮水交換受到輕微阻隔或限制	0.7
潮水交換受到明顯阻隔或限制	0.4
潮水交換受到嚴重阻隔或限制	0.1

表 4.5　海側環境自然地貌之多樣性（X3）評分表

場所描述	分數（註）
具有多樣性的底質	0.2
寬廣潮間帶（寬度 > 300m）	0.2
具有茂密的水生植物	0.2
具有河口	0.3
具有潟湖	0.3
珊瑚礁、藻礁海岸	0.4
註：基本分 0.1，分數可累加，最高 1.0。	

表 4.6　陸側環境之自然地貌（X4）評分表

場所描述	分數（註）
具有明顯的岸上濕地	0.5
具有大面積複層植栽	0.4
具有大面積單調的植栽	0.2
具有自然沙丘	0.2
註：基本分 0.1，分數可累加，最高 1.0。	

表 4.7　海岸安定程度評價分數（X5）評分表

場所描述	分數
平衡安定的海岸	1
受到淤積的海岸	0.7
侵淤互現的海岸	0.4
受到侵蝕的海岸	0.1

表 4.8　周圍土地未開發比率（X6）評分表

海岸周邊的土地開發百分比	分數
海岸周邊有 90% 以上的未開發土地	1.0
海岸周邊有 90% ～ 50% 的未開發土地	0.7
海岸周邊有 50% ～ 10% 的未開發土地	0.4
海岸周邊只有 10% 以下的未開發土地	0.1

表 4.9　海底地形（X7）評分表

場所描述	坡度	分數（註）
極緩坡海岸地	小於 1：1000	1.0
低坡度海岸地形	1：200 ～ 1：1000	0.7
中坡度海岸地形	1：50 ～ 1：200	0.4
高坡度海岸地形	大於 1：50	0.1
註：但若為礁岩海岸則評分 1.0。		

表 4.10　海岸線曲折度（X8）評分表

場所描述	分數
島嶼羅列的曲折海岸	1
岬灣海岸	0.9
曲折海岸	0.7
曲折與直線交錯之海岸	0.5
直線海岸	0.3
遭結構物切割的不連續海岸	0.1

表 4.11　海岸水體品質（X9）評分表

場所描述	分數
甲類之海水等級	1
乙類之海水等級	0.7
丙類之海水等級	0.4
低於丙類之海水等級	0.1

表 4.12　海域海洋品質標準的水質項目與標準值

各類海域海洋環境品質標準			
類別／水質項目	標準值		
	甲類	乙類	丙類
氫離子濃度指數（pH）	7.5 ～ 8.5	7.5 ～ 8.5	7.0 ～ 8.5
溶氧量	5.0 以上	5.0 以上	2.0 以上
生化需氧量	2 以下	3 以下	6 以下
大腸桿菌群	1,000 個以下	-	-
氨氮	0.3	-	-
總磷	0.05	-	-
氰化物	0.01	0.01	0.02
酚類	0.01	0.01	0.01
礦物性油脂	2.0	2.0	-

備註：
氫離子濃度指數：無單位。
大腸桿菌群：每 100 毫升水樣在濾膜上所產生的菌落數（CFU/l）。
其餘：毫克／公升。
未特別註明的項目其標準值以最大容許量表示。

表 4.13　海岸自然程度（X10）之評分表

場所描述	分數
無海岸結構物，屬自然海岸	1.0
離岸堤	0.9
突堤	0.7
護岸	0.5
海堤或對生態造成嚴重阻隔的消波塊	0.3
港口	0.1

表 4.14　各項棲地功能的地形地貌影響因子

棲地功能	相關的影響因子
水域生物棲息空間	「潮汐水交換」、「海側環境自然地貌之多樣性」、「海岸線安定程度」、「海底地形」、「海岸曲折度」、「海岸水體品質」。
野生動物棲息空間	「本地植物總覆蓋度之百分比」、「陸側環境之地形地貌」、「周圍土地未開發比率」、「海岸水體品質」、「海岸自然程度」。
生態綠化維持	「本地植物總覆蓋度之百分比」、「陸側環境之地形地貌」、「海岸線安定程度」、「周圍土地未開發比率」、「海岸自然程度」。
環境汙染自淨能力	「潮汐水交換」、「海側環境自然地貌之多樣性」、「陸側環境之地形地貌」、「海底地形」、「海岸水體品質」、「海岸自然程度」。

生物棲息空間（Y1）、野生動物棲息空間（Y2）、生態綠化維持（Y3）以及環境汙染自淨能力（Y4）。與各項棲地功能指標有相關性的影響因子如表 4.14 所示。

從表 4.14 中知道四項棲地功能指標各有 5 或 6 個影響因子。影響因子會在各項功能重複出現，出現頻繁的因子未來在做整體棲地評估時權重會比較大。依照簡單幾何平均法的概念，挑出與各功能指標相對應的棲地因子，組成公式如下式 (4.2) 至式 (4.5)。因各影響因子的數值在 0.1 到 1.0 之間，所以計算出來的功能指標亦在 0.1 到 1.0 之間。

1. 水域生物棲息空間棲地功能指標 **Y1**

$$Y1 = (X2 \times X3 \times X5 \times X7 \times X8 \times X9)^{1/6} \tag{4.2}$$

2. 野生動物棲息空間棲地功能指標 Y2

$$Y2 = (X1 \times X4 \times X6 \times X9 \times X10)^{1/5} \tag{4.3}$$

3. 生態綠化維持棲地功能指標 Y3

$$Y3 = (X1 \times X4 \times X5 \times X6 \times X10)^{1/5} \tag{4.4}$$

4. 環境汙染自淨能力棲地功能指標 Y4

$$Y4 = (X2 \times X3 \times X4 \times X7 \times X9 \times X10)^{1/6} \tag{4.5}$$

由於各項功能指標對整體棲地品質的影響仍有輕重之分，依據專家會議討論結果所建議的權重，海域生物棲息空間占 30%，野生動物棲息空間占 20%，生態綠化維持占 20%，環境汙染自淨能力占 30%，如公式 (4.6) 建立整體棲地評價 Y。

$$Y = 0.3\,Y1 + 0.2Y2 + 0.2Y3 + 0.3Y4 \tag{4.6}$$

本模式的操作方法，乃是將調查到的現地棲地影響因子，依照表 4.3 到表 4.13 之評分方法計算分數，再將分數代入棲地評價功能指標公式 (4.2) 到 (4.5) 式，算出四項棲地評價功能指標，再將功能指標利用式 (4.6) 算出整體棲地評價結果。Y1、Y2、Y3 和 Y4 的數值範圍在 0.1 到 1.0 之間，因此 Y 的範圍亦在 0.1 到 1.0 之間，0.1 表示棲地環境品質最壞，1.0 表示棲地環境品質最好。依照用途亦可將 0.1 到 1.0 的區間劃分成三或五個區間等級，以評定棲地環境品質的優、普通或劣等。對於棲地品質不良的地區，若希望進行改善，其改善方向可回頭依功能指標和棲地影響因子的評分，去了解分數低評價結果不良的原因所在。以上評估方法並非絕對性規定，各因子和各功能指標的選擇、權重與評分標準可依棲地性質、範圍和狀況做彈性調整。

4.3 工程生態檢核

4.3.1 生態檢核政策

行政院公共工程委員會於 2017 年頒訂「公共工程生態檢核機制」，要求國內各機關的公共工程需要實施生態檢核作業，以求盡量減低因工程建設而導致國內生態環境的破壞。國內各部會所屬單位以工程會發布之規範爲準則，再依其機關特性做細部調整，訂定實施辦法全面推動。國內與海岸相關的政府單位甚多，各工程的生態檢核作業必須依循其主管機關訂定的規範去執行。此工程檢核內容相當複雜，必須從工程提報到完工後的維護管理，包括整個工程的生命週期，進行各階段的生態環境評估、檢討及補償等，並要求必須有一定資格的生態專業人員參與作業。

檢核的主要內容，在工程計畫核定階段要辦理生態資料蒐集、現場勘查、研擬對生態環境衝擊最小的計畫構想，以及擬定生態保育原則。在規劃設計階段要補充調查和資料蒐集、提出生態課題、擬定生態保育對策（資料評估分析和生態保育方案）、規劃生態保育措施並確認其納入工程執行方案。在施工階段要確認保育措施有否納入施工計畫書、工程品管計畫和監測計畫，並確實依計畫執行。在維護管理階段要持續監測調查和做生態效益評估。各階段的檢核因執行期間與單位不同可以獨立作業，並都要求必須有民眾參與和資訊公開。一般檢核報告書規定塡寫制式表格，以免項目有所疏漏，其部分樣式如表 4.15 所示。詳細的生態檢核內容和執行方式，可參照工程會或各機關發布的作業要點、注意事項或執行參考手冊。

工程生態檢核作業在國內已行之有年，其經多次修正內容已相當充實，對國內工程建設要兼顧生態環境保護有相當程度的貢獻。然而，若要其效果能眞正落實，仍然存在著缺乏充分的生態調查資料、健全的分析評估方法以及足夠的專業操作人員等一些問題。國內工程數量龐大，但生態專家不多，且一般生態專家學者往往對工程陌生，亦不見得適合來執行檢核作業，若貿然執行，效果可能適得其反，徒增加工程的時間與經費負擔。要解決人才人力問題，最有效的方法是鼓勵工程專業人員多去學習一些與工程相關的生態學基本常識，檢核工作應盡量由工程人員自行辦理，若有特別需要深入去探討生物習性時，再要求生物學專業的協助，例如生物調查與分類、特殊物種的辨認或指標生物的選擇等是需要生態專家來協助，而棲地調

表 4.15　公共工程生態檢核自評表

工程基本資料				
	計畫及工程名稱			
	設計單位		監造廠商	
	主辦機關		營造廠商	
	基地位置	地點：_____市（縣）_____區（鄉、鎮、市）_____里（村）_____鄰 TWD97 座標 X：Y：________	工程預算／經費（千元）	
	工程目的			
	工程類型	□交通、□港灣、□水利、□環保、□水土保持、□景觀、□步道、□建築、□其他		
	工程概要			
	預期效益			

階段	檢核項目	評估內容	檢核事項	附表
工程計畫核定提報階段	提報核定期間：___年___月___日至___年___月___日			
	一、專業參與	生態背景人員	是否有生態背景人員參與，協助蒐集調查生態資料、評估生態衝擊、擬定生態保育原則？ □是 □否	P-01
	二、生態資料蒐集調查	地理位置	區位：□法定自然保護區　□一般區 （法定自然保護區包含自然保留區、野生動物保護區、野生動物重要棲息環境、國家公園、國家自然公園、國有林自然保護區、重要濕地、海岸保護區等。）	P-01
		關注物種、重要棲地及高生態價值區域	1. 是否有關注物種，如保育類動物、特稀有植物、指標物種、老樹或民俗動植物等？ □是 □否 2. 工址或鄰近地區是否有森林、水系、埤塘、濕地及關注物種之棲地分布與依賴之生態系統？ □是 □否	P-01 P-02

查或評估模式的操作等工程人員自己可以勝任，特別是一些棲地快速評估法本就是爲非生態專家而設計的模式。其實，工程專業人員必須具備生態學基本常識，這是往後必然的趨勢。

整個生態檢核過程，生態評價是生態檢核的重點所在，但要知道什麼狀況需要保護，什麼狀況不需要保護，保護的主要目標是什麼，是執行中最困難的部分。雖知生態價值的高低取決於生物多樣性，但難以具體定義和表達，利用生態指標或指標生物或許能予以具體化，但如何確定指標生物或生態指標又是一個需要解決的問題。故目前生態檢核作業的生態課題、保育對策與保育措施只能著重於模糊的所謂關注物種和關注棲地的生態保育，尚無法對整體生態系進行明確的分析、評價和改善。關注物種的提出可認爲是對指標生物的認定，確定關注物種即有了保育目標，進一步了解此關注物種的生活史，接著就容易擬定保育對策和措施。依據水利署「河川、區域排水及海岸工程生態檢核參考手冊」（2022）其設定的關注物種包括農委會等政府機關所訂保育類野生動物名錄中的物種、臺灣紅皮書名錄中的物種，以及其他稀有物種、洄游性物種、特殊生態或習性的物種等。但仍要探討的問題是，我們只關注這些物種，那難道在工程範圍內的其他生物就可予以忽略嗎？工程範圍內若沒有關鍵物種和關鍵棲地是否就不用生態保育呢？

至於關注棲地主要是指一些生態敏感區，例如潟湖、濕地、保安林等，依《野生動物保育法》、《文化資產保存化》、《濕地保育法》或《海岸管理法》等劃定的各種保護區。工程範圍若與這些生態敏感區重疊，原則上須迴避，否則要進行覓地補償。工程與生態如何兼顧或平衡，加上工程經費的考量以及社會問題，常會有相當多的爭議，如何做明智的決策，需要多方面和具備充分知識背景的專家們來討論。

海岸的自然環境除了生態環境以外尚包括景觀環境，「自然景觀」是一種海岸的重要自然資源，與自然生態資源一樣需要受到重視。雖然自然景觀與自然生態兩者有很大的關聯性，但美學與生態學兩者之內涵與外在是有顯著的區別。其實海岸結構物對自然海岸衝擊最大的是自然景觀的破壞，其次才是自然生態，因此考慮自然生態與人類福祉平衡發展的同時，也應要考慮自然景觀與人類福祉的平衡發展，例如嚴重破壞美麗的礁岩海岸去建造漁港並不是一個明智的選擇。事實上，海岸結構物的工程施作，用心於保育生態和用心於保護景觀環境，兩者相較，後者在執行上比較容易效果也比較顯著。目前國內的工程生態檢核作業規範，仍缺乏對自然景觀環境保護的檢核，其在海岸工程方面特別有必要去積極加以補足和推動。如何對海岸景觀環境做評價，如何擬定景觀環境保護對策和措施，下面章節將會詳加敘述和說明。

4.3.2 海堤工程生態評價

在臺灣海岸地區最顯著的人工構造物是海堤。雖一樣是人工構造物，但所使用的材料、型式及綠化程度不同也會對海岸生態產生不同的影響。對海堤進行生態品質評估，了解其生態性優劣，可作爲未來海堤維修改善時的依據。依據水利規劃試驗所（2013）的研究計畫建議，針對海堤堤身之生態性評估，擬訂 8 個項目之評分表，包括堤身前坡構造、提身後坡構造、緩坡化、前坡堤面綠化、後坡堤面綠化、堤前拋石、堤前消波塊、生態阻隔性。分三種不同類型的海岸，選擇上述 8 個項目中有關的項目去評分，沙泥礫石海岸海堤包括全部 8 個項目；岩礁海岸海堤不可緩坡化，故有 7 個項目；已陸化之海堤堤前拋石或消波塊不會接觸海水，故只有 6 個項目。各項目評分標準如表 4.16 所示。評分爲優者 1 分，普通 0.5 分，劣者 0.1 分，

表 4.16　海堤生態性評分標準

測點	XX 海堤				
編號	項目	優	普通	劣	條件
1	前坡構造				具有高孔隙率、有溝槽、表面凹凸不平或上有覆土者為優；中孔隙率、表面粗糙為普通；表面為平滑水泥面者為劣。
2	後坡構造				具有高孔隙率或上有覆土者為優；中孔隙率、表面粗糙為普通；表面為平滑水泥面者為劣。
3	前坡緩坡化				1:6 以上為優；1:6 ～ 1:3 為普通；1:3 以下為劣。
4	前坡堤面綠化				覆蓋率 30% 以上為優；30% ～ 0% 為普通；覆蓋率 0% 為劣。
5	後坡堤面綠化				覆蓋率 80% 以上為優；80% ～ 30% 為普通；覆蓋率 30% 以下為劣。
6	堤前拋石				大部分保持在水下者為優；經常保持潮濕者為普通；無拋石者為劣。
7	堤前消波塊				無消波塊者為優；長時間浸水之消波塊為普通；長時間乾燥之消波塊為劣。
8	生態阻隔性				海堤未造成生態阻隔者為優；造成部分生態阻隔為普通（如護岸）；造成嚴重生態阻隔為劣。

由工程人員在現場踏勘，對每個相關項目進行評分。為了不同類型海岸的海堤也能彼此比較排列優劣次序，因此如同 4.2.3 節 (4.2) 式利用幾何平均法的操作，將幾個相關項目的評分合併，得到每個海堤的綜合生態性評價，仍是最高為 1 分，最低為 0.1 分。

得到了海堤的評估結果，可對海堤的改善前後或不同地點的海堤做比較。此外，為了解實際上海堤是否有進行生態方面改善的必要時，可將此與同一地點的 CHGM海岸整體棲地評價結果做對比。海堤生態評估之分數為 0.1～1.0，而海岸整體棲地評價分數亦為 0.1～1.0，繪製策略分析圖，藉以判定生態改善策略，如圖 4.5 所示。將海岸整體棲地評估及海堤生態評估皆以 0.5 分當中間值，海堤生態評價結果為橫坐標，整體海岸生態環境評價結果為縱坐標，其分為四個象限，第一象限為兩者皆優，其呈現海堤周遭環境生態良好，同時海堤本身生態評價亦佳，採取策略以保持現狀為主；第二象限為海岸整體棲地評估為優，但海堤生態評估為劣，採取

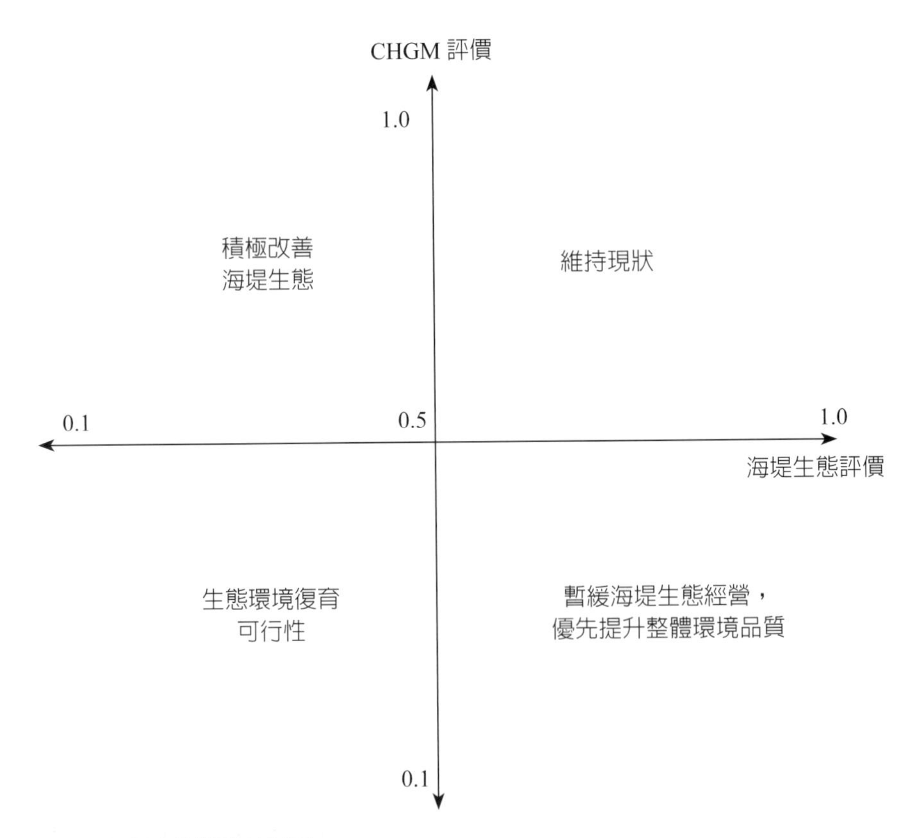

圖 4.5　海堤改善策略分析圖

策略為積極加強改善海堤生態性；第三象限為兩者皆劣，則須先要進行整體海岸生態復育可行性研究；第四象限為海岸整體棲地評估為劣但海堤評估為優，以暫緩海堤生態維護，優先提升周遭棲地環境品質為策略方向。

4.3.3 人工養灘生態評價

人工養灘是一種面狀的工程施作，會明顯改變海岸的地形地貌，因此也會改變海岸的生物棲地條件，善加設計可有利生物棲地，反之會劣化海岸生態。要探討養灘工程對海岸生態品質造成的影響如何，因其屬於局部性或特定生物的棲地空間變化，無法以評估整體海岸的 CHGM 大尺度的評估模式去加以評價。但我們亦可如上面海堤生態評估一樣，利用一些生物棲地條件直接去評價其生態品值。

一般棲息於海灘的重要生物是底棲生物，而底棲生物的重要棲地條件有土壤粒徑、土壤有機質含量、水質、海灘坡度、浸水時間以及海灘的安定性等，這些是比較容易觀察到的棲地條件，而至於波浪、潮汐、漂沙等海象條件則是較不易研判的棲地條件。但海象條件與土壤粒徑、海灘坡度、海灘安定性及浸水時間等條件有很強的相關性，故可暫不予考慮。我們根據現地或以往的調查研究資料，訂定各項棲地條件好壞的判斷標準，綜合各項評分藉以評價海灘生態品質的等級。利用這種評分方法，依工程前後的現地勘查或工程設計圖說，對工程前後的各項棲地項目加以評分，評分加總結果的比較即可了解人工養灘工程對海灘生態品質的影響。若總分減低即為負面影響，應要求去調整工程設計或施工內容，以求形成較好的棲地條件，保障生態的存續與繁榮。

表 4.17 是以文蛤棲地條件為例，經資料蒐集製成的評估表（表中數據僅供參考），除文蛤外還有其他底棲生物如蟹類、彈塗魚等亦可作為指標生物，隨復育目標不同，表中的評分標準必須重新製作。

這是一種快速的簡易評估，只能做半定量的經驗評估，更完整的評估方法是利用 4.2.2 節棲地評價模式（HEP 模式）進行評估。其要在工程規劃設計階段先做深入的現地生態調查以及分析相關資料，了解此關鍵物種和其各棲地因子的適合度曲線，建立 HEP 定量的關係式，依此關係式則可由施工後將被改變的棲地條件去推估未來可能的生物量變化，即可評估該項工程對此關鍵物種榮衰的影響。

表 4.17　人工養灘（文蛤棲地）的生態評價

評估項目	評分	評分標準說明
土壤粒徑		0.1mm～0.6mm 之間 5 分，0.6mm～2.0mm 之間 3 分，其他 1 分。
土壤有機質含量（百分比）		2%～5% 之間 5 分，0.5%～2% 之間 3 分，其他 1 分。
水質		甲等水質 5 分，乙等 3 分，丙等以下 1 分。
海灘坡度		1% 以下 5 分，1%～10% 之間 3 分，10% 以上 1 分。
浸水時間		大部分面積位於在潮間帶 5 分，大部分在低潮線下 3 分，大部分在高潮位上 1 分。
海灘安定性		動態平衡 5 分、靜態平衡 3 分、侵蝕狀態 1 分。

4.4 生態代償措施

4.4.1 代償措施的意義與內容

代償措施（compensatory mitigation）乃現代環境影響評估制度中所確立的制度，是避免因土地開發利用而對環境造成干擾、衝擊或破壞，所採取的緩和及補償措施。代償措施的執行方法有：迴避（avoidance）、最小化（minimization）、修復（rectifying）、減輕（reduction）、補償（compensation）五種方式，如圖 4.6。迴避就是在開發行爲時，工程施作範圍要避開保育類生物或重要棲地；最小化是盡可能將開發的規模縮小，或將對生態環境的影響降至最低；修復則指將受影響的生態棲地恢復原狀；減輕乃藉由人爲的一些保護或維護措施來降低開發行爲對環境的負面影響；而補償則是在無法避免破壞環境的情況時，能提供替代環境作爲補償環境損失的方法。

代償措施				
迴避 →	最小化 →	修復 →	減輕 →	補償

圖 4.6　代償措施

在工程實務上代償措施常簡化爲三部分：迴避、減輕和補償。「迴避」是確認工程範圍內土地之生態價值，檢討開發案本身的重要性與必要性，對於開發事業之需求有無其他替代土地可用，以避開生態敏感地區，或是直接取消開發計畫。「減輕」是在開發案無法迴避生態敏感區時，檢討其是否可以縮小工程規模與範圍，盡量不用到生態敏感地區的土地，或是變更結構設計以減輕對生態的破壞程度。「補償」則是開發計畫無可避免地一定會對生態造成破壞時，採取移地復育、在地復育或生態代償銀行的方式。

對於生態敏感地區，代償措施原則上開發者應先採取迴避措施，如無法迴避時再採行減輕策略，最後考慮最適化的補償替代方案。「迴避」是最簡單的做法，對維護生態也是最好，「減輕」主要是工程設計上的問題，而「補償」主要是生態設計的問題，難度和未知數都比較高。故上面的先後次序只是思維上的優先次序，實際上在生態敏感區，對整個開發案的土地利用，能迴避的部分就迴避，迴避不了的部分考慮盡量減輕破壞，即使減輕也還無法達到生態保育目的，剩下的生態價值損失就要想辦法給予補償。例如，原來規劃要開發利用十公頃的濕地，其中有兩公頃是保護區，因此迴避這兩公頃只開發八公頃，這算是迴避也算是減輕或縮小，如這八公頃土地生態價值不高，或許獲專家共識可以不須再去做補償，即使需要補償，補償的內容與壓力也可以少很多。原則上補償措施的內容與生態價值，不能異於或低於原有生態的內容與價值，用不相關的其他生態營造來作爲補償是不適當的。至於迴避、減輕和補償要到做什麼程度才可以被接受，有時難以界定，應由客觀的生態與工程專家以及業主共同協商來做決定。

在補償措施中，「移地復育」是在另外地點復育關鍵物種或棲地。因原本環境將遭受改變與破壞，必須再尋求一個棲地環境相似的地點，使原先生活在此的生物族群，可在其他地方繼續生存下去。故在移地復育方面最重要的是棲地環境評估過程，確認新棲地與原棲地是否具相同的棲地條件和特性，評估目標物種有否在新棲地存續的可能性。「在地復育」是於工程施工後，以人工方式在原地點重新營造性質相同的棲地環境，來補償原有生態的喪失。一般經過擾動後的棲地要行復育，需要一段時間才能恢復，時間太長也難以被接受。不論是移地復育或在地復育，重點都是實施棲地營造，因此建議在施工之前能夠建立棲地評價模式例如 HEP 模式等，以利往後可依據合適的棲地條件以人力去恢復原有的棲地環境。此外在棲地營造完工後，必須採用適宜性管理去確認棲地的成效。「生態代償銀行」

（mitigation bank）一般在濕地保育問題上比較常見，是藉由常設性機構提供補償憑證（compensation credit）來補償生態敏感區被開發時造成的生態功能損失，土地開發業者購買憑證時所支付的權利金，可提供此常設機構進行更有效率的生態棲地復育計畫使用，此對開發業者提供很大的時間和技術上的方便性。

4.4.2 海堤工程代償措施

爲防止海浪暴潮的沖蝕，海堤表面爲不透水性的混凝土鋪面居多，又爲防止堤腳被淘洗沖刷，堤前常需放置混凝土消波塊，因而常破壞生態與景觀環境。圖 4.7 爲海堤興建時的代償措施構想模式圖。

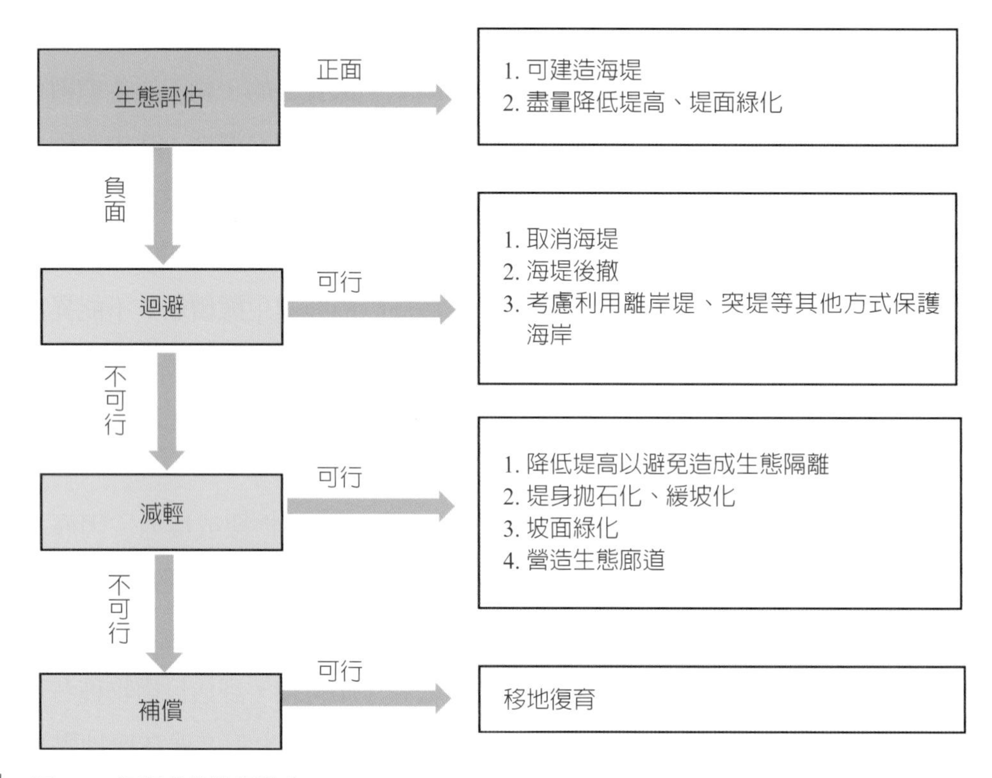

圖 4.7　海堤代償措施模式

如圖 4.7 所示，首先在進行生態評估時，參考 4.2.3 節 CHGM 模式對當地整體海岸生態棲地進行評估，若整體環境棲地品質不良，對生態保育的需求性不高，甚至有時建造海堤可有保護堤後生態如防風林的正面效用，則海堤的興建計畫原則上可獲認同，不須接續採用代償措施的機制。但海堤的規劃設計仍希望盡量降低堤高和綠化海堤等，以免對當地生態環境產生更負面的影響。其實一般海堤多半會造成生態隔離，堤身不易生態化，對生態環境造成負面影響的情況居多，特別是有關注物種或關注棲地存在時，海堤的施作應盡量採行「迴避」。迴避的方法一則可考慮取消海堤興建計畫，容許海岸繼續淹水或侵蝕，維持原來的自然海岸。二則考慮改變海堤位置，將海堤堤線往陸地後撤，讓侵蝕或淹水控制在可被接受的程度，海岸土地另行規劃利用方式。三則利用離岸堤、突堤等其他海岸結構物消減波浪能量，取代海堤的興建。若以上迴避的方法都不可行，海堤工程一定必須在此建造，則考慮進行「減輕」措施。減輕對生態環境衝擊的方法有：盡可能降低海堤高度、以拋石取代混凝土消波塊、堤面緩坡化、綠化、粗糙化，以及建立海陸間生態廊道等。若可行的減輕措施對生態保育仍無法發揮顯著的成效，工程與生態兩者難以兼顧，則接續考慮「補償」的措施。對海堤工程而言，補償措施中的在地復育可行性不高，又工程規模小難以採用代償銀行措施，移地復育是較爲可行的方法，宜就近尋覓適當地點，整理地形地貌營造一個新棲地。

海堤類似道路爲線狀連續性的工程結構，考量代償措施的機制時，一方面必須分段落獨立考量，另方面又要考慮其連貫性，如何妥善處理必須設法在工程規劃過程中予以克服。

4.4.3 人工養灘的代償措施

人工養灘工程是一種柔性工法和近自然工法，但不一定是生態工法。人工養灘將以大量的土沙覆蓋寬廣的潮間帶，造成大量原有海底底棲生物的滅亡。由人工養灘所創造出的新海灘，是否可以形成與原有海灘相同或更好的生物棲地，端視工程規劃設計內容的良否。因此在生態保育或生態檢核工作上，人工養灘工程必須考慮代償措施的運作。圖 4.8 爲人工養灘實施時的代償措施構想模式圖。

如圖 4.8 所示，首先進行生態評估，可參考 4.3.3 節人工養灘的生態評價，對工程前後的棲地環境做評比，評估人工養灘工程對棲地生態品質的影響。經過生態評估分析，如果認爲人工養灘的做法可保障關注物種的繼續生存，或不影響底棲生物的生物多樣性與生活空間，而且確定人工養灘的工程成效，不會造成不穩定的

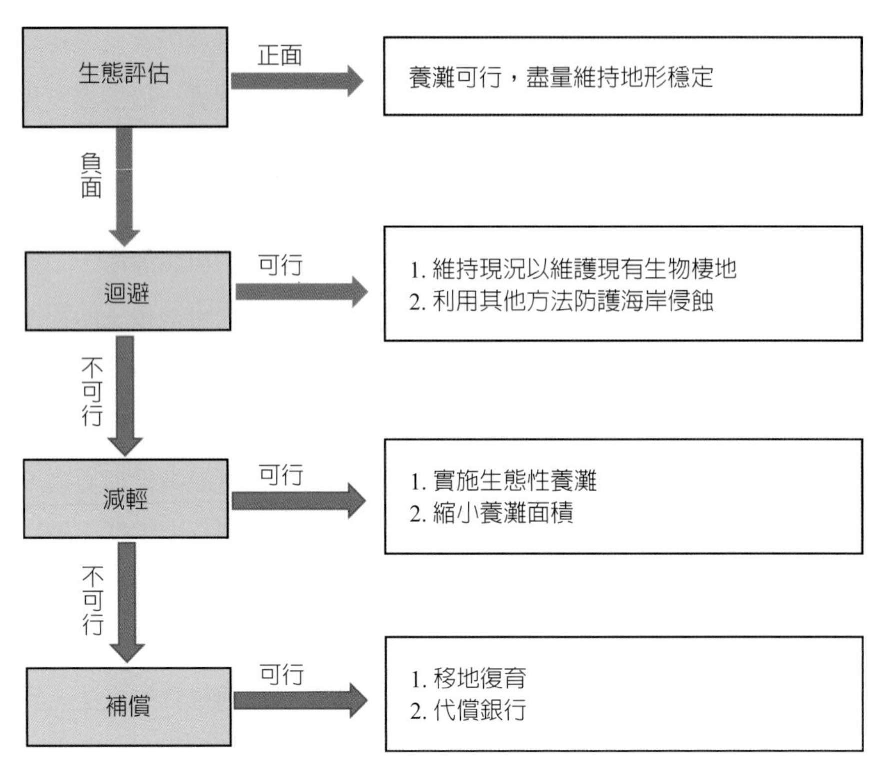

圖 4.8　人工養灘代償措施模式

海灘地形影響棲地的安定性，則不須去執行後續的代償措施。如果經過生態評估考量，發現規劃設計的人工海灘將會因土沙覆蓋而破壞其原有的潮間帶生物棲地，則認定其影響爲負面的，應優先考慮「迴避」措施以求保持現況，而重新檢討人工海灘計畫施作的必要性或另覓其他地點施工。倘若無法迴避，工程一定要在這個區域施作，只好考慮採用「減輕」措施重新檢討設計內容。要求在設計中盡量去符合指標生物棲地條件的要求，或是考慮縮小養灘面積，保障關注物種生存的最小棲地面積。經過重新評估後若發現減輕破壞的手段仍無法達到生態保育目的時，則必須執行「補償」措施，因其中在地復育的可能性已在進行減輕措施中被否決故加以排除，只能選擇移地復育或代償銀行，去補償對原有棲地的生態破壞和損失。此外，人工養灘的代償措施，考量工程範圍、目標、內容和經費，或許迴避、減輕和補償三種措施同時實施，在生態保育上可得到更大的效益。

參考文獻

1. 水利署（2022）。河川、區域排水及海岸工程生態檢核參考手冊。資源及環境保護服務基金會。
2. 水利規劃試驗所（2011）。海岸生態棲地評估技術研究報告書。
3. 水利規劃試驗所（2013）。一般性海堤生態棲地調查研究報告書。
4. 水利規劃試驗所（2016）。海岸情勢調查作業參考手冊。成大研究發展基金會。
5. 郭一羽、陳盈曲（2004）。海岸工程結構物附著生物 HEP 棲地模式研究，第二十四屆生態工程學術研討會論文集。
6. 郭一羽、蔡明勳、朱達仁、廖家志（2007）。台灣海岸水文地貌棲地評估模式之建立。海洋工程學刊，第 7 卷第 1 期。

CHAPTER 5

海岸自然生態環境營造

5.1 近自然工法

5.1.1 人工潛礁

礁石海岸有豐富的生物多樣性，但一般礁石海岸都位於地形陡峻的海岸，生物能夠生活的適當水深範圍狹窄，棲地總面積小，總生物量不多。但有一些珊瑚礁、管蟲礁或藻礁等生物礁，會在近岸海域群集形成廣大面積的淺水礁石區，蘊育非常豐富的海洋生物。這種生物礁的形成需要很多自然條件，加上需要千年萬年長久時間的累積，不可多得，是地球上非常珍貴的一種海洋生態系。臺灣北部海岸原有大面積的藻礁，南部海岸原有不少的珊瑚礁，但因漂沙淤積或海水汙染的緣故已喪失大半，這種自然資源我們只能盡力去保護，難以用人工在有限的時間裡去做復育。

然而我們以人為的方式，例如利用人工藻礁形成藻場可以創造出類似礁岩的海岸生物棲地，有一種海岸防護構造物人工潛礁也可以用來形成人工藻場。人工潛礁是離岸潛堤的擴張，將潛堤堤頂寬度從一、二十公尺加寬到近百公尺，將堤頂高度從接近水面下降到水深三至五公尺，在坡度平緩的近岸水域成為一個沒於水下的礁石區。如此海底變淺變粗糙，可大量消減波浪侵蝕海岸的能量。潛礁具有藻礁、魚礁的功能，雖然潛礁上面水不夠深、水域面積不夠大，以及礁石間的孔隙太小，無法容納大量魚類生活，但提供作為海洋生物產卵、藻貝類及仔稚魚生存的條件卻非常合適。波浪通過人工潛礁時經碎波、曝氣作用可淨化水質，潛礁背後的乾淨又穩靜的水域提供水產生物良好的棲息環境。因此以海岸防護工程的需求著眼，建造人工潛礁除主要的防災效益之外，亦兼具水產經濟、生態和環境的效益。

人工潛礁的營造需要一些條件和要求，例如須避開海洋生態敏感區、海底坡度不能太陡、潮差不能太大或土質不能太軟弱等。構成材料雖不排斥混凝土塊，但以耐久性而言盡量以堅硬的天然石塊為佳，石塊大小要能承受波浪衝擊，石塊大的放在海外側和上面以抵抗波浪，小的放下面和靠陸側。石塊形狀對結構體的安定性影響不大，石塊的種類對波浪透過率以及水位抬升高度影響也不大。表面寬廣的潛礁其靠陸側的後半部，波浪水流衝擊力較小，比較適於生物棲息。由於消減波浪能量和生物棲息的目的不同，所要求的堤頂沒水深度也會不同，因此利用複合型人工潛礁生態效果會更好，如圖 5.1 為一般型和兼具藻場生長功能的潛礁斷面示意圖。

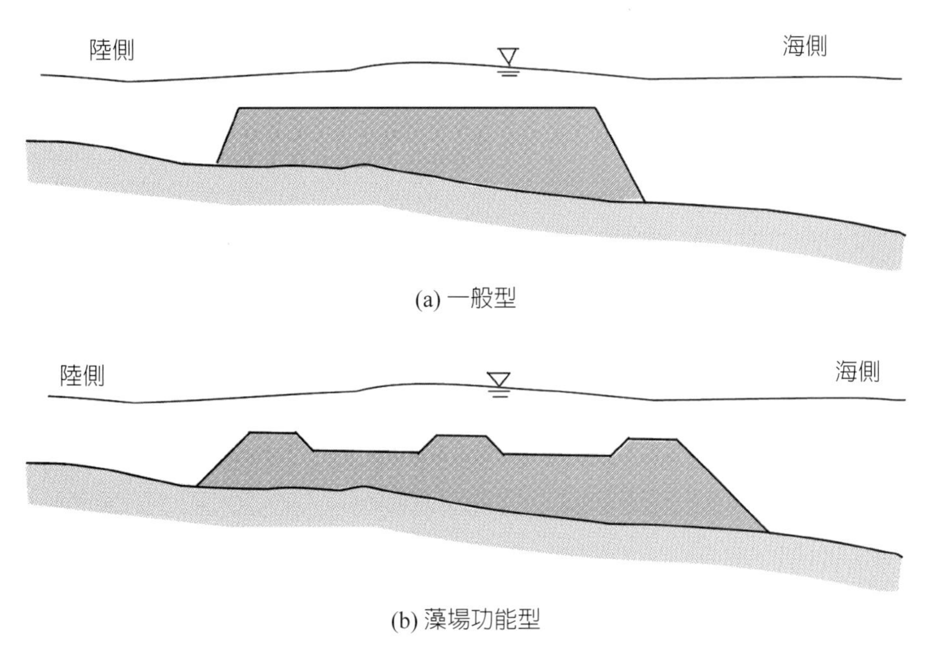

圖 5.1　潛礁斷面型式

圖 5.2　拋石構成的潛礁區（顏色較暗的部分）

圖 5.2 爲以遊憩海灘聞名的夏威夷海岸，此地區原爲面臨太平洋的沼澤濕地，後經覆沙築堤開發成爲一片親水價值極高的人工海岸沙灘。爲了保護美麗的沙灘免

於流失，但又不能有離岸堤造成水域封閉與景觀破壞，於是在近岸水域大量拋置石塊，構成潛礁區。每個石塊大小在三、四十公分以上，石塊上面長滿了許多藻類，吸引很多小魚在此棲息，遊客除了在沙灘戲水之外，亦可感受與海洋自然生態共存的樂趣。

5.1.2 人工岬灣

面臨海洋的海岸線上，地質堅硬如岩層的海岸比較能抗拒海浪侵蝕，往往會形成突出海域的岬角，或者是突出海岸線的山脈末端也會形成岬角。岬角或稱岬頭，兩個岬頭之間的海岸線地質鬆軟或是結構破碎的岩層，抵抗風浪的能力較弱，受到不斷的侵蝕後，海岸線後退而凹陷成海灣稱爲岬灣。大自然所形成的海灣，由於波浪的淺化折射和上游端岬頭的繞射，波浪影響漂沙移動，兩岬頭之間所形成的岬灣是一個美麗的圓滑弧形海岸。隨著岬頭的位置與風浪波向的不同，岬灣的曲線形狀略有不同，岬頭與岬灣交互出現的海岸線是一種典型的自然海岸景觀（如圖5.3）。

岬頭是礁岩海岸，岬灣是沙泥或礫石海岸，不同的地形與地質條件產生多樣化的棲地形態。理論上波浪入射方向不變，則海岸地形不變，岬灣內是一個趨於靜態

圖 5.3　自然岬灣海岸線

圖 5.4　高雄西子灣人工岬灣建設構想圖（中華工程顧問工程司提供）

平衡的海岸。然而由於受到季節性變化，岬灣內波浪的方向和大小時有變化，海岸底質仍會有一些不定期的移動，這種安定但有適當變動的狀況可活化棲地，對生物棲息是一個有利的條件。

模仿天然岬灣，利用人工結構物在近岸水域建構兩個岬頭，最簡單的結構就是利用兩支突堤當作岬頭，中間再依靠養灘以及自然漂沙活動，可以營造小規模的岬灣（圖 5.4）。一般創造人工岬灣的最大目的是在維持海岸的自然平衡以期防護海岸不受侵蝕。利用人工岬頭，使主方向的波浪經淺化折射作用，垂直地入射灣岸內各處的海岸線，從而把沿岸漂沙移動量降到最低，產生一個平衡穩定的海岸線這種工法叫做岬頭控制。像這樣以人工引導利用自然的力量，形成一個平衡穩定接近自然的海岸，兼顧防災、生態與自然景觀是治理海岸的最大理想。

人工岬灣的設計，要考慮波浪的主要入射方向、岬頭的位置、形狀和長度、兩岬頭的間距等，其配置方法理論上有海岸工程的半經驗公式可依循（Hsu et al., 1987）。但公式是在假設只有一個波浪方向的條件下，形成一個靜態平衡岬灣的計算結果，實際上在臺灣有東北季風、西南季風以及不定方向的颱風風浪，故理論推算與實際現象會有差異。至於岬灣如何配置以提升生態方面的效益，因生物種類複雜，缺乏一般性的經驗準則，但由於岬灣是依靠自然的力量所形成，自保有其相對的生態豐富性。人工岬灣的規模難以做到如天然岬灣那麼大的尺度，故其自然生態與自然景觀的豐富性會受到限制，但人工岬灣的規劃設計希望也能盡量在生態與景觀方面多加注重和思考，例如岬灣的尺度愈大愈好、要依靠自然的漂沙作用去形成海岸線、讓海岸底質有適當的移動，以及盡量避免形成封閉性海灣而阻礙水體交換與生物遷移等。

臺灣海岸在東部、北部、南部都有由天然岬角所形成的岬灣。西部海岸地形平坦缺乏岬頭控制，以至海岸線平直，漂沙盛行沿岸侵淤顯著，地形地貌變動劇烈，景觀不佳。但近年來由於漁港、電廠或工業區的建設，西海岸有很多人工結構物突出海岸線，我們若對結構物的配置加以調整或補充，例如把堤頭當作岬頭，加上養灘措施，有可能使原本因結構物突出所產生的不連續海岸線，成爲岬灣弧形海岸地形（圖 5.5）。如此利用現有海岸結構物轉變爲人工岬頭的方式來改善環境，同時也解決了海岸久受詬病的突堤效應問題。

圖 5.5　漁港防波堤形成的岬灣形海岸

5.1.3 人工養灘

在發生侵蝕的海岸，爲了不讓土地繼續流失，除了利用硬體結構作爲護岸加強保護外，屬於柔性工法的人工養灘是一個對環境保護比較有利的海岸防護工法。如圖 5.6 所示爲臺南黃金海岸人工養灘的施工前後對照圖。當然養灘的目的還有可能是用來作爲休閒遊憩或生態復育之用。人工養灘是利用土沙塡築於已被侵蝕的海灘，彌補流失的土地面積，達到穩定海灘與提高海岸利用價値的目的。養灘完成後，海灘表面的景觀回復自然，海灘下面恢復底棲生物的棲地，養灘周邊護坡的水下硬體結構物也可供一些附著生物生存，對親水和周遭海洋生態繁榮都有幫助。然而在海岸侵蝕潛能很高的地區，將海岸防線再往海側推移，會增加防禦波浪作用的困難度，常需增加一些硬體結構來達到防護的目的。尤其臺灣常有颱風發生，人工養灘的施工計畫，必須能確保養灘後沙灘的可持續性，要盡量降低往後還要繼續補充沙子的維護工作，以及不可影響鄰近海岸的侵淤平衡與生態環境。人工養灘由於工程量體大經費高，又有成功與否的不確定性以及維護困難，故若只以海岸防護功能而言，雖說是一種近自然工法値得推廣但經濟效益不大，除非是附近剛好有要棄置的良質土沙可做免費的沙源供應。

圖 5.6 臺南黃金海岸養灘前後比較（水利規劃試驗所，2022）

人工養灘有兩種方式，一種是流動性養灘或稱沙源補償，另一種是傳統的固定式養灘。前者只是將養灘作爲周遭海岸侵蝕的補充沙源，不刻意防止養灘沙土的流失，流失後再予補充，讓流失的沙土成爲沿岸漂沙，藉此消耗波浪能量避免其繼續

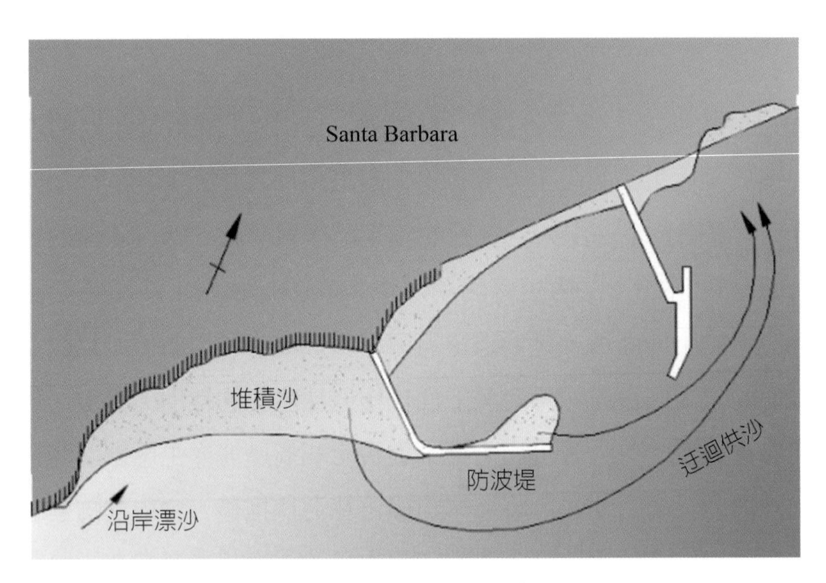

圖 5.7　迂迴供沙示意圖（日本海洋開発建設協会，1995）

侵蝕海岸。沙源補償養灘必須有持續性的適當土沙來源，一般是利用因河川或海港淤積而必須清除的積沙，將浚渫所得的廢棄沙土作爲養灘的土方來源。例如一種爲解決突堤效應（圖 2.32）而發展出來的「迂迴供沙」工法，如圖 5.7 所示，將淤積處多餘的土沙，以人工運移方式將其置放於侵蝕區，維持整體海岸的侵淤平衡，即爲沙源補償的一種案例。沙源補償在技術上，如何決定拋沙的位置、頻率和時間相當困難，隨著季節不同，波流的大小方向亦不同，如何讓沙子流到該流的地方，在設計上要盡量做到正確的判斷。供應的沙源粒料中一定不能含有會汙染水質或危害海洋生物的成分，例如有害重金屬或有毒物質等。現今國家海岸管理法中的各個防護計畫，原則上都指示往後防止海岸侵蝕不再做硬體結構防護，而積極利用沙源補償這種近自然工法來解決海岸侵蝕的問題。這雖是方向正確，但持續性大量運移所需人力和運輸工具的問題，仍是使這政策能夠眞正落實的難題，其實海岸永續發展也不該長期使用過度的人力來維持或干預自然。少數有特殊需要的地方，例如重要風景區可如此運作，其餘大部分地方還是應順其自然，對既有的人爲結構物干擾任其侵淤，久而久之，最後還是會成爲自然平衡的海岸。

另傳統固定式人工養灘，例如圖 5.6 的黃金海岸，是要利用人工結構物作輔助，盡量不讓養灘的粒料流失，在限定工期內拋置大量沙土，工程量體大費用高。

若單只是為了防止海岸侵蝕，在工程效益上不太可行，一般要加上親水休閒遊憩功能才能符合經濟社會效益，因此在工程設計上又必須增加親水、景觀與生態需求的條件。人工養灘營造首先是尋找和取得適當的沙源，其次是利用工程技術形成安定的海岸。要維持一個靜態平衡的海灘，一方面土壤粒徑、海灘坡度與波浪大小三者間要取得一個平衡，另方面要在沙灘前緣構築一個潛檻或潛堤的結構物來加強人工海灘灘腳的穩定，或是利用突堤阻止沙子平行海岸線的漂移（圖 5.8）。養灘回填材料包括土壤顆粒粒徑、種類和級配等，與海灘坡度、穩定性、人體觸覺及底棲生物需求等都有相關，必須依養灘用途和目的，蒐集所有相關資料作為設計的參考。一般由浚渫所得的沙土，顆粒太細且含太多雜質，不適於當作養灘材料，但其可作為養灘的底層填充料以節省土方的經費。除了浚渫土沙以外，不論是從陸地或海底取沙作為沙源，在取土地點都必須有周全的生態檢核和環境評估，避免對當地的自然生態景觀造成破壞。

無論是流動性的沙源補充或固定式的傳統養灘，養灘後的觀測、分析、檢討和調整很重要。沙源補充的情況，要觀察補充的沙土是否有如當初設計所預測的方向

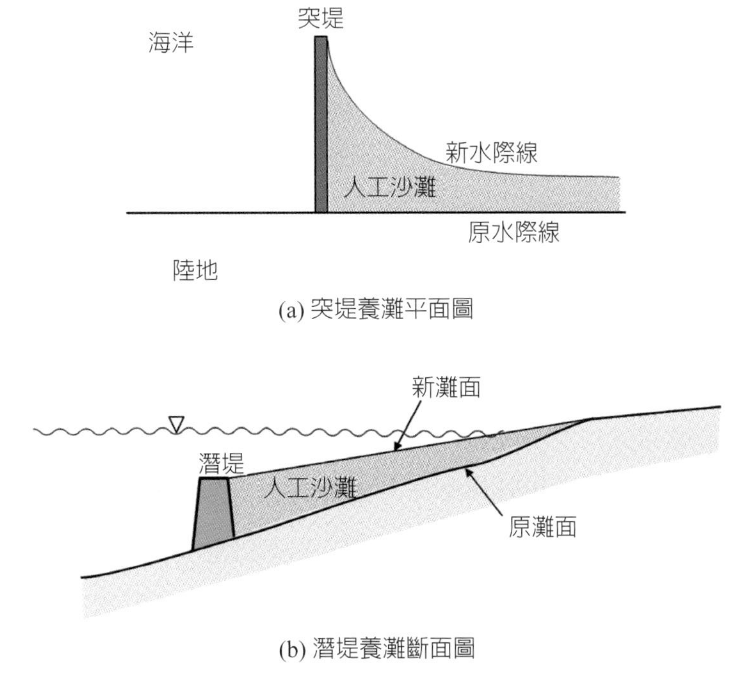

圖 5.8　結構物輔助養灘示意圖（潛堤、突堤）

移動，是否能夠確實減低海岸的侵蝕速率，是否有移流到外海而白白浪費了土方，或者更糟糕的是流到不該淤積的地方淤積下來，如排水口或港口航道等。若發現有缺失應立即做調整，改變土沙堆置的方法，再繼續觀察和調整，直到達成設定的目標。至於傳統養灘的情況，雖設計上已有防止填土流失的措施和考慮，但幾年後或颱風過後，還是至少有一、兩成的沙子會流失，海灘的坡度會變緩。檢討評估這種狀況是否在設計上或實用上爲可容忍的範圍，或是否要定期補充沙子來平衡海岸的坡度。然而以上流動或固定兩種養灘方法是比較理論上的說法，實際上流動性養灘也可利用一些固沙設施來輔助以提升效益，而固定式養灘也多少仍需要補充沙子來獲得一個持續穩定平衡的海灘。

5.2 海岸濕地營造

5.2.1 濕地保育與生態工程

濕地的水中有魚蝦，底質有底棲生物，可吸引大量的水鳥來覓食，並可消化從陸地流下的有機汙染物質淨化水質，濕地是地球上很重要的自然環境資源。海岸濕地的特徵是水質底質含有鹽分，除了上述與海洋直接相連的潮間帶和潟湖之外，一般海岸濕地大都集中在河溪出口附近，這種地方的海水與陸地上的淡水混合，有各種不同鹽分濃度的水質，更增加了棲地的多樣化和生物多樣性。

濕地依其形成與維護，有自然濕地與人工濕地之分。例如海岸的潮間帶、河口淺灘、潟湖等，屬於自然濕地；而水質淨化濕地、鹽田、蓄洪池等屬於人工濕地。其實一般濕地，特別是在臺灣，很少與人爲的介入完全無關，只是在人爲操作多寡的程度上有所差別而已。如圖 5.9 所示，有的濕地較偏向於自然濕地，有的較偏向於人工濕地。非常接近自然濕地者，因從無人類的介入，即使有時空變化的大自然力作用，依天道運行，生物自有其生存之道，不須人力去參與和維護，任其自然發展是最好的策略，這種濕地也就不需有工程的考慮和運用。而對於多少已有或將有人爲的運作介入者，則必須有持續性人爲的參與和維護。我們知道已經遭人爲破壞的生態系，必須利用人力予以挽回，否則需經歷非常長久的時間才能自行修復。爲了能夠盡快回復健全的生態系，則需要藉助生態工程的知識和技術。

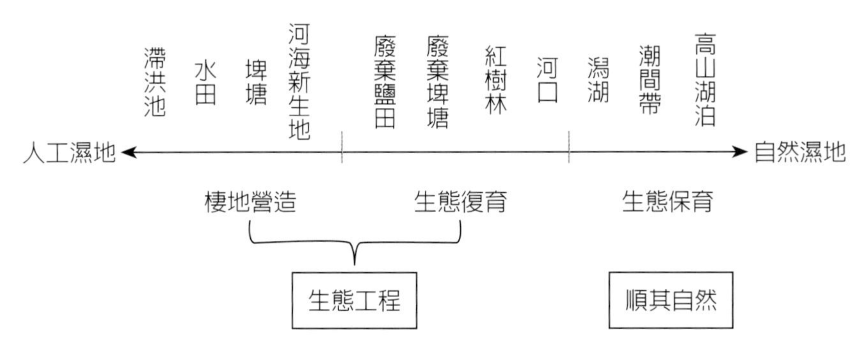

圖 5.9 濕地與生態工程的相關性

對於較接近於人工濕地者而言，有些是在經濟利用上，人類已不再需要使用，例如廢棄鹽田、地層下陷低窪地區或紅樹林等，是可交還給大自然的濕地，這純粹只是生態復育技術的問題。又有些是仍必須以經濟利用或人類福祉爲主的濕地，例如海岸魚塭或人工養灘等則須考慮除達到經濟利用的目的之外，亦能兼顧生態保護，做些生物棲地營造的工作。因此人工濕地，如表 5.1 所示，同樣在生態保護的目的下，一種是以偏向事業建設爲主的濕地營造，一種是以偏向自然生態復育爲主的濕地營造（郭一羽、李麗雪，2016）。

表 5.1 人工濕地營造特性區分

	以事業建設為主	以生態復育為主
案例	魚塭、人工養灘	廢棄鹽田、嚴重地層下陷區
濕地復育可用經費	經費多	經費少
經營目標	特殊棲地營造	自然生態復育
工程技術	兼顧生態與工程， 技術複雜	單純生態議題， 技術單純

以事業建設爲主的濕地營造，因事業建設工程經費龐大，所能付出的生態保護經費，相對上跟著較多。代償措施或濕地補償的觀念已是社會一般常識，現在工程建設會被要求提出一些對生態友善的做法，因此對濕地生態保護經費的籌措非常有利。然而，由於必須兼顧工程效益和生態效益，性質複雜，不論是工程技術或社會政策，都有很多需要解決的問題。相對上，以自然生態復育爲主的濕地營造，雖然問題單純，但因無產業發展利潤，政府或民間的投資意願低經費有限。因此，往後

在以事業建設爲主的濕地營造方面，有較大的發展空間，應加重我們推展的力道。在歐美國家，濕地生態保育與經濟建設在土地空間上的衝突，沒有臺灣如此嚴重，兩者兼顧或融合的技術與政策，並不像我們需要的那麼迫切。因此，國內在這方面的創新研究工作將有很大的需求與發展。

5.2.2 濕地的形成與問題

濕地的形成，除了有人工與自然的分別之外，有些濕地是人類在無意中產生的，有些濕地是在人類有意志下刻意去造成的。因此如圖 5.10 所示，有四種不同類型的濕地可以來討論。

第一種濕地如圖中第一象限所示，人有意地去產生，而可形成接近於自然的濕地，如人工潮池或因生態補償所創造的濕地。對這種濕地，沒有經濟利用目的只是單純的自然態復育工作，以最少的工程量體去輔助棲地營造。

第二種濕地如第二象限所示，人類爲了經濟利益去做建設，同時也刻意去營造一些生態復育的場所，例如水質淨化濕地或海岸滯洪池。這些濕地必須兼顧經濟社會利益與自然生態效益，問題較複雜，必須有積極的技術與政策導入才能達到目的。

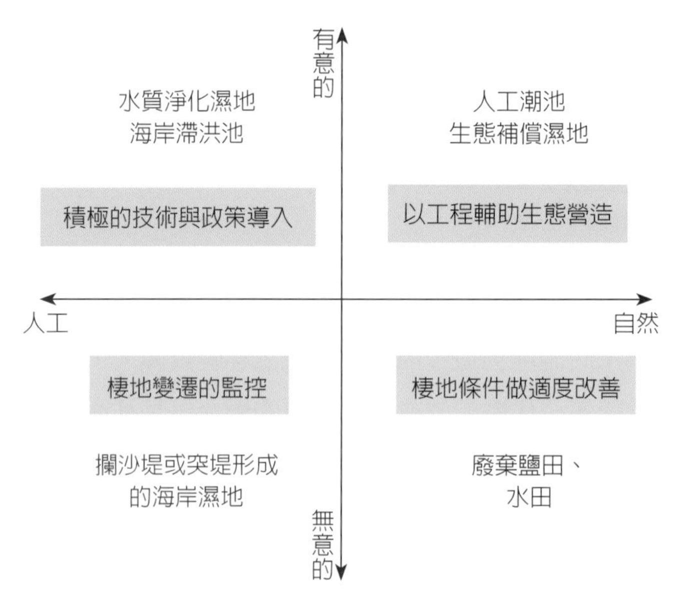

圖 5.10　濕地的形成與問題

第三種濕地如第三象限所示，人類在從事經濟建設時，海岸結構物無意中產生了生態豐富的濕地出來，例如因港口攔沙堤而形成的臺中高美濕地，或因突堤效應產生的桃園藻礁。然這些濕地，很可能是人工改變了自然，暫時性呈現出的一種地形地貌，若沒有特別去關心和維護，隨著時間變化，或許不久將來即會劣化或消失。因此對這種濕地，必須刻意去探討地形地貌未來如何變遷，棲地條件改變的可能性和過程，設法使用工程手段，求能長久保持現況以維持濕地的存在。

第四種濕地如第四象限所示，人類先前在經濟利用時，無意中土地已是一種半自然濕地，但後來人類已放棄經濟利用，可讓土地回歸眞正自然，例如廢棄的鹽田或地層下陷的水田等。一般這種性質的濕地，雖比較不會有土地變遷的問題，但當初並非有意形成，沒有周詳地去考慮濕地的生物多樣性，往往生態品質不佳。若能對生物棲地條件再做適度的改善，則可大幅提升其生態豐富性。

5.2.3 案例說明

一、新竹香山濕地

香山濕地全長 15 公里，面積達 1,600 公頃，爲臺灣北部最寬廣的海岸潮間帶，生態豐富，已公告爲新竹市濱海野生動物保護區。香山濕地原爲北臺灣最大的養蚵場，但因汙染以及潮間帶淤積問題，今已全面停止養殖，不再做經濟利用，全部讓其回歸於自然，成爲自然潮間帶濕地。但自民國 86 年以後，一個偶然的機會讓水筆仔、海茄苳侵入，開始大量繁殖，生長面積急遽擴充，形成負面的生態演替，生態環境開始惡化，生物多樣性降低，蠓蟲肆虐，當地居民不勝其苦（圖 5.11）。在這種狀況下，適當有效的人爲介入，克制紅樹林的生長乃是必要的。紅樹林有紅樹林的生態系，但要將其控制在特定範圍內，必須依靠人爲措施來達到目的。以當時的狀況，約需兩千萬元的清除預算，若是範圍再任其擴大，以後需更龐大的經費代價更大。

紅樹林的清除在密集區須使用挖土機等大型機具，零星生長的小苗區則須以人力清除。大型機具在泥沼地工作非常不方便，隨時有沉入泥沼或被潮水淹沒的風險，又必須隨時注意施工路線和施工過程，避免破壞周遭泥灘地的生物棲地。更要考慮到剷除後的紅樹林處置問題，才沒有生態與景觀的後遺症。清除時間要在紅樹

圖 5.11　新竹香山濕地紅樹林

林果實成熟期前，避免飄落的果實以後又生長出來。這種施工需要特殊的經驗和技術，也應算是一種廣義的生態工法。另方面，清除零星生長的紅樹林，由於面積範圍廣大，人行走不便，交通運輸極爲費時，又有人身安全的問題，相當麻煩。在香港米埔濕地，利用特製滑板，人可以很有效率地在寬廣的泥灘地上滑動，來來回回快速地清除紅樹林樹苗，也算是別創新意的一種生態工法（圖 5.12）。當時香山濕地大片紅樹林的移除，曾有學者大力疾呼堅持反對，認爲是一種破壞自然生態的行爲。然經大量移除之後，據其後的生物追蹤調查，發現底棲生物種類變多，生態環境品質大幅提升。紅樹林的生態價值如何，可能因地而異，依狀況不同而有不同的定位。

二、臺中高美濕地

高美濕地爲臺中港建港時，構築北防沙堤阻擋北來的漂沙，海灘淺化，無意中產生的一塊海岸濕地。這塊濕地，水生動植物豐富，有雲林莞草等稀有鹽生性草本植物，生物多樣性高，景色優美，是國內知名度很高的一塊濕地。因此，政府或學術單位在這裡投入無數的調查與研究資源，希望能有效維護其濕地生態品質。然而，在這些研究中，好像都理所當然地認爲這塊土地，不會變化，不會消失，而從未重視這塊土地的地形未來變遷問題。

這塊土地若任其自然發展，因其本是淤沙區，未來完全陸化的可能性相當高。

(a) 滑板

(b) 實地作業

圖 5.12　清除紅樹林樹苗的滑板

這是一段不穩定的海岸，而且港口的建設可能會持續進行。海岸地形發生變化，影響到水深、水質、底質及海水淹沒時間等，直接會造成生物棲地的變化。因此嚴謹的海岸水理資料分析、理論探討以至海岸變遷預測工作，應該是目前保護這個濕地所最迫切需要的。海岸變遷的研究結果，可能是濕地仍然保持現狀，或濕地因陸化而消失，或整個濕地往外海推移，或整個潮間帶濕地擴大，各種不同情況的發生，以及其變化之時間尺度的問題，對生態保育而言，應有不同的考慮方式和對策。

圖 5.13　臺中高美濕地

土地變遷是自然力所造成，人不能勝天，但人的意志力有時在某種程度上，可以緩和其負面效果，這需要生態工程的知識和技術。例如淤沙過多，可用於塡築港口新生地；淤沙太少，可用港灣浚渫的泥沙來補充。在生態保育日漸受到重視的觀念下，大家都會在工程建設的同時，很樂意爲這塊濕地保育做出一些貢獻。

5.2.4 工程與生態整合上的課題

一、棲地變遷

隨著時間變化，海岸濕地會因海岸自然侵淤而發生地形變遷，也會因人爲干擾而有泥沙淤積、水源不足和水質惡化的問題，地形、地貌與水體的變遷導致了棲地的改變。對於淤積、地形變化、水源與水質變化等的分析，以目前的研究水準，想做到棲地變遷嚴謹的預測，難度頗高。但還是必須在各種不同時間尺度與空間尺度上，結合生態與工程專業，不斷溝通融合，以求至少有個基本上的了解。

二、指標生物

指標生物不明，復育對象不清楚，棲地復育工作失去著力點。生態學上，常以魚或鳥等上位物種爲指標，上位物種的棲地條件不易掌控，棲地復育工作一樣失去著力點。要以地方性稀有物種的棲地爲復育對象，還是以生物多樣性高的棲地爲復育對象，常常引起困擾，而失去了棲地復育的主要目標。指標生物的訂定，應同時考慮生物的重要性與棲地的可操作性，由生態與工程專家共同協商來決定。

三、棲地物理條件

水文、海象與地質等棲地物理條件，屬於大自然的一環，隨著時空不同呈現不同的面貌。如何將其簡化成爲一具代表性的數據，在土木工程應用上已有很好的經驗和用法。然而在生物棲地的應用上，則非常缺乏這方面的經驗與知識。工程應用上常以現象的極端情況來作爲設計條件，而生態應用上是否應以最常發生的情況來作爲設計條件，目前仍極欠缺此方面的知識與經驗。

四、棲地模式

棲地與生物的相關性未能明瞭，棲地復育難以著手，兩者之間明確關係的建立，是工程技術導入生態復育的最重要橋梁。目前理論上雖已開發出一些棲地數學模式可供應用，但先決條件就是必須有充分的現地調查資料，以作爲建立關係式的依據。然這也是目前國內進行研究工作最弱的一環。資料格式的統一，有效資料庫的建立與流通等，是有待克服的最大困難。

五、景觀與遊憩工程

濕地之美可以喚起濕地保護意識，濕地保育的經費爭取，大部分源於休閒遊憩的用途。因此景觀遊憩工程必須與生態保育工作並存。兩者之間雖有矛盾之處，但要在衝突中尋求平衡，才是濕地保育的明智之舉。景觀工程與遊憩措施如何能兼顧自然生態，也是往後值得我們加以深入探討的一個課題。

5.3 海岸水質淨化

5.3.1 水質汙染

海岸自然環境保護工作，首要之務是維護乾淨的海岸水質。五、六十年前，臺灣人口稀少經濟不發達，沿岸水域水質未受汙染，原本蘊含了豐富的漁業及豐富的生態景觀資源，但後來爲圖方便，大家認爲偏遠的海岸是陸上垃圾與汙染物的最佳去處，對水岸自然資源未予重視，對海岸造成了難以挽回的嚴重海水汙染。海水汙染，包括工業廢水、民生廢水、畜牧廢水等，少部分是直接排入海洋外，大部分是經由河川、排水或港口等排入近岸水域，尤其在西部海岸，其汙染量遠超過海岸的涵容能力。海水透明度變低，水中缺氧，海岸生態劣化，海岸親水遊憩也因海水汙染而受阻。因此，河川海岸廢水排入的管制、汙水處理場海洋放流的普及、水質自淨工法的推廣、海面油汙處理技術的建立等都是刻不容緩的事情。

海岸的海水汙染，對於直接面臨深海的海岸如臺灣東海岸，由於與外海廣大水體有充分交換和擴散的機會，且居住人口不多，汙染對海岸水質產生的影響不大。西部海岸人口密集，面臨臺灣海峽，海底坡度平緩，沿岸水域水深小水體較封閉，水質易受陸地汙染物排入的影響。而汙染最嚴重的區域，當屬港灣或潟湖等封閉水域、潮間帶以及各河口沿岸地區。尤其對於潟湖或港灣而言，環境改善最重要的問題是水質改善。在封閉型水域，長時間接受太陽熱量使水溫上升；雨水、地下水的流入使海水鹽分淡化；外部流進或內部自行產生的汙染物質不斷覆蓋累積；有機物沉降造成底泥惡化和溶氧量降低；底泥厭氧作用促成無機氮、磷的溶出使浮游植物發生異常繁殖，伴隨底泥和水塊的有機物腐敗產生惡臭。

海岸水質汙染需要解決的問題，主要在於有機物質或無機性營養鹽的過分流入以及海水交換不良。其引發的水質變化過程及物質循環特性需深入了解才可有效解決水質改善的問題。水質的改善方法有技術面和社會面，技術方面有物理性的、生物性的、化學性的，社會方面有經濟性的、法制性的、道德性的，改善水質之最佳方案的選擇有些複雜。其流程如圖 5.14 所示。

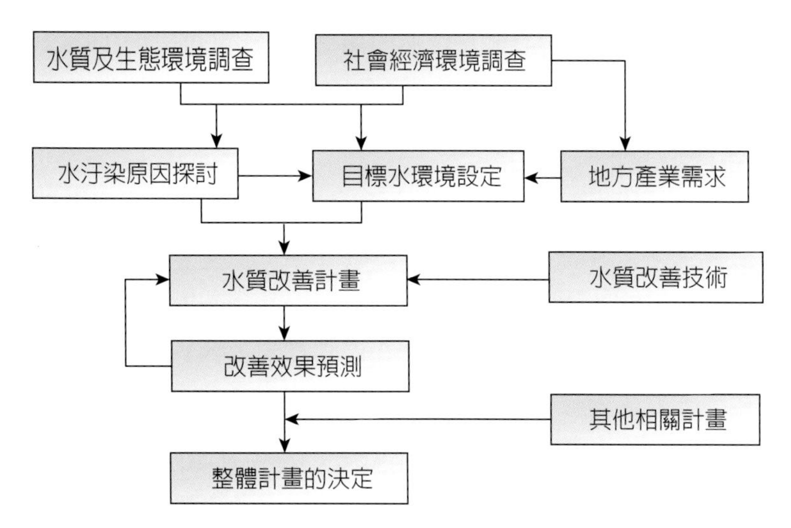

圖 5.14 水質改善計畫流程

5.3.2 海岸水質自然淨化

海岸與外海相連接，岸邊海水與外海海水有充分交換的機會，海岸水質若有汙染，可藉離岸流或潮流被外海海水稀釋，甚至一些汙染物質可成爲外海營養鹽的來源對海洋生態有益。然而過度汙染則造成近岸水質的惡化。由於海岸的水體龐大，難以使用一般人工淨化方法改善水質，加上海域遼闊，利用法令限制管理成果有限，我們應強化利用大自然的力量與條件去淨化水質，才能得到事半功倍的效果。以下簡述一些海岸水質自然淨化的觀念與做法。

一、沙灘

沙灘使波浪發生碎波，增加海水曝氣的機會，水中的氧氣增加，可促進好氧菌的生長分解有機質。此外沙層有過濾作用，當波浪溯升後，重力讓海水在沙灘上往下滲，沙中底棲生物與微生物可消化留存在沙粒中的有機汙染物，淨化後的海水經由地下再排回海域（圖 2.11）。

二、曝氣護岸

波浪沖擊礁石海岸發生強制性碎波，海水因此有曝氣的自淨作用。曝氣護岸是利用塊石、消波塊或緩坡階梯護岸同樣強迫波浪在護岸上碎波，捲入空氣增加海水含氧量，增進好氣菌分解水中有機物或病原菌等汙染物的能力，而達到海水淨化的目的。

三、礫間接觸氧化淨化工法

潮濕礁石的表面上易附生微生物，形成生物膜，消耗氧氣而分解海水中的懸浮或已溶解的有機性汙染物，使海水得以淨化，此稱爲礫間接觸氧化淨化工法。任何自然海岸或海岸結構物，其表面都可讓海水得到礫間接觸氧化的自淨作用。以拋石堤爲例，欲滿足溶氧量大於 3～4mg/L 的條件，拋石堤寬約需 10～15 公尺才可達到海水淨化的功能，但使用的塊石尺寸不宜太小避免孔隙阻塞。圖 5.15 爲一種利用礫間接觸氧化達到水質淨化的透水性防波堤構想圖，堤前堤後的海水流經延長距離的礫石間隙，進出的海水可達到充分的淨化作用。

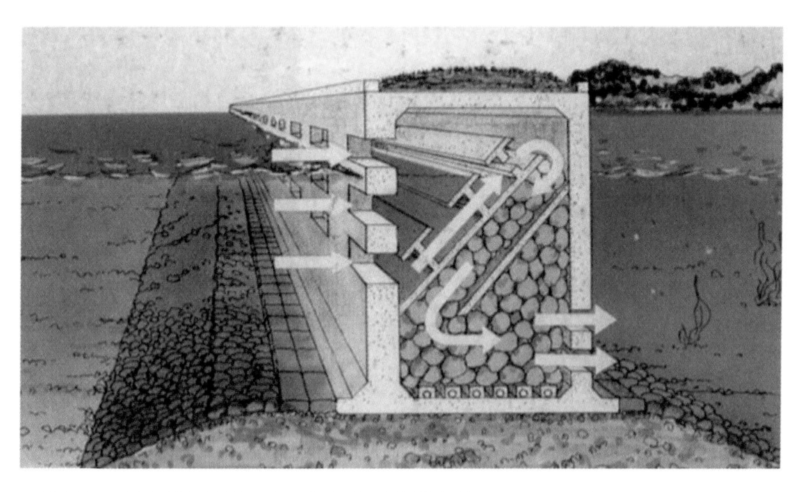

圖 5.15　水質淨化透水性防波堤（日本海洋開発建設協会，1995）

四、潮間帶

臺灣西部海岸有寬廣的泥灘地潮間帶濕地（圖 5.16），濕地本身具有很大的自然淨化水質功能。潮間帶爲一種濕地，一般陸地上的濕地水質淨化，強調水生植物的淨化功能，但海岸潮間帶濕地強調的是底棲生物的淨化功能。陸地淡水濕地長時淹水，底層缺氧，棲地條件適合水草而較不適合底棲動物。潮間帶濕地受潮汐影

圖 5.16　養殖廢水嚴重汙染海岸潮間帶

響，地面週期性露出水面可接觸空氣，且因浪潮作用底質不安定，所以比較適合底棲動物生存而不適合水草。潮間帶的大型底棲動物直接以有機汙染物質爲食物，底質中生長的細菌經脫氮作用也可將有機汙染物分解成爲營養鹽，提供浮游植物、微細附著藻類生長所需的養分，藻類與底棲動物又成爲魚類、水鳥和人類的食物，鳥類棲息陸上森林草叢或魚類游回外海，這些有機汙染物質最後被帶回陸地或帶至深海，潮間帶因此可以得到淨化。相對地，陸地淡水濕地的水生植物雖可消化汙染，但必須以人工定時清除水草，否則汙染物質終究無法從濕地移除。潮間帶的淨化功能依文獻記載，一個花蛤（27～28mm）一小時可過濾海水一公升，假設一平方公尺有 1,000 個花蛤，漲潮時最大水深一公尺，則只需一小時即能過濾一次所有海水。二枚貝以外還有很多底棲動物具有同樣的過濾功能，所以實際上潮間帶擄有其數倍的水質淨化能力。10 公頃的潮間帶濕地大約可處理 10 萬人的生活排水。在地形平坦波浪較小的潮間帶，偶有水草生長，可增加淨化能力和生態繁榮，因潮間帶是受潮汐影響的開放性水域，水草殘骸可被生物消化或由海流帶出外海，也比較沒有由人工定期清除的必要。

5.3.3 港灣水質改善

港灣是封閉的水域，加上人爲活動頻繁，爲海岸水質比較不良的地點，所以港內水質改善目前成爲建設綠色港灣的一個重要指標。

港灣內的水質改善，因其空間有限，能夠利用自然淨化方法的機會不多，而常需利用人爲的方法來控制。其改善方法可分成如下幾種類別：

1. 法令規範：防止不法垃圾投棄、防止廢水排放、壓艙水排放檢測等

2. 物理方法：促進海水交換和流動、遮斷日照、循環曝氣、浚渫覆沙、植物性浮游生物回收。

3. 化學方法：凝集沉澱處理、殺藻劑投入、促進底泥氧化、營養鹽不活性化等。

4. 生物方法：水生動植物的利用、生態系控制、水岸的形成等。

這些方法的應用必須因地制宜，選擇事半功倍最適當的一些方法去達成改善目標。欲改善港灣水質首先要訂出改善目標的水質標準，才知道該採用何種程度何種淨化技術去做改善。環保署雖對水質標準有了各項規定，但是港灣水質標準的設定，必須參考地方發展計畫來決定，如親水、景觀或水產養殖之利用等，在不同的使用方式下各有不同的水質要求標準，因此在做港區水質調查與評估時，檢測項目及品質標準亦需考量港灣海水利用的方向，未來才可清楚地加以規範和管理。

一般水質汙染評估標準是依據環境部所訂國內現有法規的海洋水質標準。此評估方式需分析海水中所含的重金屬鎘、鉻、鉛、汞、銅、鋅等，以及溶氧量（DO）、氫離子濃度指數（pH）、懸浮固體物（SS）、生化需氧量（BOD）、總磷（TP）、硝酸鹽（NO_3）、氨氮（NH_3-N）、礦物性油脂、大腸桿菌等，依其水中含量來區分海水之汙染程度。海域水質可分爲甲、乙、丙三類（表 4.12），規定各類水質的適合用途，例如水產用水、工業用水或環境保育等，並訂定重金屬含量標準，此詳見環境部的公布資料。

目前國內外許多港口都已朝向休閒觀光方面發展，觀光休閒港的親水方式並非是以人體直接接觸水體，主要較著重在人之視覺、嗅覺的心理感受層面來親水，依港灣技術研究中心的研究（港灣技術研究中心，2012），遊客對水體的視、嗅

覺感受滿意度與水質的相關分析結果，發現溶氧量（DO）、透明度（SD）、氨氮（NH_3-N）、總磷（TP）四項水質因子，對視覺與嗅覺的感受滿意度最具有影響力（詳見 11.4 節）。

對於生態環境的水質評估，浮游生物乃水域生產力的基礎，在水域生態系的食物網中占有重要地位，維繫浮游生物的生存環境，必能增加港區水域的物種豐富度。因此港灣水質的評估建議以浮游動物作爲汙染指標生物，依其需要的水域環境標準，來控制汙水進入港灣，進行水質改善，增加港區水域的生物多樣性。

陳奐辰（2010）的研究指出，由港區水體檢測出之浮游動物，以能夠滿足「伴隨物種豐富性」與「具有經濟性價値的浮游動物」兩項原則的物種作爲指標生物。以高雄港爲例，於民國 96 年與 97 年對浮游動物調查的結果進行伴隨物種豐富性的分析後，遴選出的指標生物以有孔蟲、海桶、櫛水母、口足類幼生及缽水母這五屬爲主；而具有經濟性價値的魚、蝦、蟹及貝類在生殖期時通常會到特定水域產卵，所產下的卵與幼生大都屬於浮游動物，若分析這些浮游性幼生與卵的變異，則能了解海域環境因素的改變，因此再從浮游動物的調查資料中挑選出魚卵、仔稚魚、無節幼體、貝類幼生及蟹類幼生五項作爲指標生物。再依上述共十種指標生物與其出現時的水質環境做適合度指數的分析（詳見 4.2.2 節），找出適合浮游動物生存的水質因子爲水溫（℃）、氫離子濃度指數（pH）、溶氧量（DO）、生化需氧量（BOD）、懸浮固體物（SS）、亞硝酸鹽（NO_2）、硝酸鹽（NO_3）、總磷（TP）及氨氮（NH_3-N）九項。

5.3.4 海洋生物水質淨化案例

在 1990 年左右東京灣橫濱港的水質，每年春季至秋季都有赤潮的情形發生。當赤潮發生的時候，與橫濱港水體相通的日本號船塢卻不曾發生赤潮的現象，即便有也只出現在船塢外。後經調查發現，由於船塢的岸壁上附著了大量的牡蠣類軟體生物，對於引發赤潮現象的汙染物質達到清除的效果，因此在船塢內不會發生赤潮的現象（水尾寬己等，2008）。圖 5.17 爲該船塢的位置。

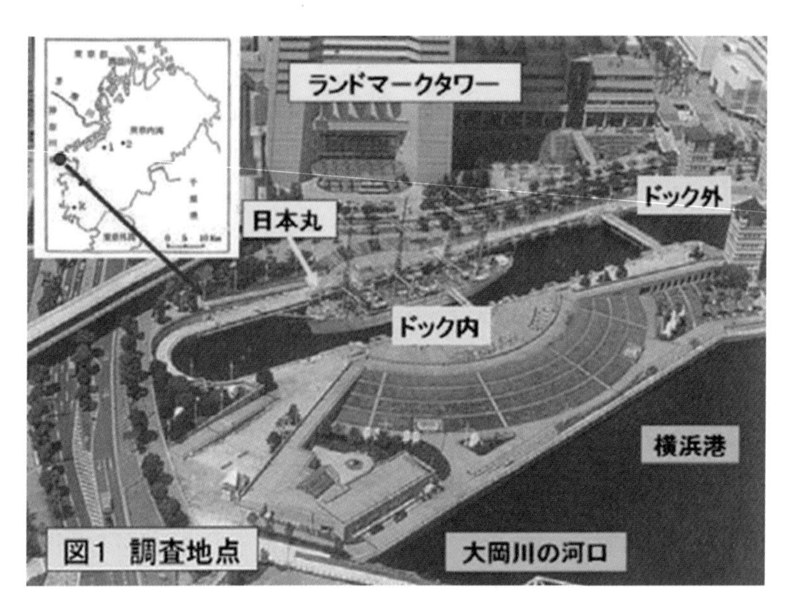

圖 5.17 經牡蠣淨化水質的橫濱港船塢位置（水尾寬己等，2008）

經過幾次的調查與研究，發現在水溫低的冬季船塢內外的海水透明度皆良好，並無赤潮的現象。但到了水溫較高的春季至秋季，船塢外發生赤潮情況變多，而船塢外海水透明度約 1.5m，但在此情況下，船塢內依舊未發生赤潮，船塢內海水透明度可至 5m 以上。海水溶氧方面，當由浮游藻類引起的赤潮現象發生時，經葉綠素 a 行光合作用，使船塢外海水的溶氧有過飽和現象，而船塢內卻因附著了大量的牡蠣消耗氧氣，故將海水的溶氧降低。

爲了解上述的情況，於是利用船塢內的牡蠣進行了兩次的水質淨化試驗。第一次實驗採用鹽度 25psu、溫度 25℃，其中優勢種浮游藻類爲小型渦鞭毛藻的赤潮海水，取 4 個牡蠣進行 2 小時的試驗，結果發現葉綠素 a 的濃度從 77μg/L 降至 3μg/L，濁度由 8 降至 1，溶氧則因牡蠣的呼吸作用與葉綠素的減少也隨之下降。第二次實驗採用鹽度 23psu、溫度 25℃，起始葉綠素 a 的濃度爲 600μg/L、濁度 19、優勢種浮游藻類爲異彎藻的赤潮海水，並取用牡蠣和貽籠貝 2 種軟體生物同樣進行 2 小時的試驗，實驗結果牡蠣區的葉綠素 a 濃度降至 6.7μg/L、濁度降至 3，而貽籠貝區的葉綠素 a 濃度降至 116μg/L、濁度降至 7.3，兩者都有明顯的淨化效果，但比較下牡蠣的淨化效果較佳。經過實驗計算後，推估日本號船塢內的牡蠣淨化能力約每個 0.075mg/hr。

想要減少港區赤潮現象的發生，削減流入灣內的營養鹽類物質的負荷量是必要的工作，且利用覆沙與浚渫等方式有效改善底質，才能得到根本的效果。但如果常常發生大區域性的赤潮情況，或許可以考慮在港灣周邊局部規劃可供大量牡蠣或其他海洋附著生物生存的區域，讓港內海水能夠獲得生態性的水質淨化，達成改善部分港灣水質的目的。

參考文獻

1. 水利規劃試驗所（2022）。水利工程技術手冊檢討修正（海岸養灘技術，2/2），成大研究發展基金會。
2. 郭一羽、李麗雪（2016）。濕地保育永續之路：濕地與生態工程關係分析，濕地學刊，**5**(1)，28-39。
3. 陳奐辰（2010）。港區浮游動物指標生物以及其水質評估之相關研究。交通大學土木研究所碩士論文。
4. 港灣技術研究中心（2012）。港灣生態景觀規劃設計應用研究。
5. 日本海洋開発建設協会（1995）。これがらの海洋環境づくり。山海堂。
6. 水尾寛己、小市佳延、下村光一郎、西栄二郎、木村尚（2008），「日本丸ドックにおけるカキによる水質浄化」。横浜市環境科學研究所報，第 32 號。
7. Hsu, J. R. C., Silvester, R., & Xia, Y. M. (1987). New characteristics of equilibrium shaped bays. Proceedings of 8th Australian Conference on Coastal and Ocean Engineering, pp. 140-144.

CHAPTER 6

海岸景觀環境營造

6.1 基本概念

6.1.1 景觀環境的構成向度

海岸是海域與陸域交接帶，是許多生物棲息環境，爲人類提供許多服務增進人類福祉；海岸漁港、漁村、產業地景，是地方風俗及文化的重要組成部分；海岸是遊憩觀光的重要場域；爲保護及利用海岸構築有人工結構物、風力發電機、太陽能光電廠。海岸，是人與海之間最緊密接觸的環境帶，在美麗景觀與自然豐富生態地景風貌間夾雜著各種人爲開發利用，海岸具有生態、社會及經濟重要價值。海岸景觀是一種有限資源，具有相對稀少、不可再生、不可移動的特性，因此海岸景觀環境營造有其重要性。

歐盟、英國及日本海洋政策定義海岸景觀：是人們所感知的海域、海岸及陸域景觀，是自然和人爲因素交互作用下的水陸域環境，具有生態、文化之聯繫的景觀。自然力量及地形地貌構成海岸豐富多樣自然環境，是動植物生態棲地、是人類生活賴以生存的基盤。海岸景觀環境的構成包括「自然環境基盤」、「生態環境」、「生活環境」三個向度。

自然環境基盤，指的是海岸地形地貌，如潮間帶、沙灘、岬頭、海域、潟湖、沙舌、繫岸沙洲及周邊丘陵等，對自然基盤的維持與遵循，是海岸景觀永續的關鍵。生態環境，指的是海岸地區的多種形態棲地類型，涵養了生物多樣性，自然環境基盤應充分尊重動植物棲地需求，避免不經意的改變，以維持生態環境的功能。生活環境，是海岸地區從過去到現在生活所構建的歷史，具有地方經濟、傳承和記憶，如漁法、產業地景、漁村、風俗習慣等（圖 6.1）。

6.1.2 景觀觀看的視角

景觀是地景上地貌與自然或人造元素相結合的視覺可見特徵，具有審美價值及吸引力，因此景觀具視覺觀賞的意涵。海岸景觀空間包含三種視角：在海岸線觀看的景觀、從海側看海岸的景觀、從陸側看海的景觀。

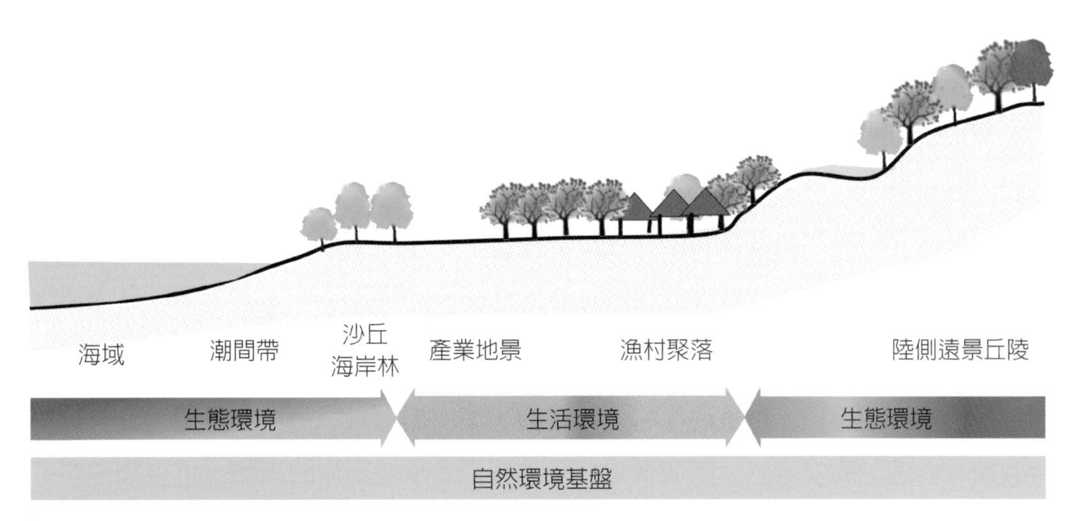

圖 6.1　海岸景觀環境的構成向度，營造時要將三者共同融入環境景觀營造思維

一、在海岸線觀看的景觀

海岸線上的遊客，對所處的海岸景觀，或向外看的景觀，都會影響景觀美質評價及偏好。遊客在海岸向外看，海側有對岸、大海和海岬景觀等，陸側有漁村、產業地景、周邊丘陵地等。也有因氣象及海象因素產生的瞬間景觀，如夕陽、雨霧。

二、從海側看海岸的景觀

從海側看向海岸的景觀與在海岸看景觀有不同的透視感，海上遊客從海上看向海岸、漁村、遠景丘陵等，多爲平視角度，海岸也顯得平坦，沒有任何遮擋。海岸線兩側的視角景觀感受可能會有很大差異，觀賞者的感受常說「一切都是熟悉的，但又不同」。如坐船、划船等不同速度下看到的景觀感受也會有差異。

三、從陸側看海岸及海域的景觀

從陸側看向海岸及海洋景觀，多爲俯視，如從陸側岬頭或丘陵高處看漁村、產業地景、潮間帶、水域景觀等。

6.1.3 景觀構成元素與動靜態景觀

海岸景觀構成元素，首要的是自然元素，如海岸地形地貌、植被等元素。自然元素並不是影響海岸景觀的唯一元素，爲了保護海岸、滿足居民生產生活需求所構築的人工元素也會影響海岸景觀的魅力。

一、自然元素

海岸線是決定海岸意象的基本要素，如平直的海岸線與弓形或灣澳給人不同的景觀意象。不同的海灘底質，如沙、泥、礫石、礁岩等，結合海灘寬度、坡度，影響生態環境及遊憩活動類型。海岸植栽有防風、定沙功能，保護海岸免受侵蝕，同時具景觀、生態及遊憩價值。海岸的形容詞多爲廣寬無垠的，海岬是海岸線的延伸，是視線停留焦點，也是海岸的遠景景觀，使海岸更具吸引力，可使遊客視線內聚收攏有心理上的安定感。陸側背景丘陵，特別是環繞海岸的山脈，可突顯地區意象。與海岸融爲一體平坦寬闊的河口，同時受到波浪、潮汐、河流影響，在生態系統、自然景觀及遊憩資源，都有其獨特性及豐富性；河口景觀具高度的敏感性，是景觀營造需關注的。

二、人工元素

海堤、護岸，具有消弱波浪、防止暴潮等功能，由於從海洋接收大量能量，海岸結構物趨於大型且笨重，如防波堤具有形成平靜的水面、積沙的功能，都是影響海岸景觀印象的重要人工元素。其他如導流堤、水閘門等多爲垂直上升的人造結構物，在水平綿延的海岸線上極爲顯眼，景觀環境營造時也應考慮。

三、動靜態景觀

海岸地形地貌與植被，可視爲「靜」態景觀，但它同時又是受到潮汐、海浪與風等自然力量作用的「動」態景觀。風、光、潮汐、氣象等爲海岸帶來特殊性的動態景觀，海浪拍打海岸的聲音、風吹鹽霧帶來海邊獨有的空氣味道、自然光影、日夜波光變化、潮差在緩坡海岸上，大面積海灘可能會隨著潮汐的不同階段出現和消失，使海景的外觀發生很大的變化。

爲保護海岸設置的防護設施會導致海流和波浪等變化，很有可能改變沙灘、防風林的形狀。因此，景觀營造要同時關心靜穩及動態時期的景觀和其對遊憩利用的影響，在進行海岸工程應是防災、生態、景觀、遊憩利用的綜合觀點。

6.2 景觀環境營造理念

人類土地利用向海推進趨向多元和複雜，人工結構物保護沿海地區居民和建築物免受災害，但也衝擊海岸景觀環境。爲了找回因安全優先而失去的環境，海岸保護工從「線」的保護——沿海岸線施作的線形保護工，到「面」的保護——整合性海岸保護工法；近年朝向謀求工程建設與海岸自然環境之和諧共生。海岸具高度觀賞魅力，不僅是生態面，景觀及地方特色也會因保護工等建築結構物而破壞，所以工程施作的思考應擴及海岸整體環境場域。

爲了讓海岸變得更加美麗可親近，過去環境營造手法，首先出現的是在結構物本體的美化，如在堤防或胸牆彩繪、馬賽克瓷磚拼貼等，以消除水泥結構物的壓迫感、單調感，營造多彩繽紛的空間印象。接著是階梯式或緩坡式海堤的修建，著重可及性、消除阻隔感和壓迫感，期使人們可以輕鬆前往海灘，親近海岸。然而，海岸景觀環境營造是以自然環境基盤爲核心，結合生態及生活環境，從觀看視角、構成元素、動靜態景觀等角度思考景觀規劃設計，還有將周圍的山脈和岬頭與自然海岸連結，成爲眞正美麗的海岸。因此，生態、景觀、社區、防護是海岸景觀環境營造重視的四個面向。

爲含括三種觀賞視角，海岸景觀環境可以概分爲水域、潮間帶、陸域、產業地景、漁村、漁港、岬角、陸側丘陵等類型。從生態、景觀、社區、防護四個面向，依據海岸自然特徵及條件、開發型式，擬定海岸景觀環境營造手法的基本概念（表6.1、圖6.2）。

一、生態環境面

生態是指諸如棲地環境保護和創造、水質改善、海岸林復育及生態綠化等。海岸自然環境基盤的地形及植被是許多生物的棲息地，多樣的地形環境及良好的植被支持生態多樣性及豐富性。好的植栽設計除了防風定沙、保護海岸外，還具遊憩功能、環境適意性效益。乾淨水質對生態環境、景觀及遊憩利用都有助益。既有人工結構物減量，或結合生態工法成爲生態基盤，可以營造物種附著及棲息環境。生態綠化可以將破碎化棲地連結，改善棲地品質，營造生物廊道，也可以緩和人工結構物對海岸景觀的衝擊。

表 6.1　海岸景觀環境營造手法的基本概念

景觀營造項目／環境類型	生態環境面					景觀環境面				社區環境面				海岸保護面				
	乾淨水質	地形保護/維持	生態多樣性及豐富性	生態綠化	人工生態基盤營造	景觀特色維持/優化	海山視覺眺望軸線	適意環境營造	夜間景觀	意象地點和路徑指認	地域特色活化	信仰及歷史景觀場域活化	建築造型及色彩調和	海岸侵蝕防護	靜穩的海面	人工結構物與環境協調性	設施減量	人工結構物親水利用化
整體海岸		●	●			●	●				●			●				
水域																		
遊憩環境	●													●	●	●	●	●
生態環境	●		●											●	●	●	●	●
潮間帶																		
地形景觀		●														●		
生態環境	●	●	●												●		●	●
遊憩環境	●	●				●	●								●		●	●
陸域																		
沙丘		●		●										●			●	
防風林			●	●										●			●	
生態環境			●	●													●	
遊憩環境						●	●	●		●	●	●				●	●	
服務設施				●		●		●					●			●	●	
漁村				●	●	●		●		●	●	●	●			●		
產業地景				●				●			●	●						
漁港	●			●	●	●		●	●	●	●	●	●		●		●	●
岬角		●				●												
遠山丘陵						●			●				●					

圖 6.2 人們在海岸是被整體景觀環境所包被，可見視域範圍內近景－中景－遠景的等各種元素綜合影響遊客景觀美質評價及遊憩意願

二、景觀環境面

景觀環境面是在既有景觀維護和創造、人為景觀的改善。海岸自然環境基盤是景觀美質的基礎，因此指認海岸景觀特色，結合空間利用情形，以決定維護、復育或改善海岸景觀環境。海岸利用方式若未依據各地海岸景觀環境調整，將使得人工海岸景觀單一化，無法反映地區景觀特色。在景觀環境改善面，目的在創造海岸更佳的觀賞性與吸引力。當人工結構物成為海岸景觀的主導元素，景觀改善的消極面在緩和這些結構物對景觀的衝擊，積極面在重新營造海岸景觀美質。

三、社區環境面

社區環境包括漁村、生產及風俗文化場域等；社區環境營造是指地方產業地景、生活記憶的傳承和再造。環境營造應是地方紋理與海岸自然環境關係的傳承和再造。海岸對地方居民具多元意義，是休閒遊憩空間、生產空間，是愉悅享受也是嚴酷挑戰的自然環境。除了生活空間外，會有產業地景、儀典、歷史景觀等空間。

社區環境景觀營造不應只是創造景觀，也要尊重地方紋理，運用地方語彙，因此，藉由踏察什麼事件在海岸的什麼空間發生並造成什麼樣景觀，並與當地居民共同討論如何再現是重要的。

四、海岸保護面

爲保護海岸土地免受強風大浪、侵蝕等影響而進行的海岸防護工程，環境營造重點是在不影響海岸保護，安全無虞情況下，思考人工結構物減量，使人工結構物與環境協調，以改善人工海岸景觀。同時，運用人工結構物淨化水質、靜穩海面，使水域環境具景觀美感與親水活動機會，創建生態基盤營造生物棲地等可增加景觀生態美質評價。

6.3 準備工作及營造原則

6.3.1 景觀環境營造準備工作

一、決定營造範圍

海岸景觀環境營造範圍的設定是以海岸爲中心，及周邊可見海岸及與居民生活有聯繫的區域。海岸景觀欣賞是由視對象和視點場及其相對關係建立的，視對象是視線可見的物體，就海岸景觀而言，如海岸線、海灘、海岸林、海岬和遠山等自然元素往往是主要視覺對象；視點場，是指觀看景觀的位置及其附近的空間。

同一個景觀元素，從空間內部或從空間外部，或一天中的不同時間，景觀外貌及氛圍會有所不同。因此，在進行海岸景觀環境營造時，合理的範圍應同時考慮從海岸內外部觀看到的景觀。此外，地方與海岸相關的節慶活動、古蹟、漁業生產、休閒遊憩等其地點及通行路徑也是構成海岸景觀印象的因素，因此營造範圍不僅要考慮視覺關係，還要考慮地方空間特徵紋理及空間秩序。

二、資源盤點

自然環境基盤的資源盤點，海岸地形地貌是海岸各種形態環境的基礎，同時反映地方氣象及海象等自然環境特徵；另外，透過時間向度的變化資料，有助於掌握人工海岸或遭破壞地區海岸過去景觀情況，在以不損害生態環境爲優先，根據表6.1 海岸環境類型盤點動植物等資源，以了解自然環境基盤上生態環境的空間分布與生物棲息地的關係等。

在海岸景觀環境營造時爲活化傳遞地方意象，社區環境資源盤點內容包括與海岸景觀空間相連結的既有、殘留或記憶的生活、風俗文化事件地點。隨著海岸線的遷移，這些事件地點也可能發生移動，在調查社區環境資料時也要把握隨著因海岸線變化而發生的土地利用、結構物設施地點的變化。

視覺景觀是海岸景觀環境營造十分重要的工作內容。從觀看海岸景觀三種視角：海岸、海側看陸側、陸側看海側，分別分析視點場、視對象、觀看路徑、可以看到景觀要素的範圍（包含在視域範圍內的景觀元素）。同時要考慮全景景觀（即整體海岸景觀），及可以體驗序列景觀的路徑，連續性的序列視覺體驗可以增加旅途的愉快經驗。

根據觀賞距離的遠近可以看到不同視對象的景觀特徵，在近景範圍可以看到景觀元素的細部、材料、色彩等；中景範圍可以區分物體質感、景物與環境的關係，有襯托近景的功能；遠景景觀，可能是從海岸看遠景岬頭或山丘，或從遠處看海岸景觀，可分出景觀類型，海岸地區遠景通常是視野寬闊延伸、有連續性。

6.3.2 營造原則

一、尊重自然環境的基盤

地形地貌是構成海岸景觀的基盤可表現地區景觀的獨特性，景觀環境營造原則應積極利用以展現海岸美麗景觀，自然環境的基盤不應因開發而受到干擾或消失（圖 6.3）。另外，漁村等海岸周邊地區，在視覺上應與海岸整體打造成爲一個連續的景觀空間。海岸的人工元素應配合自然元素，尤其是與地形地貌的統一性及協調感，以確保海岸景觀美感。海岸周邊地區的開發也可能損害海岸景觀的吸引力，爲避免這種情況的發生，因此海岸景觀環境營造應進行跨域整合，向有關單位提出配合的計畫或土地使用管理規定。

圖 6.3　尊重海岸自然環境基盤，景觀優美的海岸兼具生態、防災及親水遊憩多重功能

二、海岸線形的尊重與保留

海岸線可形塑地區特色，沙嘴、岬頭等可強化地點的魅力感，這些景觀屬視對象的全景景觀，應提供可以清晰地欣賞海岸線特徵形狀的視點場。這個視點場也可能是從外部看海岸景觀，所以景觀近—中—遠景的維持或營造都要處理。同時要避免因過大規模的人工結構物使得海岸線形狀變得不自然，確保海岸線的連續性和海岸空間的一致性。

此外，爲防止土地開發阻擋上述從高處看海岸的視野，或遮蔽海岸線，土地開發時應將此項內容納入相關土地管制規定以相互協調配合。

三、景觀可及性的確保

可及性包括從陸側可以看到大海的視覺可及性，或是可以走近海岸靠近大海的親水可及性。如果從陸側看不到大海，應提供沒有物理障礙可輕鬆地接近海岸的路徑，如海堤堤頂的易達性。另外，海岸水平方向線形的延伸，以確保無垣寬廣海岸感受。保留及營造從外部道路可以看到海洋的視覺路徑，另外選擇適當地點營造陸側或周邊腹地與大海景觀的延伸協調性，可營造旅途的期待感。遊客從環境獲取的訊息包括進入海岸的引導訊息，或景觀、生態、社區、人工結構物等的環境美感訊息，這些訊息都會影響遊客的遊憩意願，因此景觀可及性的確保除了視覺、親水可及性外，景觀品質也是影響可及性訊息的一部分。

四、適地營造

海岸景觀資源盤點的目的之一，是確定海岸開發的必要性和適當性。海岸景觀資源應以保護爲優先，接著是在「適當的地方」放入「適當的設施或結構物」。海岸自然環境是開放的，由多種廣泛因素組成，如氣象、海象和地形，因此，任何開發行動都可能導致該區海況和地形的改變。在進行海岸開發時，不僅要充分了解地區海岸的形成機制，以減少對景觀的衝擊，海岸防護的人工結構物以不影響海岸景觀風貌爲原則。需要設置海岸防護設施時，應盡量縮小結構物規模，以減少對海岸環境的視覺景觀、自然特徵、遊憩空間腹地的影響。

五、與周邊環境的融合

・臨城市空間的海岸

緊臨城市空間的海岸，城市建築物、人工元素、天際線等與海岸自然元素形成對比，城市與海岸界面空間的營造，可創造臨海域的休閒遊憩魅力。將城市空間與海岸景觀融爲一體，讓城市的功能滲透到水岸空間，使水岸成爲城市的生態花園，創造舒適活力的水岸休閒遊憩空間。從城市通向海岸、臨水岸空間除了營造景觀的協調性，創造視覺多樣性也很重要。根據空間尺度、觀賞距離營造適合活動及觀賞的空間景觀，另外結合夜間燈光可以營造水岸獨特繁華感。

・臨自然環境的海岸

臨自然環境的海岸，海岸防護設施通常會成爲景觀空間中的主要元素，景觀營造重點在減少海岸防護設施對自然環境的影響。海堤、護岸、防波堤等海岸防護設施成爲海岸與鄰近自然土地間的界限，在空間和視覺上將兩者分開，宜透過結構設計進行調整，以減少結構物的規模及量體，並應避免奇特、過度美化的設計。

這些地區景觀環境營造應以生態植栽的運用爲主，生態綠化可以使土地開發、防護設施在視覺上與周圍的自然景觀相連結，減少視覺衝突感。觀賞距離也可以作爲景觀植栽選種的考量，近景樹形可清晰辨識、中景是群樹姿態、遠景成爲地景的一部分。長長的海堤造成的心理壓迫和空間不連續性，結合觀賞距離的植栽運用，可保留了自然海岸氛圍，營造視覺多樣性。

・臨填海地或產業地景的海岸

臨塡海地，如農田，或產業地景，如漁塭、廢棄鹽田，在視野上具有高度水平的空間特色，因此從各個方位都很容易看到海堤。爲減少這類土地景觀給人強烈的人工視覺感受，可以考慮使堤壩融入農田、漁塭、廢棄鹽田景觀中。在近景處因壓迫感和阻礙感強烈，堤後緩坡可以減少壓迫感，與海的分隔感可以被削弱，可及性得到改善。排水渠道可以運用作爲與大海視覺關係強化及連結的軸線，其他附屬設施，如閘門也是海岸人工元素的一部分，應加以考慮和設計，並且應使其在景觀中弱化盡可能的不顯眼。臨塡海地或產業地景通常看不到大海，因此可以利用堤頂作爲觀海的有利位置，並提供可以輕鬆地到達堤頂、可及性高的路徑（圖 6.4）。

六、人工元素景觀的融入與協調

海岸人工元素——結構物與設施的位置及型式應尊重海岸地形、自然環境，並應考慮使其自然地融入既有地形地貌中。此外，還要根據地區的自然或人文特徵，選用合適的材料和色彩。重要視點場要避免看到與自然環境基盤景觀相衝突的人工元素，可以植栽設計引導視線，或做遮蔽；若看到的是全景景觀，人工結構與自然景觀是要相融合的。其他有關人工結構物對景觀的影響及緩和措施詳見第 8 章（圖 6.5、圖 6.6、圖 6.7、圖 6.8）。

圖 6.4　生產利用設施，（上）養殖設施（下）運輸工具，在具休閒遊憩價值地區，可將景觀美感設計納入考量，營造地方產業的地景特色及遊憩價值

圖 6.5　自然材料與海岸景觀可相融合

圖 6.6　護岸的視覺可及性高，在設計可增強海岸線的自然型式、景觀多變化及休憩設施

圖 6.7　人工結構物應後退，盡可能不影響生態交錯帶生態環境，並避開維護管理不易及侵蝕風險高的地區

圖 6.8　海岸景觀的復育手法之一為設施減量

6.4 海岸景觀環境品質判別

海岸景觀及自然環境基盤會因人工結構物影響其品質，景觀美質評價會影響使用者的環境偏好及遊憩意願。英國及歐盟就海岸景觀特徵評估，提出以實質環境及使用者視覺體驗感受等因素共同評估結果，作爲海岸景觀規劃設計及開發利用的指導（GOV.UK, 2023; Anderson, 2017）。日本國土交通省（2006）海岸景觀形成指南，以海岸自然、生態、人文環境觀點，提出海岸防護工程的景觀營造手段。根據臺灣海岸景觀特性及開發情形，參考上述內容，提出結合實質環境及使用者視知覺感受特徵，作爲判別海岸景觀環境品質，及海岸景觀環境營造參考依據（表6.2）。

水域環境是以活動類型及活動所依存資源品質爲使用者視知覺體驗及滿意度評價的基礎。潮間帶的海岸線形狀、空間尺度、底質與潮間帶類型、焦點景觀，以及海岸線人工化情形等爲實質景觀環境特徵判別依據，海岸地形、人工化程度更是影響使用者視覺感受的重要因素。海岸陸側及其腹地，影響使用者視覺感受的實質特徵有地形地勢、植被、景觀特色、空間景觀主導的關鍵要素、聚落和土地利用強度及型態等因素。

景觀環境品質判別要項，包括景觀特徵單元、景觀美質評價、實質環境特徵的重要性、空間主導元素、與生活環境相關的重要地點場域等。在海岸地區，這些要項會受到天氣及海象的影響，呈現時間序列意象，如夕照落日、晨曦日出，因此也應納入景觀環境品質判斷的重點。

人類活動，包括存在或已消失的，如在 6.1 節內容中所述的生活環境是地區從過去到現在不斷生活中所構建出來與海岸相關的活動，具有地方傳承和記憶的價值。活動地點及範圍、可及性、空間品質影響使用者的視覺體驗及知覺感受。

視域及可見度會影響景觀美質評價，視域是可看到實質景觀的範圍，其美質評價與視點場、觀賞位置及視線是否受阻擋有關。天氣及海象影響下的瞬間景觀、季節景觀也是影響景觀美質感受的要項。因此，海岸開發及人工結構物對諸如景觀和視點場相對位置關係、景觀空間中主導元素、瞬間景觀的品質，及觀看的容易程度，爲景觀環境品質判別的重要項目。

表 6.2　海岸景觀環境品質判別的特徵及要項

主題	實質景觀環境特徵	視知覺感受及體驗特徵	景觀環境品質判別要項
水域	▪ 水域活動類型 ▪ 活動依存資源的主要條件狀況	▪ 景觀空間視覺及其他感官感受	▪ 景觀特徵單元 ▪ 景觀美質，包括實質環境特徵、體驗感受綜合的景觀品質 ▪ 實質環境特徵重要性判斷 ▪ 體驗感受的性質和強度 ▪ 判別景觀空間中主導的實質元素、體驗感受，確定其範圍 ▪ 辨識與地點相關聯的地點場域，如社區聚落、歷史文化 ▪ 判斷受天氣、海象的影響程度
潮間帶	▪ 海岸線形狀和空間尺度 ▪ 底質、潮間帶類型 ▪ 焦點景觀，如礁岩、小島 ▪ 海岸線人工化情形	▪ 開放性 / 包圍感	
陸側及腹地	▪ 景觀特色關鍵要素 ▪ 地形和地勢 ▪ 植被 ▪ 聚落和土地利用 ▪ 地標	▪ 開放性 / 包圍感 ▪ 來自海域的影響因素	
人類活動，包括存在或不存在	▪ 因自然環境產生的活動 ▪ 現在的開發活動類型 ▪ 人類活動類型	▪ 活動範圍 ▪ 自然度感受	▪ 與海岸環境依存的強度 ▪ 對自然感受強度 ▪ 實質環境因素對場所體驗的影響程度 ▪ 可及性情形
視域、可見度	▪ 海岸線 ▪ 開放性水域 ▪ 焦點，特色景觀 ▪ 海岸開發項目 ▪ 特色景觀觀看視點、方向及可見程度	▪ 從聚落或遠景高處俯瞰的景觀 ▪ 序列景觀體驗 ▪ 全景景觀的觀看視點 ▪ 瞬間景觀 ▪ 行進中短暫瞥見的景觀	▪ 景觀和觀看點相對位置關係的重要性 ▪ 顯著且主導景觀空間的構成元素 ▪ 從觀看視點看到的視覺景觀組成的品質 ▪ 重要瞬間景觀現象品質，及影響因素，如光影變化 ▪ 對景觀有重大影響的海岸開發項目，及其對景觀組成的影響情形

6.5 營造手法

6.5.1 整體景觀營造手法

海岸景觀環境營造範圍是以海岸爲中心，與周邊地區或漁村與海岸相連結的生活場域。整體景觀營造手法在以海岸爲核心，充分考慮和遠景岬頭、山脈景觀的和諧，與社區漁村相融合的一體景觀（圖 6.9、圖 6.10）。

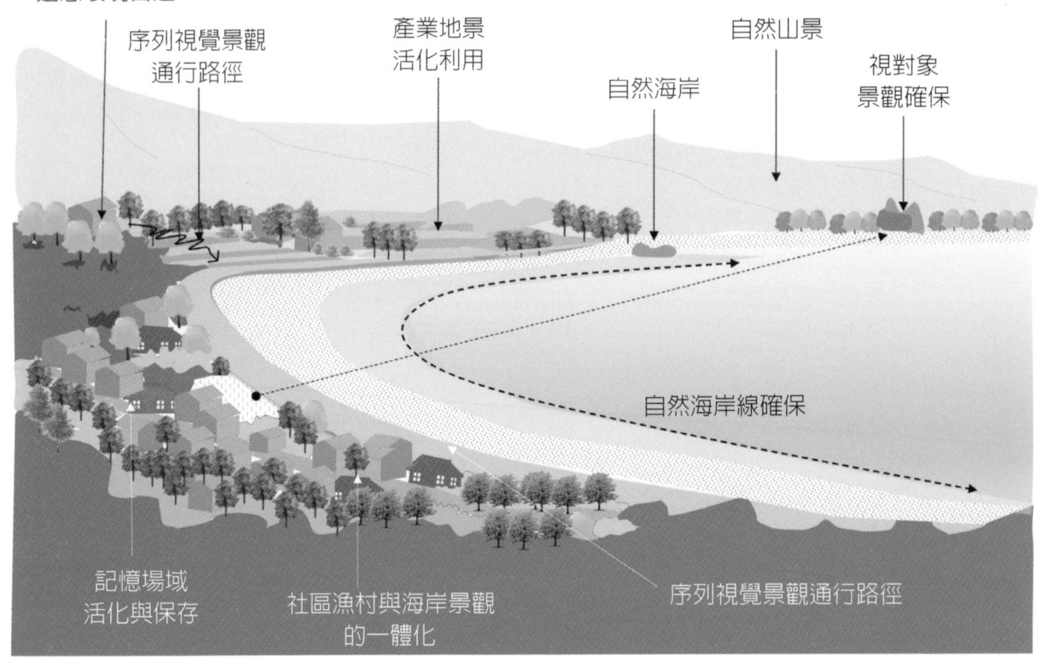

圖 6.9　營造海岸和諧統一的景觀（改編自日本長崎市，2011，長崎市景觀基本計画）

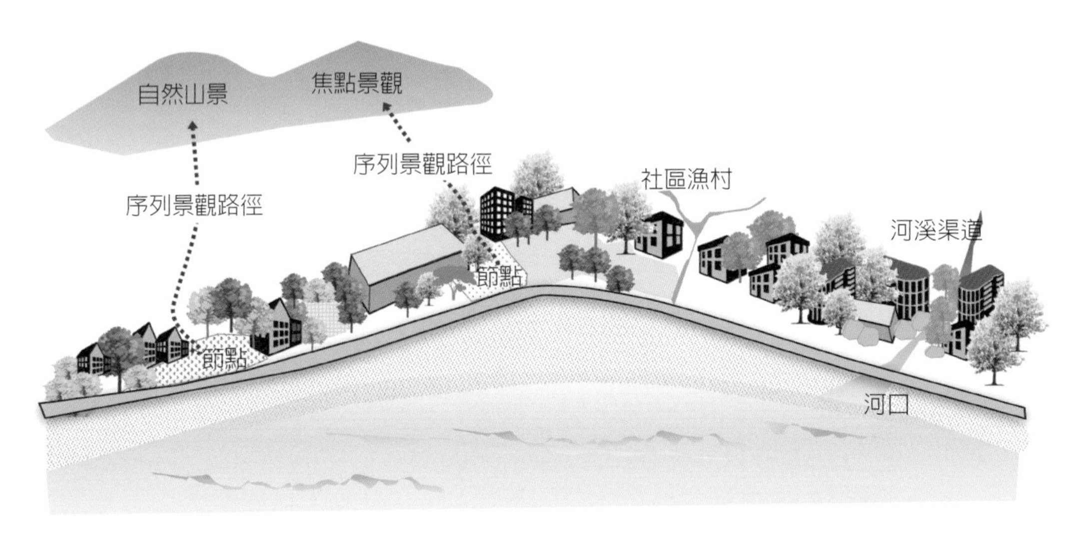

圖 6.10　充分考慮與臨近聚落漁村、山脈景觀串聯，以及景觀的整體性及協調性

秉持海岸環境景觀特色，以景觀環境營造手法結合自然共生工法，以緩和人工海岸及土地開發利用所造成的海岸景觀環境破壞情形。人工海岸的整體景觀營造手法，前灘部分以人工沙灘營造，後灘部分以植栽復育手法，達到景觀美化之功能，增進海岸吸引力，維護民眾親近海洋的機會（圖 6.11、圖 6.12）。

圖 6.11 運用自然材料可維持自然海岸的景觀及生態環境，營造親水遊憩環境

圖 6.12 海岸植栽的運用可營造環境適意性，增進海岸魅力

6.5.2 不同觀賞距離景觀營造手法

觀賞距離是指觀景者與觀賞景觀間的距離，看到的景物依觀賞距離概分爲近景（foreground）、中景（middleground）、遠景（background）（圖 6.13）。

近景觀賞距離約少於 500 公尺，可看到景物表面、細部景觀、色彩及明暗變化。如看到人臉表情的觀賞距離約少於 25M，但以少於 12M 爲適當，辨識動作行爲的最遠距離約爲 135～150M，植物單株、建築或結構物等特徵可被單獨感知及辨識 < 50M，成爲空間中具體印象 < 100M，可辨識紋理、材料、圖案等 < 100M。

中景觀賞距離約爲 500～1,500 公尺，可看到細部的概況、景物與環境的關係，感知人群的存在，植物、景物被視爲群體，如紅樹林、岩礁表面、河溪、建築結構物群及天際線。

遠景觀賞距離約大於 1,500 公尺，景觀寬闊延伸、具視線上的連續性，可分出景物類型、地形輪廓、天際線或山脊稜線等。

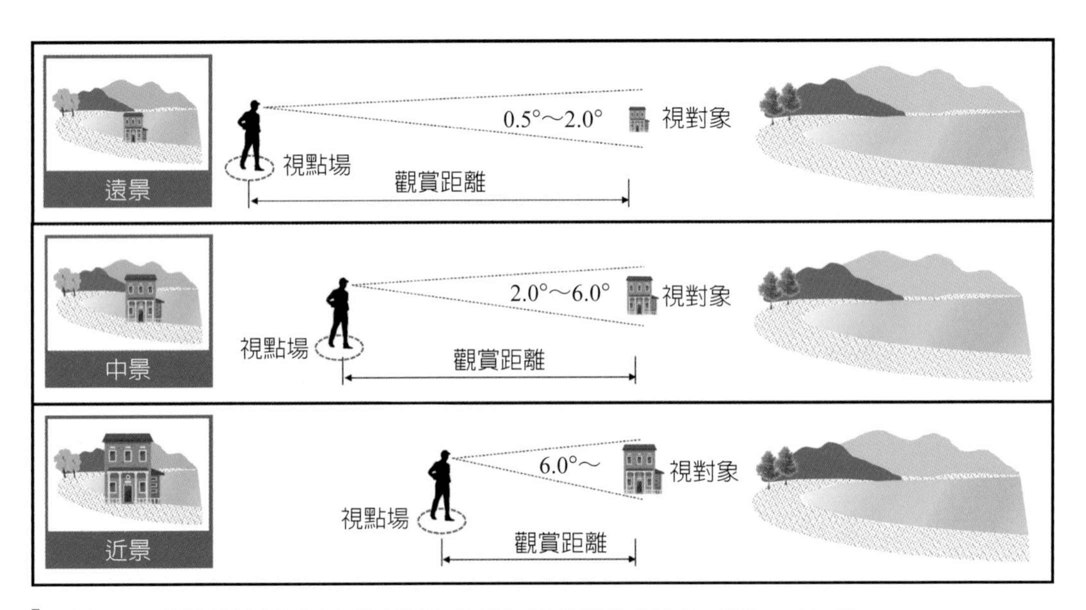

圖 6.13　觀賞距離與視點場及視對象的關係（改編自日本農林水產省，2018）

景觀環境營造的空間尺度與人際距離有關（圖 6.14），從外部看海岸，除了美麗海灘，若能清楚看到休閒遊憩活動，此屬公眾距離，觀景者與活動視對象距離約少於 135-150M，但以少於 135M 爲宜。可識別對象之距離約少於 24M，可識別對象之面部表情約少於 12M，甚或與遊客目光有接觸，可創造一種拉近外部空間與海岸關係的感覺。運用空間尺度關係將海岸與外部空間的連結，在景觀上連成一體，可以讓外部空間與海岸間造成一定的「張力」，會使海岸更具吸引力（圖 6.15）。

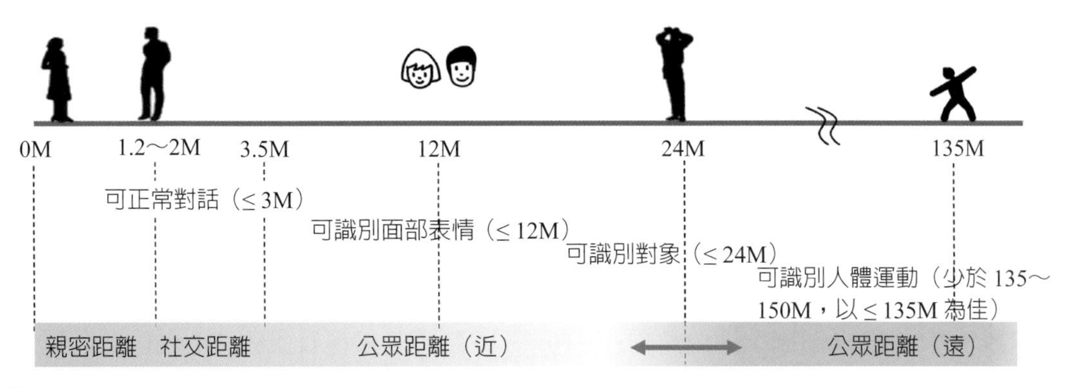

圖6.14 空間尺度與人際距離關係（改編自日本国土交通省，2006，海岸景観形成ガイドライン）

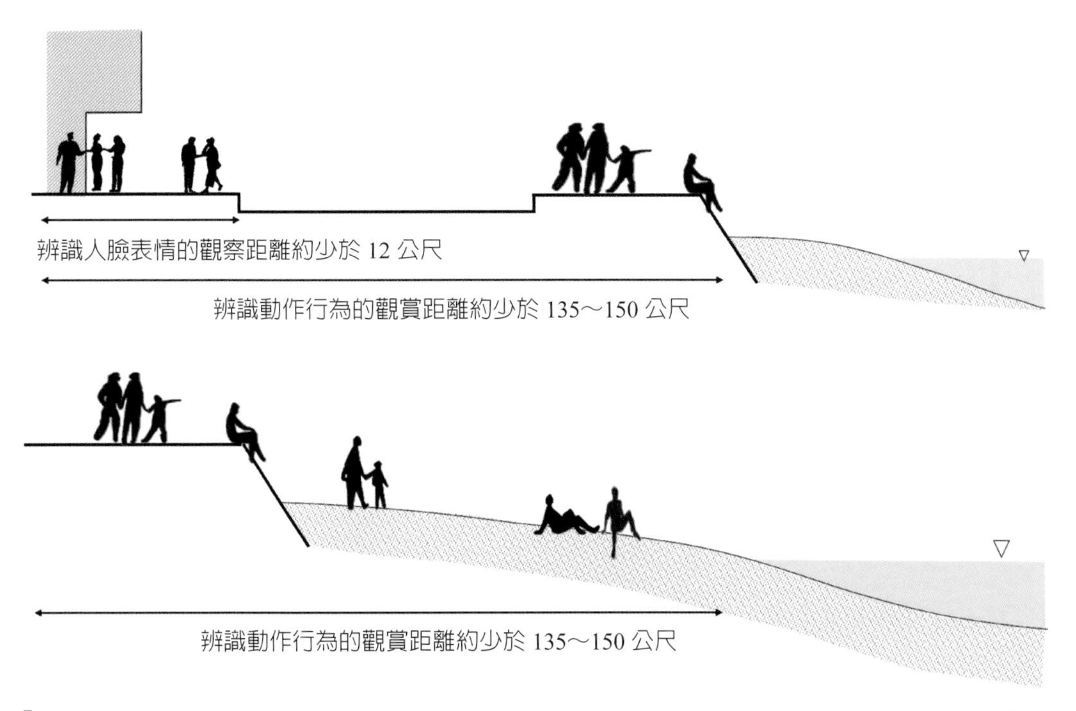

圖 6.15 適宜空間尺度的運用可將海岸與外部空間連結形成具吸引力的張力效果（改編自日本国土交通省，2006，海岸景観形成ガイドライン）

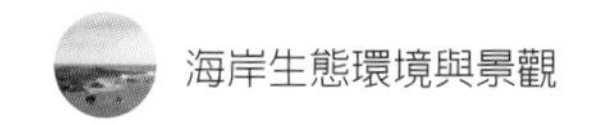

6.5.3 觀賞位置的景觀營造手法

觀賞位置，是指觀景者與景物間的相對位置關係，依觀景者相對於景物位置關係有觀賞者低位、觀賞者平位、觀賞者上位。

觀賞者低位，觀景者位在低觀賞位置，仰視景物，容易看到景物較低的部位。觀賞者平位，觀景者是平視景物，多看到物體的中央部位或中等高度位置處。觀賞者上位，觀景者位於高觀賞位置，有較多的觀賞機會，不僅可見面積最大，視距也最長，注意力容易集中在天空與地面交界所造成的對比處，因此景觀中的人為改變易被看到。面對重要視對象景觀，人工結構物於規劃階段即應依觀景者與景物間的相對位置關係調整結構物型式、高度及位置。

以海岸人工結構物為例，若觀景者站在堤頂時，假設堤高為 H，觀看景物位在距離 1.7H～5.7H 範圍，即俯角約在 −10～−30 度時，是視覺景觀重要區段。觀看景物位於距離約 5.7H～7H 範圍，俯視角度約 −8～−10 度，為視覺景觀的中心區段，是俯看水面景觀時最合適範圍，也是水域的焦點景觀位置。當觀看景物位在距離 1.7H 範圍內，俯角小於 −30 度，觀景者逐漸難以察覺水面；觀看景物於距離等於 H 以下，即小於 −45 度時則成為盲段，消波塊應盡可能安放在靠近盲段位置內。若觀看俯角大於−10度時，視點與水面間會產生一體感（篠原修，1982）（圖6.16）。

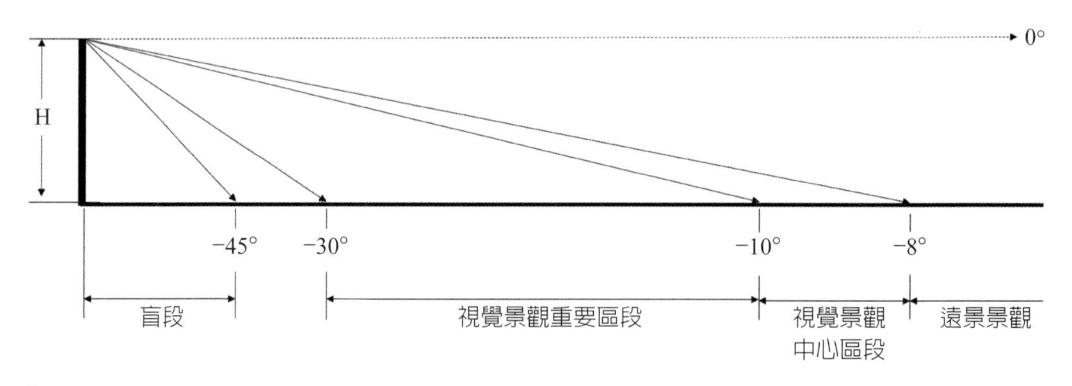

圖 6.16 觀景者站在堤頂不同觀賞距離下俯看海面景物關係

6.5.4 建築、結構物與設施

人工元素不應成爲海岸景觀的主要部分，因此應注意使其融入景觀或盡可能不顯眼，以免破壞海岸景觀美質。海岸的自然特徵、空間型式、使用行爲是人工結構物景觀設計考量的主要背景因素。供休閒遊憩使用，首先要考慮的是讓人能自由無礙、舒適地使用。也就是說，海岸地區人工結構物應以陸域向海岸方向具視覺穿透性或人行可及性爲重要考量，並結合景觀及植栽設計的運用，緩和結構體對環境的衝擊（圖 6.17）。

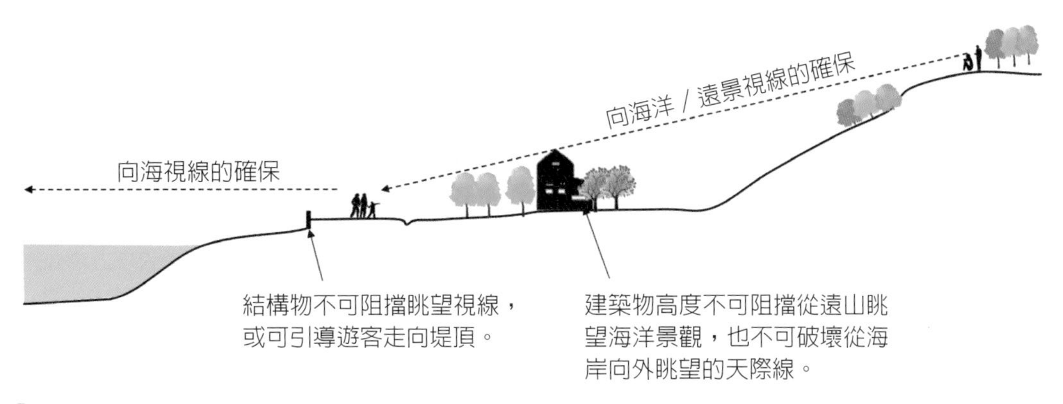

圖 6.17 水域－海岸－陸域間視覺穿透性及人行可及性

人工結構物，如造型、量體、色彩、材料等，在景觀規劃設計階段，其與景觀環境的協調及融合應視爲重要思考項目之一（詳見第 8 章），同時要從地域環境人文特色中找出可運用的設計語彙，以使人工結構物的營造具地區環境意象特色。其他附屬設施也應與周圍景觀結合融爲一體，使其不妨礙海岸景觀視覺的一致性及協調性。

社區漁村或遊憩服務區等串聯至海岸的步行空間，可運用樹型良好的遮蔭樹營造有舒適性、引導性及序列視覺體驗的線性景觀，綠化選種應以本地海岸原生植栽爲優先（圖 6.18）。這裡的建築設施物要降低量體減少壓迫感，且高度不可以破壞既有天際線，建築邊緣生硬的線條以綠化緩和。服務性附屬設施、道路、停車場等空間應少用混凝土、柏油等非綠色營建材料，盡量多使用沙土、木石和植栽等綠色營建材料，且盡量以透水性鋪面取代不透水鋪面等。臨海道路是接近海岸第一站，景觀環境以提供序列的視覺體驗爲優先，海側要保持視線穿透性，讓遊客可以輕鬆地看到自然海岸，陸側以保持自然山系的天際線，聚落建築群與海岸景觀要有整體性及協調性規劃（圖 6.19）。

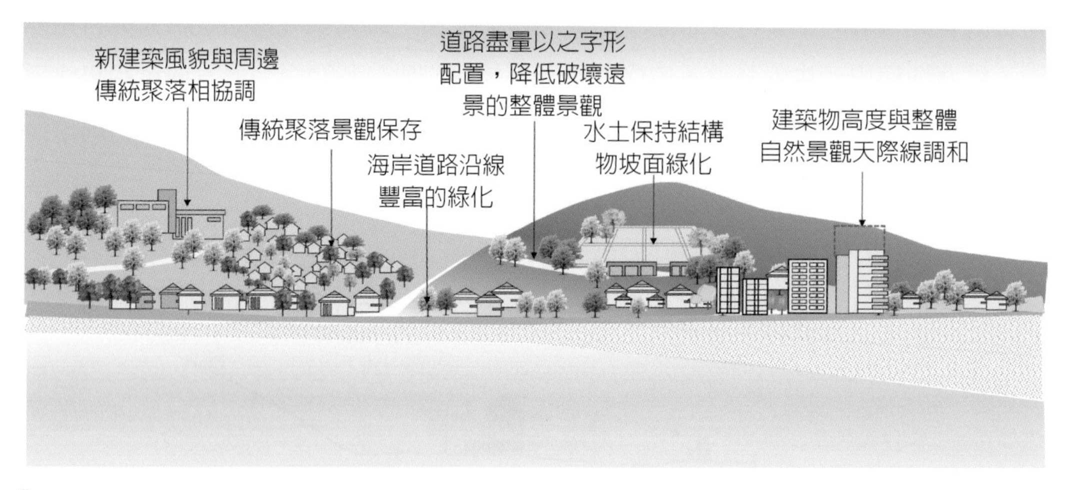

圖 6.18　保持自然的天際線景觀，海岸周邊、漁村的建築群要做整體規劃，建築邊緣應以植栽軟化生硬線條與自然景觀的不協調感（改編自日本長崎市，2011，長崎市景觀基本計畫）

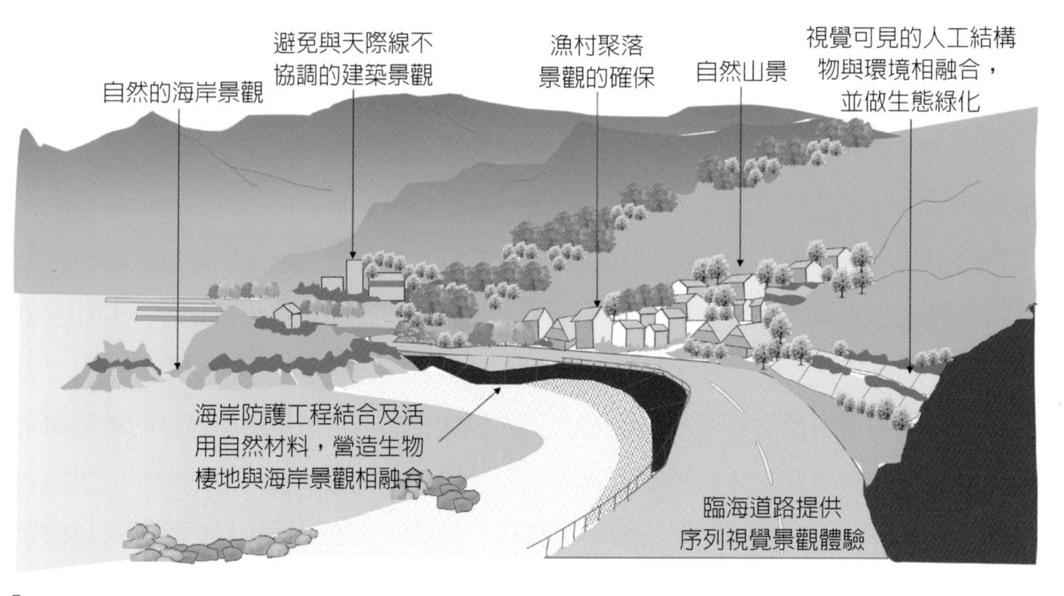

圖 6.19　臨海道路提供序列的視覺景觀體驗（改編自日本長崎市，2011，長崎市景觀基本計畫）

在安全防災無虞情況下，海岸防護工程應以減量設計原則，以維護較佳的景觀環境。同時應於從事海岸土地更新利用時，從整體環境檢討現行結構物景觀改善或減量計畫，對於新的土地開發利用及人工結構物的建造，應考量與環境的協調性。

6.5.5 各類型海岸營造手法

海岸因地形地質、生態景觀、人文風土等特性各有地域性魅力及設計語彙，這些都可作爲引導景觀環境營造的基礎。另一方面，海岸陸側普遍人爲使用強度大，整體景觀營造時要結合海岸周邊土地利用型態及強度，以連結自然海岸景觀風貌，並強化防風林保護以阻隔冬季強風及鹽霧，以利景觀維持及遊憩利用（表 6.3）。

一、礁岩海岸景觀營造重點

海洋寬廣視野及海岸地質景觀爲主要吸引力（圖 6.20），景觀營造重點包括：

- 海岸沿線除非必要的結構物，應盡量減少人工結構物的設置或應進行工程減量，以恢復礁岩海岸優美景觀。
- 此類型海岸的結構物，尤以消波塊對海洋景觀衝擊大，所以運用海岸生態工程手法將消波塊移除或隱藏、在排列形態或造型上的改變與美化，以提升消波塊於海洋景觀中的協調性。

圖 6.20　礁岩海岸景觀

- 降低海岸沿線道路護欄的高度及量體對視覺及景觀的阻礙與衝擊，並結合景觀設計手法、地方植栽、生態工法的運用，以創造親水遊憩機會，以使海岸結構物與海岸環境相融合，恢復礁岩海岸的景觀特色。

二、沙質海岸景觀營造重點

沙質海岸為最具親水遊憩價值的海岸（圖 6.21），但也是人工化比例偏高的海岸，景觀營造重點包括：

- 沙質海岸沿線幾乎遍布海堤及消波塊等設施，因此結構物的景觀改善或與海洋景觀的融合是為沙質海岸景觀營造之挑戰。海堤、護岸等設施以景觀美化、緩坡化處理或降低高度都是可行的方案。前者可改善海堤及護岸對景觀的衝擊；後者可因遊客觀賞位置及視野的改變，使欣賞海洋美景的可及性增加。
- 處理對海洋景觀衝擊大的突堤，可於堤頂空間經景觀改善後成為適合欣賞及親近海洋的空間，可緩和突堤對海洋景觀衝擊；基腳可設置塊石讓海藻附著、聚魚，提供釣魚活動。

圖 6.21　沙質海岸具遊憩價值

• 離岸堤等可以離岸潛堤或人工礁等生態工法，緩和及降低結構物對海洋景觀的衝擊。同時可盡量利用拋石材料模仿自然景觀型式達到保護沙灘之目的，營造生態棲地。
• 過去因爲海堤或護岸的限制，使得海岸利用多侷限在陸側，且常有過度設計導致景觀品質不佳的現象產生。設施減量、水泥化設施的改善與綠化、防風林的保護及更新等，都是提供更好陸域景觀品質的手法。

三、卵礫石海岸景觀營造重點

卵礫石海岸形成原因多因海岸侵蝕形成大小不一的近圓形礫石，再經海浪的搬運、堆積等作用，形成卵礫石海岸。因景觀優美，水質清澈，是很好親水遊憩賞景的海岸。但海岸可能會出現侵蝕灘崖，因此提升海灘穩定性，營造近自然海岸景觀，利用拋石、塊石等固灘工法以維繫海灘寬度，且保護工法應融入海岸自然景觀（圖 6.22、圖 6.23）。

圖 6.22 卵礫石海岸的天然地形景觀

圖 6.23　就地取材堆砌成弧形石牆的石滬，是利用潮汐變化的傳統陷阱式漁法

四、泥質海岸景觀營造重點

- 海側寬廣的潮間帶、沙洲、潟湖爲泥質海岸特色，結合生產漁法形成特殊的地方景觀魅力。景點營造重點包括蚵架等生產設施與海洋景觀的融合；同時遊憩設施以能展現地方人文語彙特色爲主要考量（圖 6.24）。
- 陸側部分以養殖漁業漁塭及廢棄鹽田爲景觀特色，寬廣阡陌縱橫的廢棄鹽田、漁塭應加強植栽等遮蔭設施的導入以降低烈日酷暑，景觀計手法的導入在營造整體景觀環境的優美性及觀賞性，並可使單調廣大的水平空間具變化，及利於更多樣遊憩利用的產生。
- 乾淨的海水在視覺景觀及嗅覺上都很重要，泥質海岸因養殖業廢水及海水交換不良等因素，因此海水常是混濁並有異味，所以海水水質淨化也是景觀營造重點之一。
- 相較於其他海岸，泥質海岸的海浪較弱、海潮飛沫較小，所以海堤或護岸在陸側可以生態植栽軟化水泥化的結構設施物，形成良好適意的海岸景觀環境。

圖 6.24 沿海養殖可能會造成泥質海岸水汙染、生產設施與海岸景觀不協調現象

五、斷崖海岸景觀營造重點

一望無際的蔚藍海洋，山海相連是斷崖海岸景觀的主要吸引力，景觀營造重點包括降低沿線道路護欄對視覺的阻礙；在陸側部分因爲道路開發所造成的開挖，應予以生態景觀綠化，重塑山海一色的景觀意象。岬角部分應以景觀資源維護爲主；灣澳因人爲利用多，海堤應配合灣澳地形變化與環境相協調。同時因腹地狹小，不能爲滿足遊客需求而進行大量人爲設施開發如停車場、道路等，致破壞漁村的地方紋理，且要以能夠闡釋地方語彙及意象特色之景觀手法導入到各種建築物及結構設施上。

六、港灣景觀營造重點

商港、漁港、遊艇港多具發展觀光遊憩活動，除了豐富自然資源、靜穩港域、多樣生產活動及建築設施物，並具特色的人文及地理風貌（圖 6.25、圖 6.26），景觀環境營造重點包括：港區內的防波堤、胸牆、消波塊等設施物與海洋景觀的融合，及引導景觀視野向海洋的延伸。港域水質淨化使港灣更具觀賞及親近的可能性，相關附屬設施應以能展現地方人文語彙特色爲主要考量。陸域空間部分以減量設計手法，改善及軟化結構設施物的水泥化、單一化印象，並可導入生態植栽或潮池營造以提升漁港的魅力。詳細內容請參閱本書第 11 章。

圖 6.25　轉型為多功能的漁港多具景觀及歷史人文特色

圖 6.26　港灣因水域靜穩可營造多樣親水遊憩環境

表 6.3 海岸類型之景觀特色及營造手法

類型	自然景觀特色	人為景觀特色	景觀課題	景觀營造手法
礁岩海岸	海岸線多曲折，灣闊水深。特殊地質景觀、岬角、灣澳、沙灘	▪ 沿海岸線多建有公路 ▪ 鄰近漁港地區有防波堤、消波塊	▪ 因道路護欄使得海側視覺受阻礙 ▪ 人工設施與環境不協調	▪ 增加海側視覺穿透性 ▪ 海岸結構設施物以景觀生態設計手法改善之
沙質、礫石海岸	海岸線多較平直，沿海平原寬廣。沙灘、沙丘、沙洲、開敞型海埔地	▪ 海堤、突堤、離岸堤 ▪ 海埔地、港埠 ▪ 蚵田、漁塭、廢棄鹽田	▪ 海岸景觀因海堤、離岸堤及消波塊等結構物而破壞 ▪ 陸側土地利用密集且單一化，景觀水泥化 ▪ 因海岸開發，河川補注沙源減少，海岸沙灘逐漸呈現侵蝕後退 ▪ 海岸可能出現侵蝕灘崖 ▪ 因水域環境汙染，多處海域無法維持親水遊憩功能	▪ 調整海堤、突堤、離岸堤、消波塊構造型式及配置方式，保護工法應融入海岸自然景觀特性 ▪ 利用拋石或塊石增加海灘寬度，以逐漸回復沙灘自然風貌 ▪ 運用具景觀性的親水性海堤、護岸緩和景觀衝擊 ▪ 降低海堤高度提高視野可及性 ▪ 陸域海岸景觀改善及生態綠化 ▪ 水質淨化 ▪ 提升海灘穩定性，營造近自然海岸景觀
泥質海岸	沙洲內海埔地、海岸沖積平原、濱外沙洲、潟湖、海岸濕地	▪ 廢棄鹽田、漁塭、蚵架等 ▪ 防潮堤	▪ 漁業養殖設施對海域景觀造成衝擊 ▪ 陸側人為利用單一化，景觀單調 ▪ 養殖業汙水	▪ 緩坡生態海堤，堤內環境生物棲地、親水環境教育功能改善，堤外營造多孔隙環境 ▪ 海堤植生綠化 ▪ 水質淨化 ▪ 生產設施與海洋景觀的融合 ▪ 地方人文語彙特色的展現與強化 ▪ 漁塭及廢棄鹽田景觀的生態綠化
斷崖海岸	斷崖、特殊地質景觀	▪ 沿海岸線多闢建公路、拋置消波塊	▪ 因道路護欄使得海側視覺受阻礙 ▪ 消波塊與環境不協調 ▪ 陸側景觀因道路邊坡隱定而破壞	▪ 增加海側視覺穿透性 ▪ 重塑山海一色的景觀意象

類型	自然景觀特色	人為景觀特色	景觀課題	景觀營造手法
漁港	豐富自然景觀資源、遼闊水域、鄰近沙灘或景觀優美、具歷史人文風貌	▪ 漁港外廓設施、碼頭、漁業區等人為景觀 ▪ 漁業生產方式與行為	▪ 設施化 ▪ 水泥化 ▪ 景觀及生態單一化 ▪ 水質汙染	▪ 具景觀性的親水性海堤及護岸導入 ▪ 港域水質淨化 ▪ 漁貨或旅客服務中心等建築物、附屬設施要展現地方特色 ▪ 陸域設施減量 ▪ 景觀生態綠化的運用

參考文獻

1. 日本国土交通省（2006）。海岸景観形成ガイドライン。https://www.mlit.go.jp/river/shishin_guideline/kaigan/kaigandukuri/keikan/index.html
2. 日本農林水產省（2018）。農業農村整備事業における景観配慮の技術指針。
3. 日本長崎市（2011）。長崎市景観基本計画。
4. 篠原修（1982）。土木景観計画。東京：技報堂出版。
5. Anderson, C. (2017). Guidance on coastal character assessment. Inverness, Scotland, Scottish Natural Heritage, 24pp. DOI: http://dx.doi.org/10.25607/OBP-1073
6. GOV.UK (2023). Landscape and seascape character assessments. https://www.gov.uk/guidance/landscape-and-seascape-character-assessments

CHAPTER 7

海岸濕地美學

7.1 景觀審美與生態美學

人類對景觀的審美及喜好是來自人與景觀互動過程中的經驗與感受，美感評價、被喚起的情緒，影響景觀偏好，進而產生趨避行爲的決策判斷。演化理論觀點認爲人類因景觀偏好產生的趨避行爲是爲了提高生存演化而來的，一般認爲人類所喜好的景觀是人類對良好棲息地篩選之結果，因此人們喜歡的環境，不僅是美的景觀，也是好的生態環境。

許多研究指出有稀疏樹木的草原景觀爲人們所偏好，尤其是有水的、視野開闊和樹木生長繁茂的景觀，這可能與景觀美學中棲息地理論（habitat theory）假設有關（Balling & Falk, 1982; Orians & Heerwagen, 1992）。大草原被視爲人類的搖籃，有豐富的生存資源，易攀爬、有大樹冠樹木可供眺望和躲匿，彎曲的路徑或河流具有鼓勵人類進一步去探索的特徵。這樣的環境不僅是人們非常喜歡的環境，同時能喚起正向情感，這也體現在我們對風景園林、公園式景觀的偏好。

眺望－藏匿理論（prospect-refuge theory）涵蓋了人類對棲地的喜好及環境訊息的處理，在人與環境互動經驗中，景觀的訊息提供看到及躲藏的機會，能夠看到而不被看到（seeing without been seen）滿足人類生存需求。Appleton（1975, 1988）指眺望包括全景和遠景，藏匿是躲藏或庇護所，有功能性、可及性、有效性等考量因素。當人被景觀包圍，景觀實質元素形狀、顏色、質感和其他可見或不可見屬性在空間的組構及布局，這些直接的或間接的訊息，解釋了人對景觀的審美及滿意度來源，也標識著有利人類生存的環境條件訊息。

人與環境持續互動過程，情感是認知體驗和行爲的核心，影響景觀環境偏好和美感評價，激發趨避行爲，從演化生存需求的角度來看，這具有很大的環境適應價值（Ulrich, 1977, 1983），所以對環境的熟悉度會影響景觀美感評價、偏好及情感反應。自然環境空間的複雜性是一項重要影響因子，無秩序、高度複雜的環境，如阻礙視覺穿透的灌木叢，讓人無法掌握遠景的環境訊息，會有較低的偏好反應，產生想迴避的判斷，從而導致接近行爲減慢或停止。相反地，高一致性景觀可能讓人感覺到單調的、無趣的，喜好度也會偏低。自然景觀環境具有生心理上的恢復效益，景觀空間結構的複雜性、空間的深度和神祕性、地面質感、焦點景觀，對應著易達性、自明性，及深入探索的訊息線索，這些都對景觀美感偏好有決定性功用。

景觀偏好矩陣模型（Kaplan, 1987; Kaplan & Kaplan, 1989; Kaplan et al., 1989）提出四項空間特徵與景觀偏好有關，人與景觀互動是在環境知覺過程中提取及解讀環境訊息，涉及對環境的即時性理解與進一步探索二個向度，前者與一致性和易讀性有關，後者與複雜性和神祕性有關。

一致性（coherence）是環境訊息的認知組織或理解的容易程度，如重複的元素、流暢平滑的質感有助於環境的一致性感受，場域與場域之間的質感或光影變化會影響不同空間的連貫性與一致性。複雜性（complexity）同時具備即時性的了解與探索的特性，場域吸引人進入參與其中，訊息是不無聊，但也不是過度刺激的，複雜的場域往往比簡單的更受偏好。易讀性（legibility）與人們要向前更深入地進入場域的方向定位及預測有關，知道去和回的路，有助於環境安全性感受，差異性、獨特的元素等有利於地點辨識及方向指認，清晰的、易於掌握的空間結構與定位有關、讓人不致迷路。可以說一致性是對環境的即時性理解，易讀性是與探索的推論有關。神祕性（mystery）是從現在場域的內容推斷若深入到環境中可以獲得的新訊息，因此在所見和預期之間存在連續性。一個具神祕性的景觀是指如果進一步深入場域，可以從中了解更多，人們對這樣的景觀是有預期，有期待的。可以說對環境的即時性探索與複雜性有關，進一步深入探索與神祕性有關。太一致，但缺乏可推論的環境訊息，會讓人不想深入探索。太複雜、致易讀性差，可能會讓人覺得恐怖，會阻礙讓人不敢深入探索。

這些論述都揭示了人與景觀相互作用間的情感和認知反應，以及景觀美質構成的特徵；整體而言，審美體驗源自於景觀視覺品質評價的感知和判斷過程。眾所周知，不論是基於演化論或文化論的研究假設，都指出自然與景觀美質評價是相關的，人們喜歡及欣賞自然景觀、美麗的自然景觀會喚起正向情緒感受，因此生態品質對景觀美質具有重要意義。然而，因人類無法直接感知生態品質，所以景觀美質評價多強調審美效益，尤其是景觀的外顯特徵，而忽視了景觀與生態品質之間的實際聯繫，生態審美對景觀審美的影響往往被忽視。

根據演化論的概念，人們將景觀視爲棲息地，景觀的美感及愉悅感受源於人類尋求適宜棲息環境的體驗。同時，審美經驗也會促使人們改變景觀使之更適合人的生存，這些改變進而影響著景觀形貌和生態功能。但我們常認爲以美爲主導的景觀設計與生態學家的工作之間是存在差異的，生態良好的景觀可能在美學上並不那麼的令人愉悅，也就是說，生態服務和審美吸引力可能在某種程度上是不同的。過去以環境行爲模型說明透過生態學習、環境素養有助於生態保護的環境行爲，這可能是導致人類的審美偏好與生態目標不一致現象，認爲景觀美學與生態之間的連結性不強。然而，實際上，景觀偏好與美的景觀及高生態品質是有關的。景觀審美偏好源自演化論中對自然環境的喜好，並透過喜好的，對不喜好的景觀空間進行環境改善使其更適合人類居住，環境生態也受到這些布置手段的影響。人們在評價生態品質的同時，也評價自己的景觀偏好；因此，審美來自視覺所看的景觀表現的外顯特徵，生態品質是構成好的景觀的基礎。當人們透過欣賞景觀來蒐集環境訊息時，是同時審視景觀和生態；審美價值和行爲反應是同時檢視景觀和生態的共同結果，這說明健康的生態與美的景觀是共同存在的。也就是說，人類審美的普遍觀念是將美與景觀、生態的品質相結合，這就是生態審美的本質。因此生態美學是視覺的景觀美學與功能健康的生態結構共同結合之範疇（圖 7.1）。

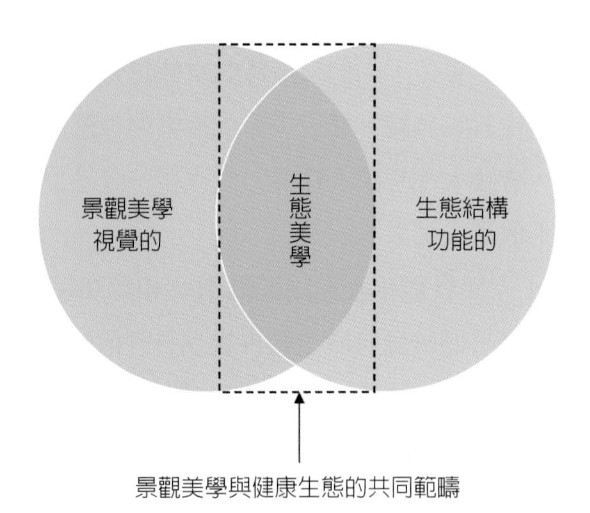

圖 7.1　景觀美與生態結構功能的結合（改繪自 Fry et al., 2009）

7.2 濕地生態美學

我們所熟知的濕地是陸地和水相遇的地方，是陸生和水生生態系統之間的過渡性地帶。國際拉姆薩濕地公約（Ramsar Convention）、《濕地法》，定義濕地包括天然或人爲、永久或暫時、靜止或流動、淡水或鹹水或半鹹水之沼澤、潟湖、潮間帶等區域，在土壤浸泡於水中的特定環境下，擁有眾多野生動植物資源，是重要的生態系統。

濕地古稱爲「澤」、「隰」。《風俗通・山澤篇》稱水草交厝處爲澤，澤者言其潤澤萬物以阜民用也；《周語》澤水之鐘也，稱澤爲聚水的窪地；《爾雅・釋地》下濕曰隰，指地勢低窪而潮濕的地方爲隰。歐美在十九世紀以 mire、bog、fen 等用語來描述沼澤，二十世紀初 wetland 濕地一詞才被廣泛使用，在二十世紀下半葉 wetland 才逐漸成爲濕地的泛稱。

自古以來濕地因其美麗多樣的景觀、棲地及豐富物種等爲人們所讚頌，《詩經》，如〈陳風・澤陂〉、〈檜風・隰有萇楚〉、〈國風・山有扶蘇〉、〈小雅・隰桑〉等都指稱水澤，蓬勃生長的各種植物，或以波光瀲灩或如鏡的水景、落日晨霧四時變幻等描述濕地景觀的美，這樣的美景喚起人們豐富的內在情感，也有描述蘆花如浪、白鳥悠悠的動態景觀使人對生命省思與讚頌。濕地也是休閒遊憩的場域，戲水漫步、輕舟賞景、垂釣采擷，如蘆花深澤靜垂綸，或幾回舉手拋芳餌，驚起沙灘水鴨兒，《莊子・刻意篇》更寫道：藪澤，處閒曠，釣魚閒處，無爲而已也。歐美也有諸多有關濕地的詩句，如描述濕地神祕、多變化，或以光影與色彩說明濕地景觀的豐富性，如相映的紫色流動水汽與藍寶石般閃閃發光的高空，夕陽落下的深紅色烙印閃爍，如翡翠般蓊鬱生長的沼澤森林，及一天中光影變幻，從破曉、柔和的黃昏，到幽暗與黯黑的夜色等。

我們熟知的《湖濱散記》作者梭羅（Thoreau）、早期環保運動者約翰・繆爾（John Muir）、利奧波德（Aldo Leopold）等人都讚揚濕地自然和野性的美，並指出濕地因其多樣豐富的生態與美麗的景觀應受到推崇與重視。也有很多研究指出美麗而健康的生態景觀會喚起人們正向情緒，有益生心理健康。

另一方面，過去濕地也常被視爲各種毒蟲、駭人動物出沒的水澤荒地；在義大利語，濕地一詞的意思是「汙濁難聞的空氣」，是會爲人們帶來可怕疾病的地方。濕地也被認爲阻礙通行與生產的，《孫子兵法》稱沮澤之形者，不能行軍，因此許多濕地的水被排乾、土地被塡平，作爲生產開墾、資源開採及各種土地開發利用，導致濕地持續喪失和退化，從而降低人類福祉，過去 300 年來，全球濕地減少了約 87%，自 1900 年以來減少超過 54%，濕地是所有景觀類型中受威脅最嚴重的（Ramsar, 2024）。

多位學者指出濕地生態美學有助於濕地的保護（Gobster, 2010; Gobster et al., 2007; Kovacs et al., 2006），生態美學具有健康生態及景觀美的總和價值；健康的生態，呈現的外顯景觀是美麗的，所以人們所喜好的景觀是由健康生態所支持。有適度管理的景觀生態，可以讓景觀美學和生態之間建立良好的連結關係，也就是將生態過程與令人愉悅的視覺景觀聯繫在一起，人們在體現健康生態功能的景觀中獲得審美樂趣。

以生態機能的健康度與景觀美質二維矩陣，構成可能的四種現象關係，景觀不美生態也不好的，這是群眾與生態學者都不喜歡的景觀；景觀美但生態不好的，是群眾喜歡，但生態學者可能不喜歡的景觀；景觀不美但生態好的，群眾可能不太喜歡，但生態學者喜歡的景觀；景觀美生態好的，是群眾與生態學者都喜歡的景觀（Sheppard, 2001）。兼具健康生態與美麗景觀的濕地，具有較高生態歧異度，生態環境未受或稍受汙染破壞的環境，水體以沉水植物爲主，因而呈現相對較大面積的水域環境，水質是乾淨的貧養，或稍稍有點中養狀態，呈現的景觀是整齊有秩序，群眾普遍認爲這樣的景觀具有高度自然性，環境訊息是可掌握、可理解的，讓人覺得充滿生命力與活力、美麗的、愉快的、輕鬆的，喚起人們正向情緒感受，有較高的美質評價與喜好度。

較低生態歧異度，生態環境受汙染情形是可見但不是很嚴重的，水質是中養狀態，挺水水生植物遮蓋住部分水域，水仍是具透明度的，可看見底質，水色呈透明的灰色，水中生物偏少。當水岸植物蓊鬱、預期可能會有鳥類等生物躲藏在其中，群眾普遍認爲這樣的景觀自然度爲中一偏高。單就水面景觀可能讓人覺得美感不高，情緒感受有點負向，如有點鬱悶、消沉的；但結合岸際良好景觀會喚起人們正向情緒感受，如，有點神祕的、稍愉悅的，會有中度的美質評價。

生態環境受汙染或破壞情形是明顯的，可見棲地受威脅處於劣化狀態中，水質是中—優養狀態，浮水植物覆蓋大部分水域，水體透明度低致看不清楚底質，水色偏黃褐色—褐色，產生令人不悅的氣味。當水岸植物生長不良或枯黃，群眾普遍認爲這樣的水體是不乾淨的，景觀是雜亂、不整齊的，或沒有東西的。喚起人們的情緒感受是負向的，如，危險的、不安的、害怕的，或單調、無趣的、沒有吸引力的，美質評價是偏低的。

7.3 濕地生態美學的影響因素

濕地生態美學影響因素可分爲六類，分別爲水體、岸際、陸側植栽、遠景植栽、整體景觀與周邊土地利用。

一、水體

- 水體面積，可見水體面積愈大，景觀美質評價愈高，因其視覺景觀較具多樣性與變化性，視域尺度大具有近—中—遠景景觀。生態區塊較大型及完整，有利物種生存（圖 7.2）。
- 水體透明度，透明度愈高，表示水質狀況良好，生態狀況也較好，景觀美質評價高。
- 水色，水色多與水中浮游藻有關，乾淨水體多爲透明無色、清澈見底，海水則多呈藍色；當水體的浮游植物較多，海水可能變得較綠，水中的懸浮物或溶解物質也會影響海水顏色。水色透明呈現藍色，有較高景觀美質評價。
- 沉積物，沉積物爲水中懸浮微粒沉降堆積，其原因可能是水汙染，或雨水逕流所挾帶的泥沙等因素造成，會影響水中生物生存，並影響景觀美質。
- 水中營養程度，當水中營養鹽大量增加，藻類及浮游植物大量繁殖，水體的透明度及溶氧降低，物種歧異度變低。貧養的水體透明度高，景觀美質評價高。營養鹽會影響藻類生長，水色會受到藻類濃度的影響，因此水中營養程度會影響水的外在表現，致影響景觀美質評價。
- 水生植物與可見水體面積及水質有關，漂浮植物會遮蓋水體面積，阻擋光線進入水中，當其生長過多通常代表水質有優養化的現象。沉水植物會有較大的可見水體面積，因此相較於其他水生植物，沉水植物會讓水體看起比較大，其美質評價也較高。

(a)

(b)

圖 7.2　可見水體面積對景觀美質評價有影響，(a) 相較於 (b) 可見水體面積較大有較高美質評價

二、岸際

岸際，包括岸線自然程度及植栽。當濕地岸際有土壤侵蝕流失現象會導致水岸土壤裸露，影響美質感受，且有不安全感。築有防護工程的人工岸際線，如海堤、護岸、溝渠垂直壁等，是生物移動遷徙的障礙，會使得水陸域物種交流受限制、多樣性降低，也會影響濕地涵養水分功能，有陸化的可能性，也會衝擊景觀美質。自然的岸際線，尤其是曲折線形，水岸植栽生長良好，且與岸際線相互融合，會有較高的景觀美質評價（圖 7.3）。

圖 7.3　自然的岸際線，且岸際線清楚有較高美質評價

三、陸側植栽

陸側植物生長茂盛，植栽有高豐富度及高均勻度，且有多層的垂直結構，呈現的是健康生態。有些物種生活史中需要陸地和水生棲息地，陸地區域扮演著提供重要的生態系統服務功能。陸地植物品質影響濕地的多樣性和景觀美。當人們進入濕地時，陸生植物區通常位於中—遠景，其構成可以使人感知到複雜性和神祕性，從而誘發人們深入探索。陸地植栽與濕地的生態美學密切相關，陸地植栽的豐富性、

均勻性和分層結構也爲人們提供了生態品質的訊息，關係到人們對濕地健康度的認知，因此陸側植物的組成與棲息地品質及生態系統健康有關。

四、遠景植栽

景觀美質認知中視覺穿透性扮演著重要角色，視覺穿透性與景觀的中景－遠景環境訊息有關。植栽有豐富的分層結構會有多樣的生境，若同時具有好的視覺穿透性，會使濕地景觀具有令人喜好的神祕性感受，這類型濕地會有高的美感價值（圖 7.4）。如果視覺被阻擋、穿透性不佳，人們感受到複雜性，但沒有易讀性，會有不安全感，阻礙人們深入探索的意願（圖 7.5）。若陸域植栽僅有低層地被植物，雖有視覺穿透性，但中景－遠景可能是單調的。若陸域植栽生長不良、枯黃植被，會大大降低濕地景觀美質評價。

五、整體景觀

從演化論觀點，相較於封閉性，開放性是影響景觀偏好的關鍵因素之一。開放性有助於人們掌握近－中－遠景的環境訊息，適度的開放性，人們可以立即對環境進行理解和推論，適度封閉的遠景可以誘導人們進一步探索，整體景觀偏好會較高（Tveit, 2009; Tveit et al., 2006）。

圖 7.4　遠景景觀的環境訊息影響濕地美質評價

圖 7.5　景觀空間視覺被阻擋、穿透性不佳，影響人們深入探索的意願

六、周邊土地利用

濕地周邊土地利用型態及強度會改變陽光、沉積物、養分、水文等，從而改變濕地的質與量，周邊土地利用也反映了人們對濕地的態度與和關注情形，揭露的環境訊息會影響人們對濕地的生態審美價值。另外土地開發形式、建築結構物、天際線等與濕地景觀的協調性都與景觀美質有關。

濕地與周邊土地利用間的緩衝區，對保護濕地生態美學品質有其重要性。緩衝區可過濾逕流水的懸浮固體和其他汙染物質，減緩雨水的流速、減少侵蝕、減緩洪水的速度，爲野生動物遷移時提供一條受保護的廊道，對於許多依賴濕地附近高地生存的物種提供生存棲地，緩衝區也在濕地和土地利用間提供了燈光和噪音汙染的屏障。健康濕地的緩衝區寬度，美國濕地管理相關報告建議至少爲 15～90 公尺或以上、地方級爲 7.5～15 公尺。加拿大建議面積大於 10 公頃、具良好野生物價值的濕地，緩衝區 20～200 公尺或以上；小且深，野生動物較少者，緩衝區約 3 公尺或略少即可。緩衝區寬度取決於如：濕地面積、濕地功能、植栽健康情形、想要保護的野生動物物種，或鄰近的土地開發程度。

表 7.1 濕地生態美學的因子

環境元素	景觀美質評價 高 ◀---------------	環境屬性	景觀美質評價 ---------------▶ 低
水體	大	水體可見面積	小
	高	水體透明度	低
	藍	水色	黃褐色
	薄	沉積物	厚
	貧養	水中營養程度	優養
	沉水植物為主	水生植物	漂浮植物為主
岸際	自然的	岸際線自然程度	人工的
	自然、綠意盎然植栽	岸側植栽	植栽稀疏到無
陸側植栽	茂盛的	茂盛程度	不毛的
	高	豐富度	低
	高	均勻度	低
	多層結構	垂直結構	少於 2 層，或土壤裸露
遠景植栽	喬灌木地被植物組合，具視覺穿透性	遠景植栽	▪ 草灌木組合，視線被阻擋 ▪ 或視線無阻擋，但遠景景觀高度一致性，如草生地
	生長良好	背景植栽色彩	生長不佳，顏色偏枯黃
整體景觀	開放的	開放程度	封閉的
	近景—中景—遠景	可觀賞景觀	近景—中景
周邊環境	低度開發／低密度使用	周邊土地利用	高度開發／高密度使用
	與濕地景觀相融合的	景觀協調性	人工結構物成為景觀主導元素
	寬	緩衝綠帶	窄

7.4 海岸濕地景觀空間特徵與環境營造

7.4.1 濕地景觀空間特徵

海岸濕地週期性被潮水淹沒，覆蓋著不同高度的植被，這些植被組成構成空間的可見視域及空間深度，二者形成之景觀空間（landscape room）是人對空間感知的單元（圖 7.6）。水文，尤其是可見水體面積和水質，影響濕地開放程度，及生態棲地品質。底質通常由泥、沙、礫石或卵石等組成，及海底坡度，不僅決定著海岸濕地的特徵和功能，也影響著空間內棲地的多樣性。當人們進入空間時，整體景觀中的元素組成及構成型式會喚起不同美感偏好及情緒反應。

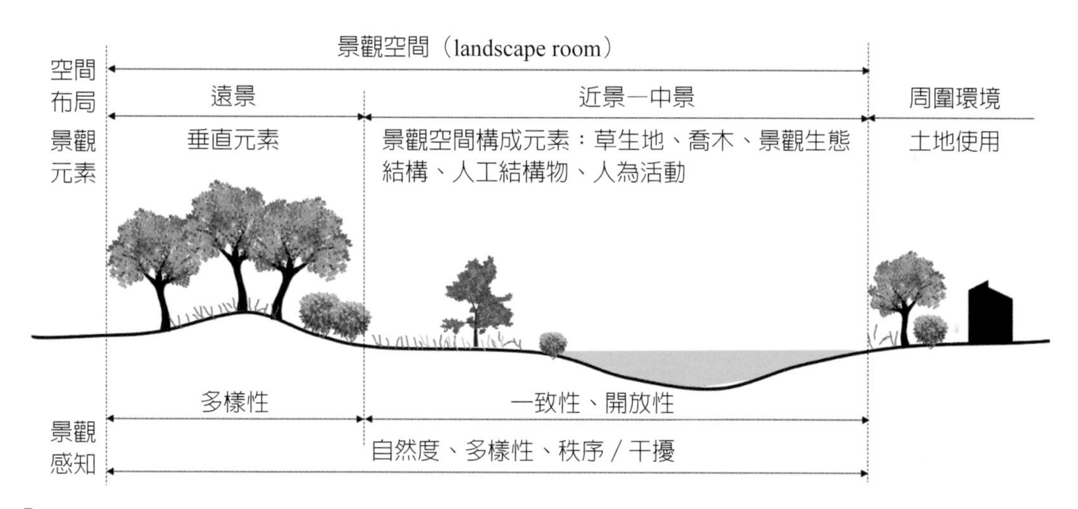

圖 7.6　景觀空間景觀生態結構與景觀認知示意圖

海岸濕地景觀從水域到陸地分為：潮間帶濕地、挺水植物濕地、灌叢濕地、森林濕地，這四種類型濕地不僅在生態和棲息地方面有所不同，景觀的開放性、複雜性、神祕性、視覺穿透性等之感受有很大差異，因此景觀美質、情緒喚起、遊憩活動也有所不同（表 7.2）。

潮間帶濕地給人一種視野開放、景觀水平開闊感，傳達著連貫性、一致性的環境訊息。潮間帶不同底質創造著不同的生態及景觀體驗，與泥灘和沙灘相比，礁石海岸更具吸引力，礁石海岸海岸線多彎曲，因地形及岩石凹凸孔洞變化生物資源豐富，環境訊息多樣但可掌握程度高。泥灘環境訊息的一致性高，因有豐富的底棲動

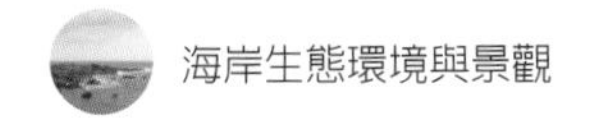

物和鳥類，生態體驗觀察、採捕活動很受歡迎（圖 7.7、圖 7.8）。

表 7.2　海岸濕地空間組成型式與景觀認知感受

景觀元素	多樣性／高的	←---→	統一性／低的
景觀元素組合	複雜的	←---→	不複雜的
視域	受限的	←---→	廣寬的
景深	近景	←---→	遠景
開放程度	封閉的	←---→	開放的
視覺穿透性	低	←---→	高
環境訊息	複雜的	←---→	一致的
景觀空間	多樣性高	←---→	多樣性低

圖 7.7　礁岩海岸岩石表面可讓藻類及固著性生物附著，岩縫空隙提供小型生物棲地，潮池是小型生態系

圖 7.8　海岸林影響海岸景觀空間尺度，出海口泥灘地的生態體驗觀察、採捕活動很受歡迎

挺水植物濕地位於陸地和開放鹹水或微鹹水之間的上游沿海潮間帶，通常以茂密的耐鹽植物爲主，如草類、草本植物或低矮灌木。這裡的環境訊息雖多具連貫性，但高低草類也使其環境訊息具複雜性，當高草類阻擋視線使空間開放程度受到影響，空間開始變得有點神祕性，高低草類使地面質感具複雜性影響通行的連貫性感受。挺水植物影響可見水體面積及水質，通常應少於水體面積一半以下，相對會有較廣闊的水體感受、水質會較良好，豐富的生態、成群的鳥類，人們的喜好和景觀美質評價會比較高（圖 7.9）。

灌叢濕地以高度小於 6 公尺的木本植被爲主，空間的視覺穿透性通常會受到阻礙，安全感開始下降，影響人們深入探索意願。當水體可見區域較寬且位於前景，景觀特徵呈現的環境訊息雖是複雜的，但具可閱讀性，人們對地點是較有掌握感的。當灌叢濕地具有良好的視覺穿透性，中景－遠景景觀的環境訊息具易讀性，人們會有自明性感受，且適度複雜、神祕性的環境訊息，可誘使人們走入濕地深處探索。這類型灌叢濕地通常也是魚類、鳥類、野生動物等的良好棲息地，會有較高的景觀生態價值（圖 7.10）。

(a)

(b)

圖 7.9　(a)(b) 挺水植物濕地的可見水體面積、視線的穿透性使空間開放性感受不同，影響景觀評價及情緒感受

(a)

(b)

圖 7.10 (a) 灌叢濕地的視覺穿透性會受阻礙，當前景可見水體面積較大、生態豐富度較高會有較高的景觀評價；(b) 豐富生態，吸引很多鳥類棲息，是重要的賞鳥據點

森林濕地以 6 公尺或更高的木本植被為主。景觀元素的多樣性和土地覆蓋，影響景觀視覺感受，也與棲息地的異質性相關。森林濕地的景深和視覺穿透性影響景觀空間的大小，通常森林濕地景觀空間較受限、較封閉，高複雜度的環境訊息，人們因此較無法理解掌握，過於神祕性影響人們深入探索體驗意願。森林濕地大小與核心棲息地有關，邊緣的複雜性與物種交換有關，植物種類的多樣性、樹齡和垂直結構是森林濕地生態功能的重要因子（Fry et al., 2009）（圖 7.11）。

圖 7.11　森林濕地可見視域範圍受限，空間較封閉、視覺景觀空間小，通常中景－遠景的環境訊息較無法理解與掌握，人們深入探索體驗意願會受影響

7.4.2 環境營造手法

有研究指出海岸濕地的棲地營造，底棲無脊椎動物很快就會定居，鴴鷸鳥約在第一個冬天定居，約在三到四年後會呈現較穩定狀態，尤其是在強風和大風的時候，這裡可為它們提供食物來源（Atkinson, 2003; Atkinson et al., 2004; Evans et al., 1998; Evans-Peters, 2010）。環境營造手法包括鳥類棲地營造、潮溝及潮池營造、引入淡水、生態護岸海堤等，為提供生態觀察體驗活動，可設置近距離生態觀察區及其他附屬設施等內容。水質與濕地景觀美質及生態健康有關，水質改善手法詳

5.3 節，結構物生態美學手法詳第 8 章。

一、鳥類棲地

- 水深：營造有不同水深、不同潮汐高度變化的平緩小島，作爲小型水鳥棲地。漲潮時水中海藻、浮游生物、魚卵、幼魚、小蝦等隨著海水湧進來，退潮時則會有部分生物留在較深水灘，露出灘地表層或水表下的底棲生物，多樣棲地環境可吸引鳥類前來覓食。
- 能見度：棲地周圍要有較大型開放式水域，能見度好，遼闊的視野可以讓鳥類避免被天敵襲擊，減少被捕食的風險，也可安心育雛。高大植物會阻礙視線，且有些猛禽會在上面棲息築巢，都要避免。
- 干擾：流浪貓狗可能會干擾鳥類覓食，或攻擊幼雛。高壓電塔、風力發電機可能影響鳥類夜間飛行。鳥類在棲息時對干擾很敏感，遊憩活動，如賞鳥、攝影要保持適當距離，要禁止放風箏、遙控飛機等干擾大的活動。由於巢位多位於隱密處，鳥蛋及雛鳥雖具有良好的保護色，但繁殖期的遊憩活動要減少或遠離，以避免無心造成之傷害。
- 管理：如果營造的棲地是在感潮帶上游，某些植物如蘆葦、入侵草種等會快速生長，不利小型鳥類生存，應進行人工管理以維持棲息地良好狀態。

二、潮溝及潮池（圖 7.12）

- 潮溝深度：營造不同深度及坡度的潮溝。緩坡潮溝，會有更多的浮游生物，漲潮時會有許多小魚蝦；較陡的潮溝會有不同的魚類和無脊椎動物生活。深淺不同的潮溝附近可能會生長不同的植被，成爲不同的魚類、鳥類和無脊椎動物的棲息地（Zedler & Reed, 1995; Coats et al., 1995）。若潮溝深度不深，則環境變化度小，形成的棲地會簡單化，且相似度高。
- 潮池深度：利用潮溝將海水導入潮池，營造不同水深的潮池，如此潮池環境具有變化性，可以提高潮池與潮溝的生物多樣性，且可能會有較大型無脊椎動物群落進入棲息。
- 海水交換：潮溝要讓海水交換順利，使藻類生長、水質淨化，但又要避免過多藻類生長。海水交換不良，過多藻類生長可能形成藻華現象，不適魚類和底棲生物生長。

- 底質：多樣的底質可以實現最大程度的生物多樣性。泥質通常太細，含氧量較低，物種數量較少、多樣性較低；較粗的泥沙適合附著生物和穴居生物棲息，沙質潮溝有可能支持一些魚類生活。
- 密度：有研究指出魚類似乎更喜歡生活在潮溝較多、密度較大的濕地，這裡也爲鳥類提供豐富的食物來源。有多分支的潮溝較能支持更多樣的魚類、鳥類生存。

圖 7.12　潮溝及潮池示意圖

三、引入淡水

有些濕地、潮池可引入淡水，形成淡鹹水混合型濕地，因潮水漲退，淡鹹水混合，鹽度變化大，流入的淡水帶來之有機物沉澱分解成爲底棲生物的食物來源之一，可吸引水鳥到此覓食棲息。或設置淡水池增加海岸濕地多樣性環境，讓濕地的演替發展更加有彈性。

四、生態護岸或海堤

濕地邊坡的穩定工法應採較爲自然的方式，使物種更易生活於其上，避免使用混凝土、漿砌。人工結構物的岸際線要配合濕地的自然線形施作，結構物邊坡以生態綠化種植原生植物，使水岸與植栽相融合，並營造陸側生態棲地，讓有些需要水陸域環境的生物可以生存。植栽可增加護岸或海堤水岸的自然性，提升護岸景觀美質。

五、近距離生態觀察區

爲避免干擾鳥類棲地，可以設計一些可供近距離觀察鳥類生態的棲地。約 1～2 公頃範圍設置一處靠近觀察區的潮溝及緩坡高地，隨著潮汐變化潮溝可以帶來食物，高地可供鳥類棲息及築巢，或在漲潮時成爲一些魚類的避難所，結合一些附屬設施營造生態觀察區。

六、附屬設施

包括爲維護濕地生態及棲地經營管理所需之設施，如維護通道、工作站、管理室等；生態觀察體驗、賞鳥、環境教育、休閒遊憩等活動所需的附屬設施，如賞鳥牆（亭）、棧道、解說設施、指示牌等，量體盡量縮小、使用自然材料及生態友善工法，與環境景觀相融合，或利用廢棄材料營造生態觀察區（圖 7.13～圖 7.17）。廁所等需要用水用電者，應使用雨水回收再利用、再生能源，如太陽能或風能。若需種植栽，應採用生態綠化手法（圖 7.18），內容詳見第 10 章海岸植栽。

圖 7.13　利用廢棄材料營造可較近距離觀察的生態區

圖 7.14　賞鳥小屋

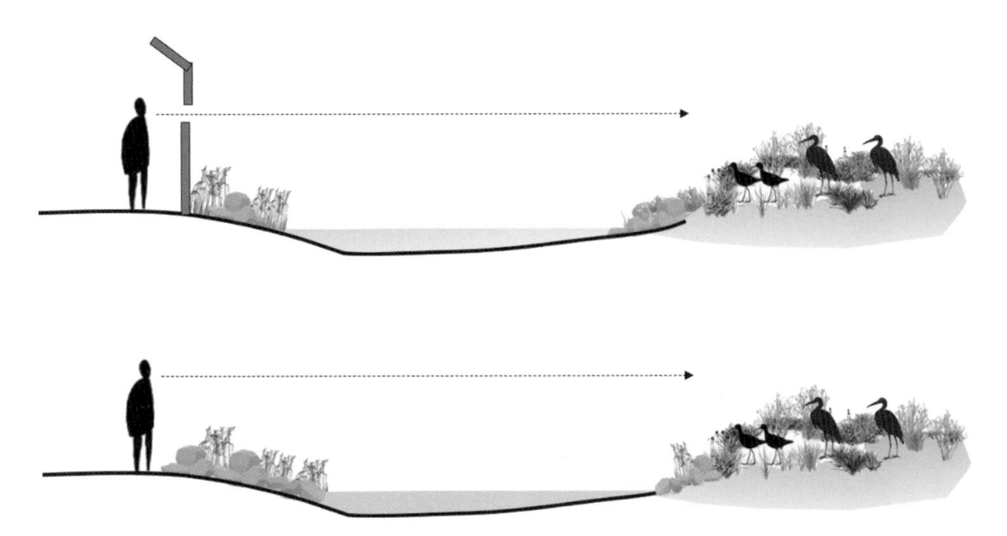

圖 7.15　不同觀察方式會有不同的賞鳥體驗，可根據生態環境及鳥類特性做賞鳥點設計

圖 7.16　紅樹林浮動棧道

圖 7.17　挺水植物濕地通行棧道

圖 7.18　海岸濕地因氣候及土壤條件等因素，植栽綠化應以生態綠化手法操作，可提高植物存活率，也可為一些陸域或需要水陸域環境的生物提供棲地

1. Appleton, J. (1975). *The Experience of Landscape*. John Wiley, London.
2. Appleton, J. (1988). Prospects and refuges revisited, 27-44. In J. L. Nasar (Ed.), *Environmental Aesthetics: Theory, Research and Applications*. Cambridge University Press.
3. Atkinson, P. W. (2003). Can we recreate or restore intertidal habitats for shorebirds? *Bulletin-Wader Study Group*, *100*, 67-72.
4. Atkinson, P. W., Crooks, S., Drewitt, A., Grant, A., Rehfisch, M. M., Sharpe, J., & Tyas, C. J. (2004). Managed realignment in the UK–the first 5 years of colonization by birds. *Ibis*, *146*, 101-110.
5. Balling, J. D., & Falk, J. H. (1982). Development of visual preference for natural environments, *Env. & Behav*., 14: 1, 5-28.
6. Coats, R. N., Williams, P. B., Cuffe, C. K., Zedler, J. B., Reed, D., Watry, S. M., & Noller, J. S. (1995). *Design guidelines for tidal channels in coastal wetlands*. Report prepared for US Army Corps of Engineers Waterways Experiment Station, Catalog No. TA7W343.D47.
7. Evans, P. R., Ward, R. M., Bone, M., & Leakey, M. (1998). Creation of temperate-climate intertidal mudflats: Factors affecting colonization and use by benthic invertebrates and their bird predators. *Mar. Poll. Bull*. 37: 535-545.
8. Evans-Peters, G. (2010). Assessing biological values of Wetland Reserve Program wetlands for wintering waterfowl.
9. Fry, G., Tveit, M. S., Ode, Å., & Velarde, M. D. (2009). The ecology of visual landscapes: Exploring the conceptual common ground of visual and ecological landscape indicators. *Ecological indicators*, *9*(5), 933-947.
10. Gobster, P. H. (2010). Development of ecological aesthetics in the west: a landscape perception and assessment perspective. *Academic Research*, 4: 2-12.

11. Gobster, P. H., Nassauer, J. I., Daniel, T. C., & Fry, G. (2007). The shared landscape: what does aesthetics have to do with ecology? *Landscape Ecology*, 22: 959-972.
12. Kaplan, S. (1987). Aesthetics, affect and cognition: environment preference from an evolutionary perspective. *Env. & Behav.*, 19: 1, 3-32.
13. Kaplan, R., & S. Kaplan (1989). *The Experience of Nature – A Psychological Perspective*. Cambridge University Press.
14. Kaplan, R., Kaplan, S., & Brown, T. (1989). Environmental preference: A comparison of four domains of predictors. *Environment and behavior*, *21*(5), 509-530.
15. Kovacs, Z. I., LeRoy, C. J., Fisher, D. J., Lurbarsky, S., & Burke, W. (2006). How do aesthetics affect our ecology? *Aesthetics and Ecology*, 10: 61-65.
16. Orians, G., & J. H. Heerwagen (1992). Evolved responses to landscapes. In J. H. Barlow, L. Cosmides, & J. Tooby (Eds.), *The Adapted Mind, Evolutionary Psychology and the Generation of Culture*. Oxford University Press.
17. Ramsar (2024, Jan 21). The Convention on wetlands.
18. Sheppard, S. R. (2001). Beyond visual resource management: emerging theories of an ecological aesthetic and visible stewardship. *Forests and Landscapes: Linking Ecology, Sustainability and Aesthetics. IUFRO Research Series*, *6*, 149-172.
19. Tveit, M. S. (2009). Indicators of visual scale as predictors of landscape preference; a comparison between groups. *Journal of Environmental Management*, 90: 2882-2888.
20. Tveit, M. S., Ode, A., Fry, G. (2006). Key concepts in a framework for analysing landscape character. *Landscape Research*, 31: 229-255.
21. Ulrich, R. S. (1977). Visual landscape preference: a model and application. *Man-Environment Systems*, 7: 5, 279-293.
22. Ulrich, R. S. (1983). Aesthetic and affective response to natural environment. In I. Altman & J. F. Wohlwill, *Behavior and the Natural Environment*. Plenum Press, New York.

23. Ward, R. M., & Bone, M. (2001). *Seal Sands northwest enclosure intertidal habitat re-creation: invertebrate recolonisation and use by waterfowl and shorebirds, 1997-2000*. Final report to INCA Projects and English Nature. Department of Biological Sciences, University of Durham
24. Zedler, J. B., & Reed, D. (1995). Design guidelines for tidal channels in coastal wetlands. *Restoration Ecology*, *10*, 577-590.

CHAPTER 8

結構物生態美學

8.1 基本概念

8.1.1 結構物生態與美學的思考

海水碧浪、潮間帶、潟湖沙洲、沙丘等自然地形和多樣的海岸植被，使海岸地區具有獨特生態環境與美麗景觀，海岸也與生產、地方生活文化密切相關，構成地區的獨特性和魅力。遊憩活動與資源有著依存關係，海岸從水域—潮間帶—陸域有多樣資源與活動吸引許多人前往旅遊。但爲保護或利用海岸建造的人工結構物不僅隔開水陸環境，形成堤前、結構物、堤後自然或人爲空間屬性的差異，改變生態景觀環境及地方社區紋理，影響親水遊憩資源，進而影響遊憩活動。

人工結構物在海岸景觀中常扮演著主導的地位，因此海岸結構物除了防災安全的考慮，結構物的景觀美學、生態性、親水可及性等都應納入考量，因此結構物生態美學應含括：視覺景觀、生態環境、地域性及永續性四個面向，然而海岸結構物建造的目的是爲了保護海岸，結構物生態美學營造要在這個前題下，確保結構物的防護功能，才能談結構物的生態美學。

一、視覺景觀

海岸景觀由海面、沙灘、地形等自然要素構成，依地形、地質等狀況分布著不同的生態、植被、沙丘等生態地貌，與海岸線共同形成整體的空間結構型式。景觀，具有視覺意義上的景觀意象，人對景觀的欣賞與互動過程中有數種特徵，諸如人是被環境所包被、景觀環境的組構具有某種美學意涵，景觀的美是一種綜合的、整體印象。

海岸因爲人的關係，導入建築及結構物組成人工元素，這些人工元素並不是獨立存在的，結構物的位置、量體、形與線、材料質感對海岸景觀影響很大，結構物因位置及量體、結構物人工感—海岸自然感的差異，常常成爲視覺景觀的主導元素，影響人對海岸的觀賞體驗。因此，不應將結構物視爲單一人工物體，而是要將其視爲構成海岸景觀空間結構的重要元素，思考結構物景觀美學的營造。

海岸結構物的開發是爲了保護海岸及其腹地免受波浪、暴潮等外力造成的破壞，然而規模大、高且長的結構物可能會給周圍環境帶來壓迫感和不適感，對眺望視線及親近海岸動線造成屏障與阻礙。因此，將其與海岸特色相融合，如海岸地形變化布局、植栽的運用、美學手法等，以降低堤防等結構物的高度，和生硬筆直與自然形線相衝突的印象。除了減少結構物對視覺景觀的影響，並要盡可能與自然環境，或重要的、主導的自然元素相融合；面向漁村或產業地景時與地方景觀特色相協調；路堤坡面也是影響景觀感受的重要因素，生態手法或與地形融合的運用可緩和衝擊，並支持休閒遊憩功能。

二、生態環境

結構物對海岸生態環境的影響，與結構物的型式、規模、設置位置，及海岸地形有關。結構物型式及位置產生的影響，如可能造成堤前底棲生物棲地喪失，致某些魚類的食物來源缺乏，堤後濕地因潮汐變化被阻隔改變，可能導致陸化消失。因棲息地變化而受影響的也包括某些在沙地、海岸林築巢棲息的鳥類，可能導致種群數量減少。有研究指出剛性人工結構物可能會增加外來種或入侵種存活繁衍機會（Bulleri & Airoldi, 2005; Glasby et al., 2007; Vaselli et al., 2008）。人工結構物結合自然材料，如塊石海堤具有爲生物提供棲息地的潛力。

海堤護岸的設置會對生態交錯帶產生很大的影響，因此須以棲地評估方法（詳見第 4 章）評估其相對應的物理環境、地形、植被等做整體考量，盡可能保護、維持海岸生態交錯帶，或以生態交錯帶可被復育的狀況來設定結構物的位置和形狀，植被或海岸林的復育應以既有原生植物種類及其樣態爲主，以生態綠化手法進行（詳見第 10 章）。

三、地域性

海岸結構物是爲了保護土地、保障民眾生命安全而建設的基礎設施，所以結構物建造後可能影響地方生活紋理，因此結構物生態美學營造應結合地域特色，以支持及延續地方活動。例如當海岸林是地方紋理的重要景觀之一，結構物規劃設計時要將與海岸林相關的地方活動場域納入考量，並做整體設計。此外，確保地方與海洋之間的聯繫也很重要，例如地方傳統漁業、與海洋相關的傳統活動等場域的維持。如果海岸臨近都市地區，或者海岸灘地爲重要遊憩地點，使用頻率高，就應考慮結合親水遊憩利用的可及性與多樣性。臨都市開發區的海岸結構物，應將周邊土地利用情形一併考慮，因結構物可能是構成地區景觀的要素之一，海岸結構物除了確保地區安全，也可成爲都市觀光發展、地方意象形塑的助力。

四、永續性

景觀資源具有相對稀少性、脆弱性、不可再生、不可移動等特性，景觀不僅是一種有限的資源，而且遭到破壞的景觀是無法復原的。海岸結構物也是構成景觀的一部分，在設計上有景觀品質與環境融合的要求，且具有文化傳遞的永續性。堤防設置規劃時，若從海岸線到堤防有足夠的空間，可以減少對潮間帶的破壞、改善視覺景觀衝擊，且因堤前海灘的減能作用可降低結構物的高度，爲海岸生態復育提供更大空間。從長遠來看，可降低維護成本，也是面對全球暖化海平面上升衝擊的可能對策之一。

8.1.2 工程設計導向與生態美學

海岸結構物的型式、規模都較大，海堤通常與周圍環境有衝突感，影響景觀生態品質及美感體驗，巨大結構物的存在會帶來壓迫感，妨礙親水可及性。在確保海岸保護功能後，要從視覺景觀、生態復育角度思考結構物設置位置，及親近水域的路徑。沙灘的維持或復育也很重要，結構物如海堤設置後，可能使得海岸遊憩空間減少，淺水域遊憩活動受到影響。

景觀美感與偏好體驗來自人與景觀互動過程中認知作用的結果，美感評價影響觀景者後續採取的行動是靠近或遠離景觀。源自景觀偏好演化論及文化驅動觀點，使用者利用在環境中感知到的訊息來評估環境，令人愉悅的景觀與健康的生態環境有關。景觀實質環境特徵的配置影響景觀審美的認知，從而影響生態功能。

根據景觀偏好矩陣（preference matrix）（Kaplan, 1987; Kaplan & Kaplan, 1989; Kaplan et al., 1998），當環境訊息是可掌握、可理解的，人們感受到空間有易讀性和安全性；複雜的環境讓人產生神祕感，會激發好奇心並刺激前進探索。相反地，太過單一的環境訊息可能讓人覺得無趣的、無聊的，太過複雜的環境可能人覺得恐怖、害怕，二種情境都會阻礙人們向前探索。從生態學角度，這些特徵與形成物種多樣性、豐富性、均勻性的生態環境有關。景觀生態學中如區塊（patch）的異質性、干擾、大小和邊緣結構、棲地的自然性和連續性的外顯型式提供給人類諸多的環境訊息。良好的區塊型式意味著有益於人類生存，人們接收到的環境訊息具有易讀性和連貫性，可感受到安全性；區塊的連續性意味著從中景到遠景有大量的環境訊息，可以引起好奇心和探索興趣，這是受到人類青睞的自然景觀。相較於穩定的棲地，受干擾、破碎化、不穩定的棲地則較不受喜好。

人爲活動改變景觀生態功能，以生態程序及人爲干擾的「生態服務—人爲活動」、景觀環境的美學因人工元素介入的「自然美—形式美」構成二維模型，四個象限的景觀類型分別爲自然景觀環境、調整型景觀環境、人工型景觀環境、遊憩景觀環境。

自然的海岸景觀環境是將生態服務與景觀自然美結合在一起，表明的是生態過程的自然干擾影響著海岸的生態健康，且自然程序是主導模式，生態系統健康與景觀自然性相結合，具有較高的審美價值。調整型的海岸景觀環境，是指爲了保護海岸免受侵蝕、穩定海灘而建設的防護工程，人工結構物常成爲海岸景觀的主導元素。人工型的海岸景觀環境，如海埔新生地，是因土地開發利用而闢建，有高強度人類活動，主要是由人工建築設施物構成了海岸景觀；與自然海岸相反，人工干預，如工程建設、人類活動極大地限制了生態過程和生態功能，生態服務隨著建築設施物數量的增加而下降，但若有適當的處理可具形式美。在遊憩海岸景觀環境中，休閒遊憩類型、強度及其衍生的服務設施，直接干擾生態健康及自然之美，但也因遊憩活動與資源的依存關係，海岸景觀環境品質相對而言是重要的。

在上述二維矩陣中疊加了工程方法的 Z 軸形成三維模型，工程方法的兩極是生態導向和工程導向，前者以維護 / 復育自然爲主，海岸環境是朝向永續性；後者以工程爲主導，是爲解決環境課題或土地開發利用（圖 8.1）。

自然美對應的是生態審美景觀，生態功能的顯現是可見的，強調自然景觀的視覺愉悅性感受。在這樣的場域中，生態健康與景觀審美是相輔相成的，也可以透過生態工程來實現特定的生態環境復育。形式美多與人類活動有關，以工程爲導向的設計將人類活動置於自然景觀環境的前沿，生態服務和生態功能的惡化是可以預見的，海岸環境的發展有朝向不永續的趨勢，那麼工程結構的生態美學營造就很重要。

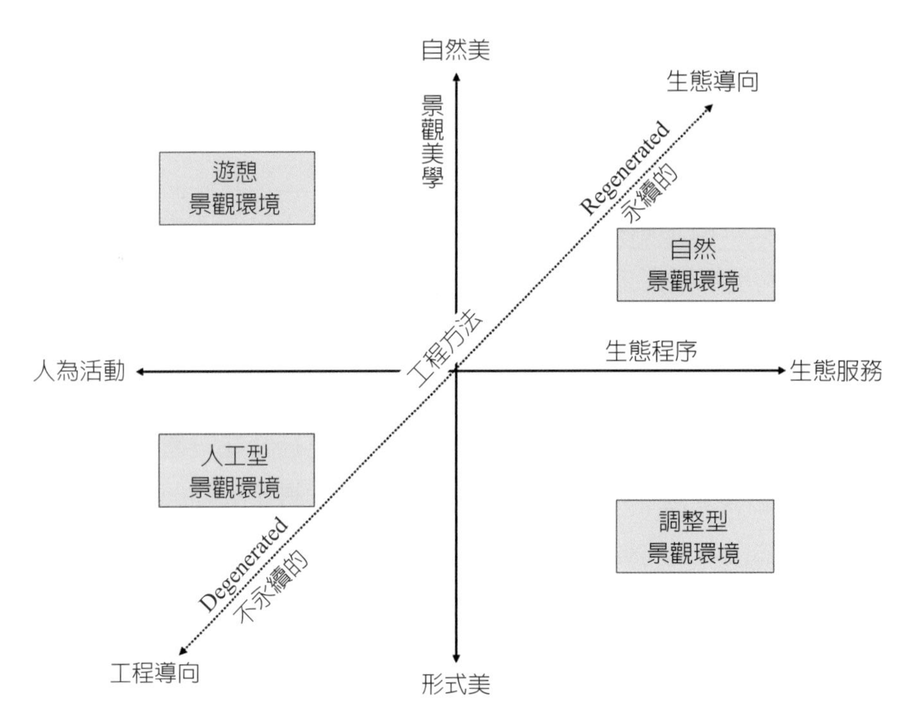

圖 8.1　由生態服務、自然美學和工程設計組成的三維模型，生態或工程的設計導向會驅使海岸環境景觀朝向永續或不永續的發展

8.2 結構物特徵對海岸景觀及生態的影響

為保護海岸構築的人工防護設施包括堤防、護岸、突堤、離岸堤、養灘等，及其他相關設施如：胸牆、防潮閘門、滯（蓄）洪池、抽水站等結構物。內政部營建署 2017 年公告「整體海岸管理計畫」稱人工海岸線為構築有人工設施者，如堤防、港口、消波塊、海埔地、排水道等。營建署 2022 年公告資料顯示，全國人工海岸比例約為 44.8%，臺灣本島約為 56.1%。

結構物長度、形狀、高度、坡度、材料、類型、位置等特徵影響人們對海岸景觀認知感受。結構物的建構首先改變了海岸景觀空間尺度（landscape room）、環境訊息的狀態，進而影響審美價值和偏好。在視域（viewsheds）上是寬闊的，同時具有近景－中景－遠景、水陸域空間景觀的海岸，因結構物阻礙改變景觀空間尺度使視域變窄、可見的觀賞距離變短、環境訊息的豐富度減少，也改變空間的開放程度，進而影響視覺愉悅感。從生態區塊角度來看，景觀空間尺度變小，會限制海水與淡水的交換，造成生態交錯帶損失。

結構物使得海岸線形狀受到影響，海岸自然線形被直線形結構物占據，海岸被切割開來構成前灘－結構物－後灘，視域及景深受到阻隔；或垂直於海岸線的結構物，使海岸水平視野被切割，二者都讓海岸景觀空間尺度的整體感受到影響。直線形結構物邊緣通常會增加海岸線邊緣的陡度，此種邊緣效應會減少物種的交流、影響生態水文功能和能量流。結構物阻隔使空間中景觀元素變少、同質化與單調化，中景－遠景環境訊息消失，將使環境缺乏神祕感，無法喚起人們往前深入探索意願；視覺穿透力降低，也會影響景觀美感評價。其他包括結構物設置位置、結構物的坡度及材料等都會影響景觀感受，也影響物種的附著、移動及海岸生態系統服務功能的績效（表 8.1）。

8.3 結構物生態美學

8.3.1 操作原則

景觀美質評價是人們進入景觀空間的認知反應結果，人們偏好具自然性和開放性的景觀，這也是海岸所呈現的景觀美質特色。海岸以具適意性感受最受群眾偏好，自然礁岩海岸有較高的美質評價，其次爲經過適當景觀處理的海岸景觀（李麗雪等，2012；李麗雪、李俊穎，2013）。

人工結構物的景觀生態環境營造可提升海岸景觀美質及適意環境潛力，有許多方法已用來減輕結構物對海岸的生態影響，同時還要結合景觀方法來提高美感價值（Wiecek, 2009; Strang, 1996），透過生態美學的實踐可提升人工結構物與自然海岸景觀的協調性、連結水陸域空間，恢復生態基線（ecological baseline）改善海岸棲地品質。

表 8.1　人工結構物對海岸景觀及生態的影響

對景觀的影響	結構物特徵	對生態的影響
▪ 平行於海岸的結構物，海陸空間被分隔，視線景深受影響，易使景觀空間環境訊息變得單調。改變海岸線及天際線。 ▪ 垂直於海岸線結構物，海岸水平視野受影響，海岸景觀空間尺度被分隔縮減。環境訊息被簡化。	長度	▪ 平行於海岸的結構物，破壞生態交錯帶，造成物種的消失。 ▪ 垂直於海岸線結構物，生態交錯帶棲地破碎化，造成物種數量、歧異度減少。
▪ 阻礙視覺穿透性、可及性。 ▪ 影響空間的開放性，封閉性視野妨礙環境訊息的傳遞。	高度	▪ 不利物種移動，干擾阻礙能量流及水循環。
▪ 結構物形式單一，且多成為空間主體，致空間景觀的視覺多樣性、環境訊息被弱化。	形	▪ 結構物造成生態區塊邊緣直線化，單調化，邊緣效應影響營養、水循環、能量流及物種移動。
▪ 結構物坡度愈陡，愈不利親水性及可及性。	坡度	▪ 結構物坡度愈陡，除了阻礙物種鑿流移動，降低生物附著可能性，或在海側形成潮間帶棲息地的可能性；陸側植栽生長及棲地營造的可能性愈低。
▪ 單調少變化的表面材料使景觀一致性單調化，環境訊息無趣味性與生命力感。	材料	▪ 結構物和天然生態交錯帶之間的基質不同，無法支持海岸濕地物種生存。
▪ 結構物型式影響可及性和視覺多樣性。藉由環境友善手法處理的結構物，具形塑環境適意性的可能性。	型式	▪ 結構物型式會使棲地破碎化、品質下降，影響海岸生態修復機會。 ▪ 不同類型的結構物與潮汐接觸或浸泡在海水中的時間不同，會影響生物附著情形。
▪ 為盡可能保持海岸景觀的完整性，不影響景觀空間尺度，結構物位置應後退至陸地，或沒入水中。	位置	▪ 結構物位置會使水陸分隔，除了破壞棲息地，也會影響棲息地復原。 ▪ 結構物與海岸線平行配置時，應盡可能後退以保留較多的生態交錯帶。 ▪ 結構物與海岸垂直配置時，若區位不適當，將使海岸棲地破碎化。

海岸人工結構物生態美學營造包括三大面向：視覺景觀面，包括視對象與視點場、景觀空間尺度、穿透性及可及性、視覺多樣性等因素。生態環境面，包括自然紋理、生態交錯帶、生態棲地、生態綠化等因素。地域環境面，包括地方原生植栽、連結性、支持地方與海岸關聯的活動等因素。

一、視覺景觀面

・視對象與視點場

海岸在視覺景觀的維持或修復是人工結構物環境營造重點，視對象與視點場的探究有助於了解觀景者所欣賞或關注的景觀為何。人們會站在一個地方欣賞景觀，這個地點稱之視點場，觀賞的景觀對象稱之為視對象。結構物建造後破壞視點場與視對象間的眺望視線，原有視對象景觀被阻擋，結構物成為新的視對象，且成為空間的主導元素，會影響空間氛圍，從與自然連結的體驗變成調整型或人工型海岸景觀體驗，景觀美質評價及偏好都會下降。在這種情況下，結構物規劃時應同時考慮景觀環境營造，從基地內外部、水陸域環境檢視優良視對象予以保護；好的視點場位置應予保留，或從觀賞位置、觀賞角度及視域等因素共同檢視以創造新的視點場，以可欣賞視對象景觀的最佳觀賞點為佳，同時要重新創建視點場的易達性。

・景觀空間訊息

當海岸景觀空間被結構物截斷，中景－遠景景觀被阻擋，與有關開闊性、動態性及多樣性的訊息被截斷，近景人工結構物成為景觀空間中的主導元素。這種近景空間型態有較高的一致性，是易理解的，但會有簡單無趣的感受。且因與海的連結關係被阻斷，缺少中景－遠景環境訊息線索以誘發觀景者向前深入探索。

視點場與視對象的空間結構關係類似於棲息地理論「眺望－庇護」（prospect-refuge）的景觀場域特徵，好的視點場不僅可以觀看視對象，且要安全易達；視對象要提供易讀且豐富訊息，激發人們向前探索的意願。人工結構物規劃同時要思考與海的連結性及可及性，如保持或創造新的視點場，或讓結構物景觀更具豐富性提升美感體驗。

・穿透性及可及性

穿透性具有多面向的功能，如可以看到視對象的視覺穿透性，可以靠近海水的可及性。視覺穿透性可以讓觀景者獲得中景－遠景環境訊息，使空間中的複雜性及神祕性增強，可提高景觀美質偏好。親近水域是遊客到海岸遊憩的重要動機，易達的可及性可以使遊客獲得較好的遊憩體驗。海岸地區的穿透性及可及性可以藉由調整結構物位置、縮減結構物量體、緩坡化或階梯化等方式處理。創造新的視點場也是一種方案。

・**視覺多樣性**

當海岸景觀空間尺度因結構物切割變小，或形成半封閉空間，近景景觀的豐富性就變得重要。然而增添過多人工美化物，或過多造型、色彩、材料，可能讓環境訊息太多樣，當觀景者覺得訊息太多太複雜，致無法掌握，會產生無秩序感、不協調感。營造空間視覺多樣性，應與海岸自然環境、漁村社區的地方紋理相契合，運用地方語彙及材料營造結構物景觀的視覺多樣性，有助於提升景觀美質評價。與大海連結的視覺或通行路徑，要加強營造序列視覺體驗，可以提高遊憩體驗的滿意度。

二、生態環境面

・自然紋理

人工結構物在規劃階段就應考慮對海岸線形狀及地形的尊重，以提高結構物與海岸景觀的融合及協調性。與海岸平行結構物可能會使海岸自然線形消失、對地形產生衝擊；與海岸線垂直的結構物會切割海岸線的連續性。前者設置位置往陸側移動，並配合海岸形狀，或向海側移動，沒入海中。後者以極力降低高度、降低構造物的存在感。陸側增加緩坡地形及覆土植栽，海側緩坡可延長海水浸泡時間以利生物附著，都有利海岸生態環境的復育及維持美麗的自然海岸線形狀，與海岸線垂直結構物基腳堆置石塊可營造生物棲地。

・**生態交錯帶**

海岸生態交錯帶是不同的空間和時間尺度，及相鄰生態系統間交互作用的過渡區域。環境異質性強、結構複雜，加上邊緣效應的影響，生物多樣性高。調整結構物位置向陸側移動，或以離岸堤設置，都可以減少對生態交錯帶的影響與破壞。

・**生態棲地**

人工結構物可能破壞海岸地形平衡，使得陸上與水生動植物棲息環境破壞，也可能影響海水交換，水質受影響等。設施減量，導入生態工法等以降低對生態棲地的衝擊，或增加材料的粗糙度、多縫隙和孔洞有利生物棲息。

・**生態綠化**

海岸林等植被因結構物破壞，生態綠化手法可以縮短復育時間、減緩及降低外在環境的衝擊、可復育或重建野生動植物的棲息環境。運用原生樹種以減少外來植物入侵之機會，並維護生物多樣性和當地生態環境原有之特色。結構物綠化可以降低壓迫感，堤後生態綠化可以營造生物棲地促進生物殖民及棲地交流的可能性，可以讓結構物與堤後原有景觀及社區產生連結而具整體性，並增加視覺景觀的多樣性。

三、地域環境面

・**原生植栽**

原生植物具有較好的環境適應性，在人工結構物與自然海岸間形成緩衝，與在地生態形成連結。具緩和人工結構物的衝突感，有景觀美化與地方記憶營造功能。

・**連結性**

人工結構物的形色線質感應與地方風土環境特色相連結，其構成的空間型式也要融入地方空間結構，廢棄結構物改造可扮演傳承地方記憶的角色（圖 8.2）。

圖 8.2　廢棄結構物可以成為地方遊客休憩解說站

・**支持地方與海岸關聯的活動**

漁村社區與海洋相關活動及場域不應因人工結構物構築而破壞，良好規劃設計的人工結構物可強化地方景觀，掌握地方設計語彙使結構物與地方、海岸意象連結，支持地方與海岸關聯的活動。

8.3.2 操作原則

海岸人工結構物特徵包括長度、線形、高度、坡度、材料、型式和位置，其與生態美學操作原則結合應用說明如下：

- 長度，最短化。與海岸平行的結構物最短化，以保持景觀空間尺度的完整性，減少棲息地的破碎化。
- 線形，和諧性。與自然環境紋理相結合，以海岸線形狀引導結構物型式，使之與海岸線型式具和諧性，提高整個視覺景觀和地形的自然度。盡可能將結構物融入現有地形中，與自然環境紋理相融合，或沒入海中保持海岸線的完整性與自然性。
- 高度，友善性。降低海堤高度，將結構物沒入海水中，或後退至陸側，減少結構物對景觀視覺的阻礙。提升觀景點位置，有助於建構新的景觀空間。結構物堤體美化、植栽可緩和衝突感、增加空間的光影變化與季節感，使被改變窄小化的前景景觀具多樣的趣味性。
- 坡度，緩坡化。海堤緩坡化，在海側營造潮間帶棲地、動物遷徙廊道。陸側緩坡化結合植栽提升視覺愉悅性。坡度變化與海岸的現有地貌一致，使環境具相容性。
- 材料，自然化，在地化。運用自然材料或在地材料可使結構物與海岸景觀相融合，與地方意象相連結，自然材料粗糙化有利生物附著形成棲地。
- 型式，可親近性。盡可能減小結構物尺寸，可減少人爲干擾，降低對環境的衝擊，或緩坡化、階梯式提高結構物的可親近性。結構物型式結合生態綠化考量，可營造視覺多樣性及生態棲地環境。
- 位置，遠離與沒入。結構物後退離開海岸，或走向海側浸入水中，以盡可能保留景觀生態空間的完整性，維持生態交錯帶的品質。

表 8.2　海岸結構物與生態美學操作原則關係

結構物特徵	視覺景觀面				生態環境面				地域環境面		
	視對象與視點場	景觀空間尺度	穿透性及可及性	視覺多樣性	自然紋理	生態交錯帶	生態棲地	生態綠化	原生植栽	連結性	支持地方活動
整體	●	●		●	●						●
長度		●			●					●	
線形					●						
高度	●	●	●	●						●	
坡度			●				●				
材料				●	●		●	●	●	●	
型式			●				●	●	●		
位置	●	●		●		●					●

8.4 生態美學操作原則下的結構物營造技術

海岸人工結構物雖以防災保護爲主要目的，善加設計可以營造兼具景觀、生態及親水功能；妥善的規劃，可以維持保育自然海岸地形及豐富多樣的生態環境，保留既有對景觀觀賞樣態、與漁村社區產生連結。與環境營造有關的海堤前後位置關係，堤前灘地：是指海岸水際線到堤前坡面間的範圍；堤後腹地：是指水防道路後之陸側區域；水際線，是指堤前灘地與海水之交界線（圖 8.3）。

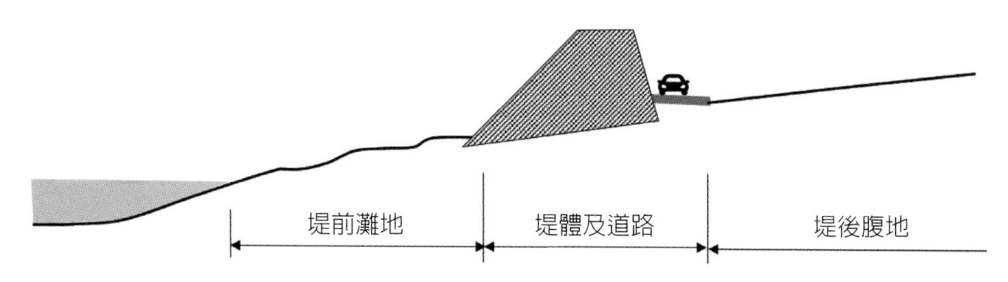

圖 8.3　海堤前後位置示意圖

一、整體考量

觀看距離、觀看位置也是景觀美感體驗的一項影響因素。當觀景者站在與景物相對的上位，俯看視對象，可見面積最大，視距也最長，人們透過遠景掌握海岸整體景觀訊息。因此海岸結構物規劃時，即應檢視並保留優美視對象，及其適合的視點場，加以保留或重新創造新的視點場。

與海岸線平行的結構物，如海堤、護岸、離岸堤，會使景觀空間尺度變小，所以海陸側景觀和生態品質的復育及連結爲景觀營造重點。垂直於海岸線的結構物，如防波堤、突堤，以保持海岸景觀完整性、降低海岸生態環境的破碎化爲重點，堤側增加自然材料的處理方式，使具生態性及景觀性，及提升親水機能。

視覺穿透性可讓觀賞者獲得中景及遠景的環境訊息，會誘發觀賞者向前深入探索。可及性讓遊客親近水域，滿足遊客到海岸遊憩的動機與目的。因此海岸結構物規劃時，應盤點具有景觀價值的穿透性視軸線及可及的通行路徑，加以保留或重新營造，以減少結構物設計完成後處理這些需求的困難度與成本。

視覺多樣性包括視覺的連續性體驗，及細部觀察。視覺連續性觀賞體驗營造，一種是以造形、線條、顏色或質感景觀的重複性，創造視覺景觀的一貫性；另一種是使觀賞者沿著通行路徑一路欣賞有變化性、豐富性、視覺景觀的連續性規劃。細部觀察體驗，遊客對近景景觀空間的觀察多以細部爲主，海岸結構物建造後景觀空間尺度變小，海岸整體景觀訊息弱化或消失，近景景觀更需要仔細考量，結構物的細部，諸如邊緣形狀、材料、表面等的處理，可成爲海岸景觀體驗連結的起點。

二、長度

在情況允許下，盡可能縮短結構物長度，維持較完整的景觀空間尺度可以減輕對海岸棲地破碎化的影響。檢討設置的必要性，局部拆除或往陸側後退以縮減結構物長度。陸側以覆土抬高高程，且最好是緩坡土丘，種植植栽，可以降低及柔化過長且生硬海堤造成的視覺衝突感。

與海岸垂直的結構物，堤側以自然塊石、堤頂景觀處理，如設置欄杆或天然界石，可以營造新的視點場，欣賞美麗海岸景觀。若安全可行情況下，盡可能縮短長度或降低高度，以維持海岸空間的整體性。長度的縮減，可以減少對海岸地形變化的影響，以維持與海岸自然紋理、景觀與生態的連結性（圖 8.4、圖 8.5）。

圖 8.4　景觀改善後的突堤可以成為新的視點場

圖 8.5　突堤景觀改善可提升親水機能

三、線型

曲線型水際線，海堤堤線應配合彎曲的地形以自然曲線形式構築，可消除長直線造成的景觀視覺衝突感。結構物的線形配置，在平面上臨海側應配合海岸地形進行配置，以同時兼景觀及生態，並考慮堤頂作爲賞景的可能性。利用突堤或防波堤等作爲人工岬頭創造自然曲線，不僅能符合力學需求，並具自然環境美學之韻律（圖 8.6、圖 8.7）。

結構物線形要盡可能配合自然線型，線形末端收尾及轉角要以圓弧處理。護岸與突堤交接處要盡量圓滑以避免不連續的感覺。突堤群頭尾端的突堤與周遭原有地形容易有不連續的感覺，所以突堤群堤頭法線兩端形狀的設計需要仔細考量收邊處理（圖 8.8）。

四、高度

當結構物過高時，視線和近海通道被遮擋，景觀空間尺度急劇減小，影響視覺穿透性、水域可及性、海陸交錯帶生態。將結構物沒入海水中，或後退至陸側，以降低海堤高度，緩和結構物對景觀視覺的阻礙。提升觀景點位置，並盡可能將結構

圖 8.6　為保護海岸拋置的消波塊會使自然海岸線消失，在消波塊上方拋置天然大塊石可以修復自然海岸線形狀

圖 8.7　配合海岸線形狀設置的親水性海堤結合人工沙灘創造優美海岸

圖 8.8　曲線緩傾斜護岸有較高的親水效益

物融入現有地形中，有助於建構新的景觀空間。

結構物高度可能阻斷視點場與視對象的關係，重新創造視點場，新視點場的可及性，及周邊環境景觀營造，可以創造新的視覺體驗。

高陡結構物會使前景景觀空間場域窄小化，降低結構物高度，提高海陸側連結性，讓遊客可以遠眺大海景觀。或加強前景空間結構物的細部設計，增加前景空間的豐富性，可以降低因水泥結構物造成的空間尺度變小、單調化；結構物基腳以植栽或天然材料處理，可以減少人工結構物造成的衝突感（圖 8.9）。

圖 8.9　高大的混凝土結構物成為空間主體元素，環境訊息朝向簡單一致化，會使得景觀單調、不具吸引力

當海堤與陸側高差大於 1.5 公尺，加強堤後坡面的美化處理，如堤面增加線條變化，減少高大長坡面壓迫感、凹凸處理增加坡面光影變化、變化質感舒緩堤體水泥單一化（圖 8.10）。如腹地許可，複式斷面結合坡度較緩的階梯，因線條、角度的變化，可減輕壓迫感，提升遊客登上海堤眺望的機會。理想方案是以填土植栽方式提高陸側高程，善加運用生態綠化手法，不僅可降低高差，且可與環境相融合，兼具景觀及生態效益（圖 8.11）。當海堤與陸側高差介於 1.2～1.5 公尺，可將堤後坡面緩坡化並以線條，或在基腳採用天然石材或塊石，以柔化混凝土坡面的生硬感。或設置步道，提高民眾眺望的機會，步道寬度以不小於 90 公分爲宜。當海堤與陸側高差小於 1.2 公尺，遊客可直接眺望海面，稍加處理就可到達堤頂或親水。

圖 8.10　腹地不大的海堤多使用馬賽克拼貼、立體陶瓷拼貼進行美化，利用自然或具地方人文語彙或材料可與地方意象連結

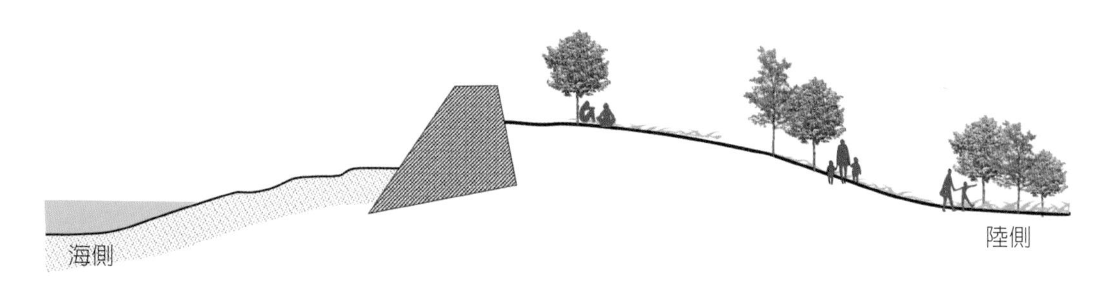

圖 8.11　堤後覆土及生態綠化改善示意圖

堤頂空間景觀及休憩設施營造，堤肩線可設置路緣石或天然石塊，使堤頂空間有變化，增加使用的安全性。鋪面可利用混凝土線條變化裝飾或使用不同的鋪面，營造整體視覺觀感的活潑變化性。

通往堤頂的階梯或小徑以不同材質或顏色鋪面設計，增加空間的變化性與律動感。步道的設置須配合地形轉折，及藉由樹林的美化，增加空間的趣味性。

五、坡度

大面積的混凝土護岸包括階梯護岸對景觀而言有僵硬的感覺，應盡量設法避免。斜坡下面靠近沙灘的部分盡量用沙子回覆，讓護岸上面不要留有太多混凝土空間；背側的綠化植栽可以有高低起伏變化，增加視覺趣味性，並具軟化混凝土護岸效果。

結構物緩坡化處理、坡面區劃、植栽與天然材料應用都可使坡面看起來較有趣，或與鄰近地貌連結形成具整體性特徵，幫助結構物與海岸視覺景觀融合，並增加親水可及性。

增加坡面混凝土線條變化，堤後坡面可使用肋梁裝飾，給人安全穩定感，亦可利用其浮凸線條產生明暗的光影變化，或使用植栽覆蓋，柔化海堤，增加視覺豐富性。

堤後若為濕地、滯洪池之交界面，可使用緩坡、自然塊石堆砌，復育濕地植栽營造連續性生態景觀。

六、材料

消波塊、海堤等結構物的表面普遍平坦、單調（圖 8.12）。自然材料，或在混凝土上結合小部分自然材料、複合材料等，因材料本身質感變化、粗糙材料造成光影變化，可以為環境創造有趣的視覺體驗。階梯式海堤，在低臺階種植低矮植被可重建棲息地，喬木可為上層臺階提供遮蔭，樹葉枝條婆娑與陽光相互交織，營造出色彩豐富有趣的環境，植栽要以當地原生植物為主。

結構物陸側堤腳可採用天然石材、塊石，或回填土種植植物等生態手法，使缺少變化的結構物邊緣有較多樣的視覺景觀效果，增加環境訊息的豐富性。

天然材料與結構物的融合，有助於景觀和生態的延續和統一，營造具生態效益的小棲地，增加物種移動和重新殖民的機會。也為近景視域景觀提供更多的環境訊息，有助於景觀美感體驗。

植栽綠化是減輕結構物對景觀影響的最常見選擇，生態綠化可以使結構物融入海岸景觀。喬木樹冠可以營造頂蓋型空間，或引導視線，可以改變因結構物造成空間尺度改變，或使視線轉向減少壓迫感。透過垂直和水平方向植栽設計，可以提高空間多樣性，軟化結構物邊緣，與自然環境連結。

海岸環境日照長且炙熱，根據李麗雪（2005a, b, c）研究顯示，使用者普遍對經彩繪處理且色彩與周邊環境形成強烈對比的海堤，在景觀美質及偏好評價都不高；所以若要運用色彩美化海堤，應對海岸及其周邊環境進行色彩分析，以選用與環境協調的色彩為宜（圖 8.13）。

圖 8.12　人工結構物防波堤雖解決海岸防護課題但其景觀美質評價偏低

圖 8.13　海堤（左）胸牆（右）彩繪會因為時間及天候很快就斑駁褪色，增加維管的工作

七、型式

不同型式的結構物對海岸景觀有不同的影響，創造視覺多樣性，增加景觀吸引力都是首要的工作。海側部分，可以階段式、階梯式、緩坡式、階段加緩坡式、消波式護岸等爲考量，並配合不同生態型海岸結構設施物的運用，使之更具親和感。在遊憩利用的便利性上以階梯式海堤最佳，階段式海堤次之，緩坡式較差，但階梯式海堤的腹地需求也最大。但若能營造人工沙灘則在景觀及遊憩利用上都是最好的（圖 8.14～圖 8.17）。潮上帶可植生，緩和結構設施物對海岸的衝突。

陸側部分，結構物階梯化可使遊客較容易上到堤頂觀賞海岸；在堤前有足夠灘地或腹地，可結合堤前緩坡化或階梯化，除可讓遊客進入堤前灘地親水遊憩，也可延長海水浸泡時間增加生物附著生存機會。階段式或緩坡式誘導使用者到達堤頂，眺望廣闊的蔚藍海岸；或提高堤後道路以降低陸側海堤高度，並以景觀手法進行陸側空間營造，使具景觀效益及親水遊憩機能。在腹地許可情況下，適度覆土提高高程，可以改善視覺可及性並減少結構物對景觀的影響。若陸側爲漁港內陸地且腹地不足，則可於結構設施下部增設雨庇式通路，經景觀處理後，可形成良好的賞景休憩空間。當腹地嚴重受限時，則可以植栽或其他景觀手法軟化混凝土堤。

堤頂部分，景觀處理可結合自然或適地材料的運用，諸如堤頂鋪木棧道或其他自然材料，軟化生硬的景觀感受，提高及延長遊憩使用機會及時間。

景觀空間的從近景到遠景環境訊息的連貫性，會使空間具易讀性，讓人有安全感。結構物與海岸，或漁村社區等，在語彙或意象的一致性，可促進地方連結性及景觀美感偏好（圖 8.18）。

圖 8.14　階段式海堤

圖 8.15　階梯式海堤

圖 8.16　親水性海堤與天然石塊拋置同時具景觀與生態功能

圖 8.17　以消波式護岸取代消波塊使面海視野有較好的自然性，經過適當處理可提供釣魚活動

結構物的形狀通常是筆直生硬的，與海岸環境不協調，因此結構物的形狀必須符合海岸線的特徵，使結構物變得更加柔和，與海岸環境具協調一致性。為了提高結構物美感，可以在結構表面應用垂直線，或以在地語彙營造地方感。形狀突兀且極不自然的消波塊結構物，盡量不外露，僅用在潛堤或於上面再加自然的覆蓋物。

圖 8.18　運用自然或在地材料可與海岸景觀相融合

八、位置

海岸生態交錯帶是最具生產力的生態棲息地之一，將結構物從海岸帶移往陸地，以降低對海岸環境的衝擊；或加強海岸林營造，利用海岸林將海堤融入環境，減少海堤在景觀中的不連續感。海岸林常爲生物重要棲地，結構物退後可能造成陸側海岸林喪失，導致棲地多樣性和物種數量減少，景觀的自然性受到破壞，從而影響景觀感受。因此結構物後退以不破壞海岸林爲優先考量，並要加強海岸復育。結構物後退可因此降低高度，可減少對視點場及視對象連結的影響。若結構物位置靠近社區，必須確保持通往海岸的可及性，及結構物景觀設計與地方意象的連結。

將結構物向前推至海側，如拋石離岸堤、潛堤、潛礁等，可維護潮間帶的自然生態景觀，且具安定海灘之功能，可營造彎曲海岸線、靜穩水域，有利親水遊憩活動（圖 8.19）。海中的拋石或混凝土消波塊，也可形成海洋生物棲息環境。遠離海岸的結構物在視野上屬遠景景觀，高於海平面的離岸堤常會造成視線的阻隔，故應降低離岸堤高度，或是設計成離岸潛堤對整體景觀印象影響較低（圖 8.20）。

圖 8.19　人工潛礁營造海岸魅力，適意景觀、親水遊憩、生態環境功能兼具

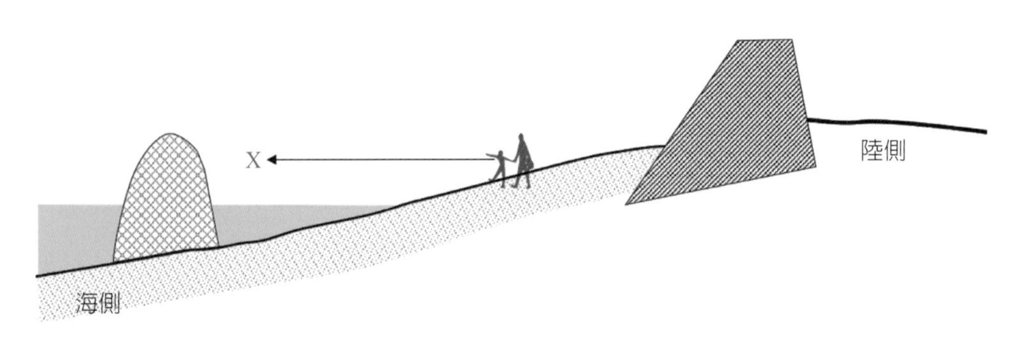

圖 8.20　海洋中視對象可能因離岸堤影響遊客觀景眺望，因此離岸堤的設置需與環境融合，避免阻擋視對象景觀視野

參考文獻

1. 李麗雪、林姿宏、簡仲璟、李俊穎（2012）。海岸景觀美質評價模式的建立。海洋工程學刊，**12**(1)：5-93。
2. 李麗雪、李俊穎（2013）。景觀語義評價與港灣環境景觀整備應用。港灣報導季刊，**94**：16-22。
3. 李麗雪（2005a）。漁港景觀美質評估及設計手法研究，第27屆海洋工程學術研討會論文集，頁671-677。
4. 李麗雪（2005b）。水岸設施景觀美質評估，經濟部水利署河川海岸排水環境營造成果發表會文集。
5. 李麗雪（2005c）。漁港景觀美質評估研究，第十二屆中國海岸工程學術研討會論文集，頁719-723。
6. Bulleri, F., & Airoldi, L. (2005). Artificial marine structures facilitate the spread of a nonindigenous green alga, Codium fragile ssp. tomentosoides, in the north Adriatic Sea, *Journal of Applied Ecology*, *42*, pp. 1063-1072.
7. Glasby, T. M., Connell, S. D., Holloway, M. G., & Hewitt, C. L. (2007). Nonindigenous biota on artificial structures: could habitat creation facilitate biological invasions? *Marine Biology*, *151*, pp. 887-895.
8. Kaplan, S. (1987). Aesthetics, affect, and cognition: Environmental preference from an evolutionary perspective. *Environment and behavior*, *19*(1), 3-32.
9. Kaplan, R., & Kaplan, S. (1989). *The experience of nature: A psychological perspective*. Cambridge University Press, Cambridge, UK.
10. Kaplan, R., Kaplan, S., & Ryan, R. (1998). *With people in mind: Design and management of everyday nature*. Island Press. Island Press, New York, NY, USA.
11. Vaselli, S., Bulleri, F., & Benedetti-Cecchi, L. (2008). Hard coastal defence structures as habitats for native and exotic rocky-bottom species, *Marine Environmental Research*, *66*, pp. 395-403.
12. Strang, G. L. (1996). Infrastructure as landscape [Infrastructure as landscape,

landscape as infrastructure] [Internet]. Places.; 10(3): 8-15. Available from: https://escholarship.org/uc/item/6nc8k21m

13. Wiecek, D. (2009). Environmentally Friendly Seawalls. A Guide to Improving the Environmental Value of Seawalls and Seawall-lined Foreshores in Estuaries. Sydeny, AUS.: Department of Environment and Climate Change NSW on behalf of Sydney Metropolitan Catchment Management Authority; 34p.
14. 日本国土交通省（2011）。河川・海岸構造物の復旧における景観配慮の手引き。

CHAPTER 9

海岸親水環境與遊憩利用

9.1 海岸遊憩機會序列

海岸遊憩活動是指以海岸環境為主體引發的活動，有以場域做分類，如水域活動、陸域活動；有以自然、人文、生產等資源利用為主，如生態觀察、漁村體驗、牽罟；或靠機械動力使用的船舶、遊樂船，以自然營力利用的風帆、衝浪等，基本上海岸遊憩活動與自然環境條件密不可分的關係。

海岸親水環境營造的目的是在強化及改善海岸水陸域環境品質，滿足親水遊憩活動的環境需求，提供遊客滿意且多樣的遊憩體驗。遊憩機會序列（Recreation Opportunity Spectrum, ROS）即在訂定不同遊憩活動的環境情境屬性（setting），讓經營者不僅根據環境特色有系統地提供多樣化遊憩機會，同時根據活動的環境需求，提高海岸的遊憩親水價值，以使遊客獲得滿意的遊憩體驗，並兼顧保育需求。

紐西蘭就海洋休閒遊憩活動及環境提出海洋遊憩機會序列（Spectrum of Marine Recreation Opportunities, SMRO），以海岸利用強度、活動多樣性與海岸距離遠近為分類依據，通常可及性高的海岸，休閒使用強度和活動多樣性會比較高。SMRO將可及性分成5級，對應不同強度的人群互動、開發及設施供給、與都市距離遠近。活動概分成：游泳、各式衝浪活動、潛水（和浮潛）、划船、釣魚、生態體驗、船舶活動、特別慶典活動（沙雕祭、音樂節等）、海灘活動（散步、賞景、戲水、攀岩、慢跑、騎自行、野餐等），這些活動的發生與海岸資源有關，在不同可及性等級下，海岸環境營造的強度程度及內容也會不同，因此SMRO是作為海岸遊憩資源經營管理的參考依據（Orams & Lück, 2014）。

美國內政部水陸域遊憩機會序列（Water and Land Recreation Opportunity Spectrum, WALROS）指出有遊憩活動就會有相對應的開發行為，且每一項資源都有其相對應的適宜的活動，WALROS是作為遊憩資源開發決策的參考，目的在保護環境資源、營造適宜的遊憩活動環境、提供多樣化遊憩機會。序列中將遊憩機會依都市－郊區－自然原野程度分成6個等級，各對應不同活動類型及強度、場域情境、遊憩體驗及效益。水域遊憩機會序列（Water Recreation Opportunity Spectrum, WROS, Aukerman, 2004）以水域活動游泳、水陸域的生態觀察為例，在6個機會序列中都可能會出現，因此實質環境、場域情境，如；自然環境條件、景觀品質、環境營造及設施供給、社會互動與經營管理情形，共同決定遊客所獲得的遊憩體驗及效益。若以利用程度來看，人爲景觀占主導地位且超過 80% 者爲便利的都市型遊憩地點，相反地以自然環境爲主體，人爲景觀少於 3%，或自然資源或景觀的特徵是罕見的、稀少的，是屬自然原野型遊憩據點。

臺灣《海岸管理法》定義，濱海陸地是指平均高潮線至第一條省道、濱海道路或山脊線之陸域範圍，近岸海域是平均高潮線往海洋延伸至三十公尺等深線等之範圍。「水域遊憩活動管理辦法」載明諸如游泳、潛水、拖曳傘、各類浮具的水域活動管理辦法。海洋委員會「海域遊憩活動規劃與管理指引原則」定義各項海域遊憩活動範圍：海岸邊，是從內陸向海最高水位線；潮間帶，位於漲潮時最高位（高潮線）及退潮時最低位（低潮線）之間；近岸，離岸 200 公尺內或水深 30 公尺以淺；沿海，離岸 300 公尺外或水深 50 公尺以淺。內政部在 2019 年修訂「墾丁國家公園海域遊憩活動管理方案」指海域活動分爲海上活動與海中活動，又以海域各類活動目的、使用資源的型態及動力器具的使用，將遊憩活動分成四類：觀賞海底生物資源與景觀、海上休閒觀賞海岸風光、海面速度運動、岸際海面非動力休閒及運動活動。

海岸地區除了水域遊憩活動，海岸的潮間帶、潟湖、河口、海岸林、紅樹林、防風林、沙丘等不僅景觀優美、生態資源豐富，潮間帶結合漲落明顯的潮汐變化更是非常受到遊客喜好的親水環境。海岸地區從水域到陸域的遊憩分區及遊憩活動內容說明如下（表 9.1）：

- 沿海活動帶，親水遊憩活動如：水上摩托車、香蕉船、拖曳傘、衝浪、風箏衝浪等，水域環境以海面寬闊、風浪小、無暗礁、水質無汙染、沙岸爲佳，拖曳傘區還需氣流及風向穩定，衝浪適合的浪高在 1.5m 以上，底質以珊瑚礁或岩石爲佳。
- 近岸活動帶，親水遊憩活動如：游泳、浮潛、潛水、衝浪、風浪板、風帆、獨木舟、立式划槳等。游泳適合在海床坡降平緩、平靜無礁岩、無暗流且無汙染海域。浮潛適合在海面靜穩，無暗流、水中能見度高的岬灣海岸，潛水在海水深度約 30 公尺的珊瑚礁海岸。獨木舟、立式划槳等適合在景觀優美、海面靜穩的沙岸爲佳。船釣適於在海灣內風平浪靜之處。

表 9.1　海岸親水遊憩活動分區

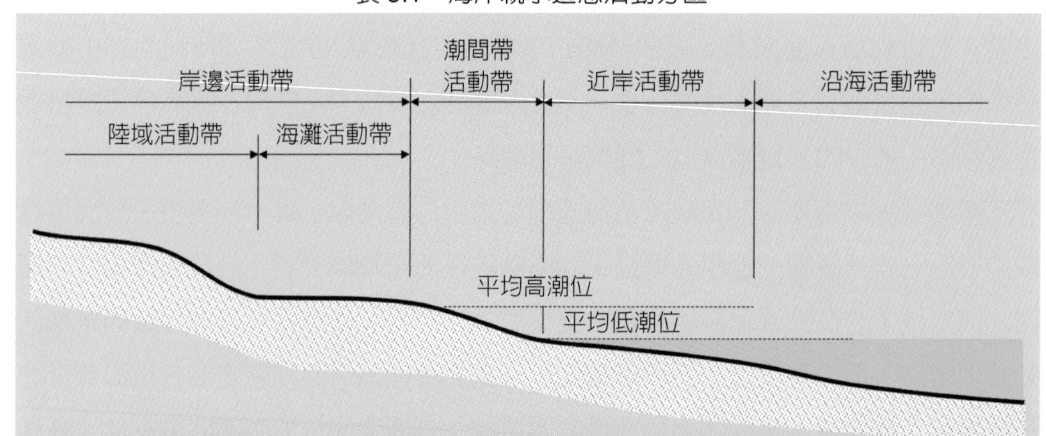

海岸環境分區	岸邊活動帶	潮間帶活動帶	近岸活動帶	沿海活動帶
遊憩活動	沙灘運動、休閒散步、賞景、生態觀察、濱海自行車道	動植物生態觀察體驗、戲水、散步、賞景、岸釣／磯釣、地形地質景觀	游泳、浮潛、潛水、衝浪、風浪板、風帆、獨木舟、立式划槳、橡皮艇、拖曳傘	拖曳傘、香蕉船、衝浪、風箏衝浪、水上摩托車、海釣、賞鯨豚
資源特色	沙灘、沙丘、防風林、潮池潮溝、滯洪池、鹽田、漁塭、產業地景、漁村	沙泥、礫石、珊瑚礁、礁岩、藻礁潮間帶、紅樹林、潟湖、沙嘴、沙舟、海水浴場、石滬、河口濕地	岬角、海灣。 海洋生物豐富多樣，如大型藻類、各種魚類、節肢、棘皮、海綿動物。 淺海養殖業及人工魚礁設置。	遠離岸邊水深超過 200 公尺的海域。

- 潮間帶，底質、地形地貌、生態豐富多樣，親水遊憩活動也很多樣，如：動植物生態觀察、散步、賞景、戲水活動、攀岩等，岩礁地形，或沙灘、防波堤上可以有磯釣、岸釣活動，有些地點適合作爲海水浴場及發展近岸水域遊憩活動。
- 岸邊，位於高潮線上方，有些陸蟹等生態會在這裡及海岸林間出現，因此灘地、海岸林、防風林、沙丘等是生態觀察及遊憩活動場域，其他還有沙灘運動、濱海散步及自行車道等。

海岸水域的水質、流速、海浪等與親水活動的適宜性及安全性有關，豐富及多樣的生態資源有利水域、潮間帶到陸域的生態體驗及親水活動的滿意度。海岸防護工程結合生態工法及生態綠化，可以讓海域靜穩、淨化水質，復育及營造生態棲地，同時可以提升海岸景觀的吸引力。另一方面，臺灣海岸冬季多強風，夏季多烈日酷曬，景觀植栽的運用可以營造適意的休閒遊憩環境。

根據 ROS 概念海岸親水遊憩環境依其都市化程度，提供的遊憩機會各有不同，環境營造重點也會有差異。都市化程度與周邊土地開發程度、基地利用強度、自然資源被改造程度、自然氛圍的主導狀況有關。周邊土地使用型態從靠近都市、鄉村到半自然、自然地區；資源的自然度從被大規模改變，到原始、高品質的；從容易抵達到偏遠不易抵達的；設施供給從便利性高，到低密度、對環境低衝擊的少量設施等：環境氛圍從以人爲景觀爲主導，到以自然景觀爲主導。

臨都會區的海岸環境因爲與民眾日常生活圈最爲接近，易達性高，通常遊憩利用密集且頻繁，在經營管理上多以提供多樣遊憩活動及設施爲重點，海岸開發程度較高、海岸保護工多，致生態及景觀多呈現單一化現象（圖 9.1）。因此海岸親水

圖 9.1　臨近都會區的海岸遊憩利用機會大

遊憩環境營造重點，包括保留親近自然的遊憩親水空間、海岸保護的人工結構物結合景觀設計手法創造親水空間、減少土地開發及海岸工程結構物所造成的環境景觀的壓迫感、衝突感。

鄉村地區海岸環境特色以生產地景、漁村生活圈爲主體，人爲開發程度屬中等；海岸遊憩活動的導入應結合地方生產及人文特色。海岸親水遊憩環境營造重點應以地域特色景觀人文的融合與發揮爲主，同時要使產業活化再生，並運用生態共生結構，促進生態復育，以提高親水遊憩活動機會的產生；景觀設計手法同時要考量緩和強風、烈日，以營造適意環境。

半自然地區距都市地區較遠、人類活動有限、開發程度較低，自然資源在景觀中占主導地位，因其自然氛圍特色，也是民眾假日遊憩觀光的重要景點，若遊客大量擁入可能會使地區生態及景觀環境面臨重大壓力。遊憩活動應不違背生態、景觀保護原則，適於觀景體驗、生態觀察、環境教育等休閒遊憩活動，屬軟性寬鬆型（soft）生態旅遊活動。海岸親水遊憩環境營造重點應是以低設施需求的遊憩活動爲主，工程結構及設施物應與環境融爲一體，以生態工程結合潛在植被達到生態復育、棲地營造及海岸生態廊道營造等機能（圖 9.2）。

自然地區海岸環境遠離人爲開發的自然景觀資源，海岸線保持原有自然風貌，可及性低，人類活動少。環境營造以環境資源保護、復育爲主，導入遊憩活動以嚴謹深度型（hard）生態旅遊爲主（圖 9.3），使資源保護及遊憩活動得以並存（圖 3.9）。環境營造重點應是在自然海岸保育範圍周邊建立緩衝帶，以確保海岸資源不受破壞；同時若因爲活動需求而必須設置的安全性，或爲避免生態環境受到干擾的必要性設施，應遠離環境敏感區，並使用對環境衝擊低且與環境融合的地方材料（表 9.2）。

圖 9.2　半自然地區海岸導入的遊憩設施應以結合生態工法為主

圖 9.3　生態豐富的潮間帶應以生態觀察、低強度、低設施需求的遊憩活動為主

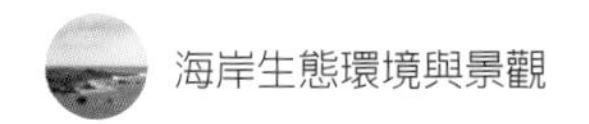

表 9.2　海岸空間都市化程度與親水遊憩活動環境需求

土地開發程度	海岸空間類型			
	人為開發程度高 ←----→ 自然度高			
	臨都市地區	臨鄉村地區	半自然地區	自然地區
環境特色	▪ 可及性高 ▪ 人為開發程度高 ▪ 人為利用密集且頻率高 ▪ 保護工、環境營造程度高	▪ 人為開發程度中等 ▪ 產業地景、漁村生活圈為主體	▪ 低人為開發程度 ▪ 保有自然海岸風貌 ▪ 自然景觀資源在海岸環境中占主導地位	▪ 可及性低 ▪ 很少的人為開發 ▪ 海岸自然度高 ▪ 海岸線、景觀保持原始自然風貌
活動型態	▪ 可容納多樣且高使用度遊憩活動 ▪ 提供便利的遊憩及服務設施	▪ 親水遊憩活動多樣 ▪ 結合產業地景的休閒遊憩活動	▪ 觀景體驗、生態觀察、環境教育等休閒遊憩活動 ▪ 一般型（soft）生態旅遊 ▪ 大量遊客擁入，生態及景觀環境壓力大	▪ 環境資源保育／保護為主 ▪ 深度型（hard）生態旅遊
環境營造內涵	▪ 海岸防災安全為優先 ▪ 都市景觀與海岸地景融合營造 ▪ 減少結構物造成遊憩親水阻隔 ▪ 親水空間保留與創造	▪ 地域特色的融合與發揮 ▪ 地方產業活化再生 ▪ 運用生態共生結構，促進生態復育以提高親水遊憩活動機會 ▪ 海岸適意遊憩環境營造	▪ 低設施需求 ▪ 生態工程的應用 ▪ 生態復育及棲地營造 ▪ 因應可能的遊憩壓力強化海岸生態廊道	▪ 自然海岸資源保育或保護 ▪ 建立緩衝帶 ▪ 使用對環境衝擊低且與環境融合的地方材料 ▪ 僅設置必要性設施
環境營造重點	多樣親水環境營造 ←→ 適意性遊憩環境營造 ←→ 景觀美質營造 ←→ 地方特色融合 ←→ 海域靜穩化 ←→ 海岸侵蝕防禦 ←→ 海域淨化 ←→		生態復育 ←→	環境保育／保護 ←→

9.2 海岸親水遊憩活動環境需求

海岸親水遊憩活動是高度依存於海岸資源，以水域資源爲基礎的活動，如衝浪、風帆、拖曳傘等，除了選擇適當寬廣水域環境，水域的安全和乾淨水質更是遊憩活動滿意度的要素，因此親水環境營造重點是海域靜穩化及水質淨化。若要滿足浮潛、潛水、釣魚等遊憩活動，水域生態棲地復育及營造也是重點。

依存於潮間帶的親水遊憩活動與潮汐、底質、地形地貌、生態等因素有關，如生態、地質觀察、採拾捕撈、賞鳥、景觀欣賞、攀岩等。潮間帶環境營造重點包括水質淨化、生態交錯帶保護及維持、棲地復育，海岸保護工的施作以不影響地形地貌、海岸自然線形爲主。

岸邊活動帶，依存於沙灘資源的活動如沙灘運動、戲沙、散步、賞景等，環境營造重點是可及性高的乾淨沙灘；沙丘地景欣賞與沙雕活動，海岸林 / 防風林生態觀察、自行車騎乘。岸邊活動帶以景觀環境優美爲佳，海岸防護應避免侵蝕以保護海岸林，定沙防風可以提供適意的遊憩環境，多樣化生態棲地環境營造也非常重要（圖 9.4、圖 9.5、圖 9.6）。海岸遊憩活動依賴的是海岸空間資源，不同活動有不同資源需求和資源利用方式，及適用的環境營造技術（表 9.3）。

圖 9.4　戲水活動需要有靜穩海域，乾淨水質與沙灘

圖 9.5　沙灘、植栽與設施導入可提供多樣親水遊憩體驗

圖 9.6　維持海岸景觀美質及提供便利性設施是親水空間營造不可或缺的重點

表 9.3　海岸遊憩活動對環境需求表

活動類型		水上摩托車	沙灘車	拖曳傘	風帆／衝浪	浮潛／潛水	游泳	球類運動	放風箏	騎自行車	跑步／散步	戲沙	沙雕	攀岩	日光浴	採拾捕撈活動	磯釣／堤釣	賞景／賞鳥	岸邊生態觀察
環境資源		無敏感性動植物資源海域	沙灘	沙灘，水域	安定水域	豐富多樣的海域動植物資源	安定水域	沙灘	岸邊寬闊地	岸邊／防風林自行車道	岸邊步道	沙灘	沙岸	礁岩岸	沙灘	豐富的潮間帶動植物資源	豐富的漁類資源	豐富多樣的景觀／鳥類	豐富多樣的陸域動植物資源
環境營造類別	海岸侵蝕防禦	○	○	○	○	○	○	○	○	○	○	○	○		○	○	○	○	○
	海域靜穩化	○	○	○	○	○	○										○		
	水質淨化	○		○	○	○	○									○	○		
	遊憩生態共生環境營造					○	○				○		○			○	○	○	○
	景觀美質營造					○				○	○	○	○	○	○			○	
	棲地營造					○										○	○	○	○
	適意性環境								○	○	○	○	○		○				

遊憩環境包括自然與人文環境，及由經營管理單位規劃加以控制或改變的環境特性。遊憩活動類型與資源特徵有關，環境營造之目的在提供更好的遊憩環境讓使用者獲得滿意的遊憩體驗。親水遊憩活動依賴於海岸環境資源，也與海岸氣象因素有關。岸邊、沙灘、潮間帶活動與波浪、潮汐有關，近岸一沿海的水中活動與風、海流、波浪有關，水質與水中活動及生態有關。岸邊活動受漂沙、飛沙，季風、日照影響。在進行海岸親水遊憩環境營造時，應分析海岸環境可能衍生的親水遊憩活動類型及環境需求，作爲選擇適用海岸工法的依據（圖 8.14～圖 8.17、表 9.4）。

表 9.4　海岸遊憩活動環境營造與海岸工程技術

海岸環境型態	岸邊活動帶		潮間帶活動帶	近岸—沿海活動帶
	陸岸	沙灘		
遊憩活動環境需求重點	景觀優美、減少強風、飛沙及強烈日照對遊憩活動的影響		坡降平緩、生態豐富、水質乾淨、底質柔軟	海面靜穩、無暗流、水質無汙染、透明度高、景觀優美
環境課題	海岸侵蝕、飛沙、烈日、防風林破壞		海岸保護工使生態棲地品質劣化、破碎化。消坡塊改變海流，影響親水活動。	風浪大、水質汙染、暗流
適用工法類型	防風林、景觀植栽、潛在植被復育、海濱公園、綠地、遊步道	人工養灘、人工岬灣、迂迴供沙、覆沙、人工海灘、緩坡或階梯護岸與海堤、人工礁岩、親水防波堤	人工渠道、人工礁岩、人工潟湖、緩坡護岸與海堤	人工藻場、潛礁、透水性防波堤、消波結構物、生態礁

近岸—沿海活動帶以水中遊憩活動為主，海岸環境以海面靜穩、水質無汙染、透明度高、景觀優美環境，但有風浪大、水質汙染、暗流等課題，運用人工藻場、生態礁、潛礁、透水性防波堤、消波結構物等生態工法的運用，可以達到上述遊憩環境需求。

潮間帶活動帶環境以坡降平緩、生態豐富、水質乾淨、底質柔軟為佳，因海岸侵蝕、漂沙等課題，築有海岸保護工，使生態品質劣化或破碎化，消坡塊影響景觀及親水活動，可以運用人工渠道、人工礁岩、人工潟湖、緩坡護岸與海堤緩和上述課題。

岸邊活動帶以優美景觀、生態環境，減少強風、飛沙及強烈日照對遊憩活動的影響，沙灘可以運用人工養灘、人工岬灣、迂迴供沙、覆沙、人工海灘、緩坡或階梯護岸與海堤、人工礁岩、親水防波堤營造親水遊憩環境。陸岸，以防風林、景觀植栽、潛在植被復育等營造生態棲地、適意環境，減緩強風、飛沙及烈日對遊憩活動的影響。陸岸通常腹地較大，海濱公園、綠地、遊步道、自行車道等有利提供更多樣的遊憩活動。

9.3 親水遊憩設施工程營造技術

9.3.1 生態型人工海灘

海灘是海岸親水環境中讓人覺得最自然適意的，潮汐變化、豐富生態、自然氣象時序變化，相較於海洋是穩定的水域，相較於陸域是具親水性。除了自然形成的安定海灘之外，因親水遊憩目的也可利用防制侵蝕的海岸工程技術營造人工海灘。海岸保護工法，從傳統著重於海岸「線」之保護，到整合性保護工法，以兼具親水、生態機能及景觀改善之「面」之保護方式。其中人工沙灘除了可消減波浪能量，並有親水遊憩功能之外，沙灘內之底棲生物的生態效果也必須加以重視。沙灘的底棲生物豐富，可供魚類、人類取食，對親水和海洋生態繁榮都是有利的。

人工海灘營造的第一步是沙源的取得，第二步是利用工程技術形成安定性海岸，以避免需要持續不斷地供應沙子。人工海灘回填之土壤包括土質粒徑、級配、海灘坡度等，爲了同時兼顧生態環境的營造，在設計時除應考慮波流條件避免沙土流失之外，尙需考慮底棲生物之棲息條件。同時爲了避免塡築的沙灘流失，常必須有如突堤（圖 9.7）、離岸堤等之海岸結構物的設置來維持人工海灘的安定，故可同時考慮礁岩性海洋生態的親水遊憩功能。

圖 9.7 人工海灘的突堤有礁岩性生態及親水功能

人工沙灘是以沙源補給造灘，如日本橫濱八景島公園（圖 9.8），除了提供親水功能外，因其生態復育成果同時提供民眾採花蛤（又稱蛤蠣）的親子遊憩活動，所以此沙灘的營造除須深究沙子是否會受當地波流作用影響而流失外，同時必須對海灘底質成分和組成，地方代表的潮間帶物種適生環境做深入的考量。橫濱八景島公園的沙源來自山沙，先浸泡於海中五年後取出填築形成海灘；沙的性質，在當地波流作用是否會流失要做深入的探討外，同時對是否適於花蛤（圖 9.9）生存也做了深入的研究，研究重點包括波高、水深、地形坡度、潮間帶寬度及環境適合度，漂沙狀況等。

圖 9.8　日本橫濱八景島生態型人工海灘（日本海洋開発建設協会，1995）

圖 9.9　日本親水海灘主要的生物復育對象——花蛤（日本港湾環境創造研究協会，1997）

說明：花蛤棲地，潮間帶波高在 80cm 以下，水深在 5m 以內，潮間帶坡度小於 1%，確保潮間帶為主的棲地空間，海灘沙子有適度的移動但不致讓海灘變形。約在施工完成一年後即有好的復育成效。

填海造地所形成的人工親水海灘，如日本福岡市海濱公園，是由塊石堆砌成的突堤和離岸堤圍成了安定的海灘，漂亮舒適的沙灘與蔚藍的海水吸引大量的市民和遊客。爲增加親水遊憩活動舒適性，建有遊客服務中心及賞景平臺、淋浴等服務性設施，構造簡單通風乾淨舒適美觀，對環境景觀營造有正面效果。岸側有親水階梯護岸供遊憩休憩賞景，兼做散步休閒的場所（圖 9.10）。

(a) 人工海灘上的淋浴設施

(b) 美觀的階梯護岸

圖 9.10　日本福岡的海濱公園

運用人工岬頭建構岬灣型人工海灘，如日本和歌山海岸的一處人工海灘，一邊是天然的山丘岬頭，另一邊以巨型岩塊堆砌形成人工岬頭（圖 9.11）。因地形安定，補充的沙粒舒適柔軟，海底坡度適中，每年吸引非常多遊客。大石塊堆砌的人工岬頭具岩礁型海岸的景觀。其石塊不用乾砌而是以半漿砌的方式堆砌，一方面增加抵抗波浪作用的能力，一方面防止孔隙中東西掉落或垃圾堵塞難以清除，且便於行走。

(a) 人工海灘全景

(b) 巨大岩塊堆砌形成的人工岬頭

圖 9.11　岬灣型人工海灘

人工沙灘後側可以營造緩坡親水護岸，配合海岸線形的曲線護岸型式、平緩寬闊的階梯，符合自然海岸的特性，且可及性高。人工階梯護岸使用的材料應運用在地材料及色彩，使沙灘與樹林連爲一體，樹林、護岸、沙灘、海水有完美的結合（圖 9.12）。

圖 9.12　曲線優美的緩坡親水護岸

岸側的休閒遊憩設施除了舒適性考量，如步道、鋪面、遮陽設施、休憩桌椅、廁所等都應整體考量，可提升人工海灘景觀美感（圖 9.13）。臺灣的海岸夏天酷熱，冬天強風吹襲，海岸又常有漂流木等，利用在地天然材料建造的遮陽避風小屋，具在地性，可以倍增海岸的吸引力（圖 9.14）。

(a) 木質地坪可與海岸環境相協調

(b) 美觀的步道與可供野餐休憩的草地

圖 9.13　海灘岸側的遊憩利用設施

圖 9.14　海岸自然簡易的遮陽避風小屋

9.3.2 海岸親水遊憩設施

海岸雖是休閒遊憩的好地方，但許多人爲干擾過的海岸必須加以環境整理才能夠有遊憩利用價值。如緩坡砌石親水護岸易於親水（圖 9.15、圖 9.16），商港港區公園的親水碼頭、觀景平臺可供散步、賞景（圖 9.17、圖 9.18）。海岸保護工在設計時加強景觀考量，結合自然景觀資源，可以營造良好的海岸親水遊憩空間。海岸遊憩親水設施營造時要注意事項：

- 不能妨礙到陸地原有土地使用功能。
- 強風巨浪經常發生的地方不適宜營造遊憩親水設施。
- 易受侵蝕的海岸，海岸設施需以防災功能爲主，然後才考慮與海岸景觀的協調性及遊憩親水設施的提供。
- 盡量減少人工設施，多採用生態綠化或在地自然性材料才是永續性海岸建設手法。
- 設施的設置不應對海岸水陸域自然生態造成衝擊。工法的選用以能營造生態環境者爲適當。

圖 9.15　易於親水的海岸緩坡砌石親水護岸

圖 9.16　階梯式親水護岸

圖 9.17 商港港區親水碼頭

圖 9.18 海岸親水觀景平臺

既有海堤要達成景觀及親水遊憩機能，可以在堤防上設置散步道或自行車道，堤前結合沙灘營造，堤後以生態綠化手法營造防風林，可爲海岸創造具親水性、豐富且多樣之海岸生態景觀。

親水緩坡海堤，結合海灘及防風林，散步觀景、賞鳥的遊憩功能性高。附屬人工設施物、鋪面等之規劃設計應與既有自然環境相協調（圖 9.19）。親水防波堤、親水離岸堤都是四面環海、水深且水質乾淨，是觀景、釣魚休閒的理想場所，可充分利用以發揮海洋自然景觀資源，提供親水遊憩空間。

(a)

(b)

圖 9.19 (a) 適意的親水海堤，(b) 海堤上設置自行車道

圖 9.20　步道設置應避免干擾海岸自然生態環境

圖 9.21　海岸防風林常為重要生態棲地但易受到遊憩干擾

海岸步道或自行車道的配置，不應破壞海岸自然地形地貌（圖 9.20），海岸林內的步道及自行車道這些設施將使得這片具固有性的自然生態受到干擾危機，規劃設置時應避開生態棲地、遊憩活動應避開動物繁殖或遷徙時期（圖 9.21）。同樣地，一些海岸濕地是生態敏感地帶或水鳥棲地，應盡量減少因遊憩行爲造成的衝擊，所以必須設置隔籬、緩衝帶等。

9.3.3 遊艇碼頭與漁人碼頭

海上的遊艇活動在先進國家是深受歡迎的休閒活動之一（圖 9.22），雖然臺灣是全世界最大的遊艇生產地，但一般民眾對遊艇休閒活動並不熱衷，這可能與海象或國人的遊憩習慣有關。臺灣海岸缺乏灣澳，加上沿岸尤其是西海岸海水混濁水產資源缺乏，海面上的遊憩活動對民眾並沒有很大的吸引力。近來由於漁港多元化發展，很多地方的漁港碼頭改建成遊艇碼頭；漁

(a)

(b)

圖 9.22 (a) 遊艇活動是深受歡迎的海上休閒活動，(b) 遊艇港配合環境美化成為民眾海岸休閒最佳去處

船也改造爲供遊憩使用的遊漁船，乘載遊客出海釣魚或賞景。臺灣近海漁業資源枯竭，尤其是在西海岸的沙灘型海岸漁獲不多，但如利用漁礁設置創造漁場，對喜歡海上垂釣之遊客仍會有很大的吸引力。

漁港多元化發展，主要以觀光爲主，除了遊艇碼頭以外，漁人碼頭的設立也是重要發展重點。在這裡遊客可接近海洋自然，在漁港購買生鮮漁獲，看到漁船與漁民生產作業、體驗漁市拍賣，獲得接近生物實體的滿足感。漁港多元化的觀光遊憩工程建設，應以水岸和生態的經營爲重點，而不應以陸上景觀設施爲投資重點，尤其是大型硬體建築物、停車場等（圖 9.23），對環境而言並非永續性的經營投資。故漁港的多元化永續經營應從港池水質淨化開始，結合地方景觀生態環境和地方人文特色，並運用社區總體營造手法，達到充分發揮漁港碼頭觀光遊憩的功能。

(a)

(b)

圖 9.23　大量混凝土人工設施物對海岸環境而言並非永續性之投資，(a) 大面積水泥停車場，(b) 排水渠道與周邊環境水泥化

9.3.4 釣魚設施

釣魚活動是很受喜愛的休閒活動，流連海邊垂釣的民眾相當多。常有民眾冒險在防波堤和消波塊上進行垂釣，因此安全而且有豐富魚群垂釣場所的開發有其必要性（圖 9.24）。海上釣魚平臺，以鋼構棧道設置釣魚活動空間於海中，平臺上有如安全帶、水龍頭等釣魚附屬設施。平臺下面水中拋置各型魚礁有很好集魚效果，因此容易讓遊客達到休閒娛樂的目的（圖 9.25、圖 9.26）。

漁港閒置碼頭可改建成親子釣魚場，營運單位利用餵餌方式誘引外海魚類游進港區泊地，使遊客容易釣到魚。因安全性較高，腹地大可設置舒適多樣休閒設施，適合親子一起遊樂（圖 9.27）。

此外，因防波堤深入海中，加上消波塊等結構物容易有集魚效果。利用防波堤適於釣魚的特性，在堤頂增加安全性和便利性措施，使釣客能安全且舒適地達到釣魚的樂趣。臺灣西海岸海底坡度平緩，近岸處水淺不利釣魚，故對防波堤、離岸堤等海岸構造物稍做處理，是營造釣魚活動場所很好的一個機會（圖 9.28）。

圖 9.24　消波塊上的釣客

圖 9.25　鋼構棧道設置釣魚活動空間

圖 9.26　海上釣魚平臺

圖 9.27　親子釣魚場

圖 9.28　港口防波堤稍做改善即可成為良好的釣魚場所

9.3.5 漁港親水遊憩環境營造

漁港可發展漁業體驗活動、港區多築有深入海上的防波堤，天氣晴朗時適合散步賞景，退潮時防波堤下露出水面的礁石布滿海螺貝類可做採捕活動。休閒漁港港區多規劃有海濱公園，廣植防風喬木，使海濱公園具多樣遊憩功能。水產養殖引水道之處，是為水陸交錯的生態敏感區，多有豐富的水域及水岸生物。

臺灣西部海岸漂沙、飛沙強烈，港口航道容易淤積，低潮位時水深不深，漁港僅能候潮進出。為保持航道暢通在漂沙海岸築長距離防波堤，且經常辦理浚渫航道及泊地浚渫工程。堤外常使用大量消波塊，堤內之胸牆會破壞漁港景觀生態及親水遊憩活動。港區多為水泥化設施，視覺景觀單調無綠化，港內海水交換不佳致水質不良，東北季風時期海風嚴酷，這些因素都是影響漁港發展休閒觀光的阻力（圖 9.29、圖 9.30、圖 9.31）。

為營造適意休閒漁港環境及提升漁港遊憩機能，首要工作為港內水質淨化，有乾淨的海水，則可提升水域生態品質，進而創造海域、潮間帶多樣的遊憩機會；並配合陸域綠化環境的改善，可有效提升其遊憩吸引力及延長遊憩利用時間。漁港結構物利用生態工法營造生物棲地，可豐富漁港生態及淨化水質。港外為消波若有布放生態礁，則可延伸出海釣場等休閒娛樂功能。港區因防波堤興建衍生的新生地，大潮時海水可及，為很好的水陸交錯帶，是生態敏感區，可導入海水及流經漁港排

圖 9.29　海堤設計施工粗糙影響景觀，阻礙親水遊憩機會

圖 9.30 待改善的塌陷碼頭可導入親水及景觀生態工法為考量重點

圖 9.31 具有很大生態景觀潛能的防波堤

放之受汙染河水營造濕地生態，不僅可呈現漁港多樣生態景觀，淨化汙水、改善港區水質汙染情況，更可增加港區的生態遊憩功能（圖 9.32）。

岸邊陸側因海風強勁岸上植生不易，缺乏遮陽擋風的植栽，使得遊客無法得到綠意的舒適感。定沙及浚沙工法可減緩由於東北季風強勁飛沙問題。定沙工法應考慮生態之多樣性及視覺景觀效果，最好能增加潟湖濕地的生態以提高生態環境品質。

9.3.6 生態旅遊

到海岸、漁村、港灣旅遊人口逐漸成長，旅遊型態也發生質的改變，結合海岸生態、地質景觀、人文及生產漁法的生態旅遊型態具發展優勢。生態旅遊是一種對環境負責任的旅遊方式，遊客經由解說員的帶領，體驗享受旅遊地的生態與人文之美，大自然從生態旅遊中獲得保護，地方居民也從生態旅遊有經濟收入。生態旅遊又稱負責任旅遊，兼顧環境保育、維護住民福利，結合自然及人文環境、環境教育、經濟回饋，是對海岸永續經營的最佳詮釋與利用方式。

海岸發展生態旅遊重點是海岸生態、漁業生產與漁村文化及生活三個部分相互結合，提供多樣的教育性、體驗性、生活文化性及娛樂性的生態旅遊活動。其中海岸生態可提供的生態旅遊活動，諸如陸域海岸林、潮間帶濕地、近岸水域的自然生態、地質景觀觀察、賞鳥賞景、健行、浮潛、潛水、獨木舟、水中攝影等。漁業生產漁法可提供的活動，諸如結合漁民牛車採收牡蠣、搭乘管筏參觀海上養蚵浮棚（圖 9.33）或潟湖濕地生態觀察體驗等。漁村文化與生活可提供的活動，諸如結合漁塭的海洋休閒牧場、節慶祭典活動（如飛魚祭等）、漁村風光等（表 9.4）。

(a)

(b)

圖 9.32 (a) 漁港因防波堤衍生的新生地為良好的水陸交錯帶，(b) 漁港新生地大潮時海水可及，是水陸交錯的生態敏感區

圖 9.33　西海岸蚵田是發展漁業生產體驗式旅遊的重要資產

表 9.4　海岸資源與生態旅遊

資源類別	資源特色	活動類型
海岸生態	▪ 礁岩海岸的地質景觀與海濱生態 ▪ 泥沙海岸寬廣沙灘及潮間帶生態 ▪ 離岸沙洲、沙嘴與海岸形成的潟湖生態 ▪ 河流出海口的紅樹林生態 ▪ 珊瑚礁海岸的裙礁地形及海底生態景觀 ▪ 自然及人工濕地生態 ▪ 海岸沙丘 ▪ 海岸林，防風林	教育性活動為主，娛樂性活動為輔
漁業生產	▪ 生產漁法：石滬、牽罟、定置網、立竿網等 ▪ 養殖生產：漁塭、蚵架、蚵棚等 ▪ 鹽田	體驗性活動為主，娛樂性活動為輔
漁村文化與生活	▪ 漁村文化：洗港祭、王船祭、漁獲拍賣場等 ▪ 漁村生活：咾咕堆、建築、漁村 ▪ 漁業技藝	生活及文化性活動體驗為主，娛樂性活動為輔

9.4 海岸親水景觀及遊憩資源潛力評估

海岸防護設施設置目的在防止災害保護民眾生命財產及生存空間的安全，海岸因豐富的生態景觀資源提供多樣親水遊憩機會，因此海岸結構物常被詬病破壞親水遊憩資源，諸如龐大結構物的壓迫感、阻礙親水可及性，突兀的消波塊破壞海岸景觀美感等。海岸環境營造的工作之一是如何與當地自然環境協調融合，使海岸防護設施兼具海岸保護及景觀美感，不阻礙親水遊憩功能同時，也提供安全的親水遊憩場域。

海岸景觀及親水遊憩資源潛力評估可以協助判別海岸環境資源在景觀或親水遊憩的潛力時，作爲提供環境改善的依據。海岸環境營造範圍是在海堤、堤前灘地及堤後腹地。

親水具有二個面向的意義，一是吸引遊客親近海岸，所以美麗景觀、可及性爲重要誘因；二是親水遊憩，包括水域、潮間帶及陸域活動，這些活動依存於各自適合的海岸環境資源，所以環境資源本身條件及品質有其重要性，且親水景觀與遊憩二者的資源可能又是相依的。對海岸親水景觀及遊憩資源潛力評估的判別包括五個面向：海岸地形地貌、結構物、視覺可及性、海域環境、親水安全（表 9.5）。

一、海岸地形地貌

親水遊憩活動類型與自然資源有依存關係，海岸資源類型及品質影響親水遊憩活動的多樣性及體驗滿意度，判別親水遊憩資源潛力主要是以地形地貌，及結構物對親水空間使用的影響，說明如下：

- 海灘底質，底質環境生活著許多底棲生物，構成多樣生態棲地，底質型態決定了生物的分布，沙灘、泥灘、礁岩、珊瑚礁海岸有不同的生態及地方漁業生產，以及遊憩體驗活動，沙質海岸還會有各種沙灘運動等。
- 海側海灘寬度，是指在築有與海岸平行的人工結構物，如海堤、護岸，於海側平均潮位線以上可供親水遊憩活動使用的海灘寬度。海側海灘寬度過窄，會讓遊客覺得不安全，影響親水使用意願；海灘寬度比較窄的地方，通常海岸侵蝕現象明顯，也不適於從事親水遊憩活動。

- 水際線，水際線指的是海岸線形狀，與海岸景觀美質、水域靜穩有關。自然海岸線型多為曲折型，人工海岸多築有堤防護岸，海岸線多是直線型、平直單調，也有曲折與直線複合型海岸線。自然海岸中的弓型岬灣、繫岸沙洲及沙舌海岸景觀優美、水域靜穩適合親水遊憩活動。
- 植栽，海岸植栽具生態棲地、防風定沙功能。紅樹林、水域草生地屬潮間帶生態豐富區。定沙植被、防風林屬陸域生態區，適於生態觀察、林中及岸際散步、自行車等活動。雜木林、草生地具定沙防風功能，可保護海岸，利於親水遊憩活動的進行。陸側人為植栽可以緩和過長海堤的視覺壓迫感，也可柔化人工元素交界處的生硬感。
- 海岸獨特性及稀有性，有些海岸具獨特之海岸資源，如礁岩、珊瑚礁、藻礁、海蝕平臺、瀉湖、沙洲、岬角、濕地等，這些獨特或稀有海岸環境，具生態及景觀價值，有很好的觀光吸引力，依其資源可從事生態旅遊、生態觀察、親水遊憩活動，或是產業地景或漁業生產體驗活動。這類型資源的海域多為靜穩的，對水域活動的進行是較安全的。

二、結構物

為保護海岸所構築的各種結構物對景觀及生態有很大的影響，依其結構型式影響遊客親近水域、視覺可及性，及景觀美感評價。

- 海堤及護岸的材料及型式，海堤及護岸是沿海構築，平行於海岸線，其高度、坡度、型式及材料等會影響海岸景觀與生態、視覺可及性及親水遊憩。海堤愈高、坡面愈陡，愈不利親水。階梯式海堤、複式斷面海堤或坡面較為平緩的緩坡式海堤，對海陸側景觀的連繫、親水遊憩活動的開展是較好的。自然材料的海堤護岸優於混凝土材料。
- 離岸堤，離岸堤是離開陸地且約平行海岸線，是環境中的遠景景觀。離岸堤的高度影響海水面的景觀眺望，也影響了海域整體景觀的感受。離岸堤的位置、型式及材料會影響海域景觀的自然度感受。
- 突堤，突堤為垂直於海岸線或與海岸線形成某一夾角，由沙灘向海興建突出海岸之結構物，突堤物高度、長度使綿延的海岸線被分割，使用材料多為拋石或消波塊，影響海岸整體景觀美質。突堤也會影響飄沙的移動，對生態及親水遊憩活動都會造成影響。

- 河口／港口導流堤，用以平順引導或約束水流，將河口堆沙排入海中安定河口，有防止沿岸漂沙及減少河口堆積的效用，發揮防沙與防浪之雙重效果。導流堤多數延伸突出至外海處，將海岸景觀切割分開，影響景觀及生態的連續性。
- 非堤類構造物，有因景觀環境營造建造的休憩涼亭、海防需求的房舍、廢棄的碉堡、防潮閘門，反映地方自然生態或人文景觀特色的景觀設計，可以成爲海岸焦點景觀。

三、視覺可及性

遊客從陸側走向海域，有實際行動可及，及視覺可及，可及性影響海岸的吸引力、親水遊憩活動意願及安全性。

- 海堤與堤後路面高程差，視覺可及性受平行於海岸的海堤影響很大，海堤於陸側多建有防汛道路，因此海堤與堤後路面高程差是主要影響因素。結構物背後即爲陸地，堤高僅略高於陸地的護岸有較好的視覺可及性。海堤與堤後路面高程差約爲 1.5 公尺時，大部分人看向海的視線即被阻擋，到 3 公尺以上不僅視覺阻隔，會有壓迫感產生，且因在心理上對海域狀況無法掌握會產生不安全感。
- 視覺障礙，相較於植栽、沙丘等自然元素，人工結構物、消波塊等有較強烈的視覺及心理上的障礙感。植栽或沙丘雖可能會阻礙視覺穿透性，植被有生態觀察及休閒遊憩價值、沙丘因其動態自然地貌形態，爲海岸自然景觀的一部分，可以提升海岸吸引力，若因人工結構物構築破壞，應盡可能予以修復。

四、海域環境

乾淨的海水、健康的生態爲海岸親水遊憩活動提供多樣場域，也增添海岸魅力。水域的水質與潮間帶生態多樣性影響親水遊憩活動的發生及體驗感受。

- 水域水質，水上遊憩活動及休閒漁業與水質有關，根據「海域環境分類及海洋環境品質標準」第 3 條海域環境分為甲、乙、丙三類。游泳、浮潛、潛水、衝浪等活動要求的水質品質較佳，為甲類水質標準。
- 海水透明度，即海水的能見度，一些研究指出海水透明度會影響遊客對海岸景觀視覺感受，也會影響遊客親近海域的意願。一般乾淨的近海海域海水透明度約為 10～30 公尺，民眾普遍能接受的海水透明度為不少於 1.2 公尺。
- 潮間帶生態，沙泥灘、礁岩、珊瑚礁，紅樹林、濕地、潟湖等潮間帶各有不同生態樣貌，賞鳥、生態探索、浮潛、潛水、搭乘竹筏遊潟湖等都是十分受喜好的親水遊憩活動。

五、親水安全

海域屬開放式水域，海浪與水流變化會影響親水遊憩活動的安全性。

- 靜穩海域的波浪、水流作用較小，從事水上遊憩活動時較沒有安全顧慮。一般游泳、潛水、風浪板、獨木舟、立式划槳、風箏衝浪等活動適宜的浪高約小於 1 公尺，流速小於 1 節（< 0.514m/s）、風速小於 4 級（< 7.9m/s），風箏衝浪適宜的風約在速 6 級以下。衝浪活動流速小於 1 節、橡皮艇、拖曳傘等活動的流速小於 2 節，風速各在 4、6 級以下，三種活動適宜的浪高約小於 1.5 公尺。
- 安全顧慮，寧靜的海面可能隱藏著暗流、瘋狗浪、漩渦、暗礁、離岸流等會威脅水域活動的安全。水域活動適宜的潮差約在 4 公尺以下，游泳、衝浪、潛水、風浪板、立式划槳、風箏衝浪等活動適宜的床底坡度約為 2% 以下，獨木舟、橡皮艇、拖曳傘等活動適宜的床底坡度約為 10% 以下。

六、周邊環境資源

- 鄰近地區產業及文化活動，海岸的產業地景如石滬，鄰近漁村聚落有特殊活動及風俗文化等，如牛車採蚵、蚵棚垂釣、牽罟，以及各種臨水民俗節慶活動如淨港祭、燒王船、放水燈、飛魚祭等都有會吸引遊客前往休閒遊憩。
- 整體景觀，海岸地區遠景的岬頭是海岸線視覺上的終點，更是視覺停留的焦點。海岸陸側背後的群山遠觀就像抱住海岸一樣，是爲海岸的背景，二者皆具強化海岸空間的完整性，使海岸景觀更具欣賞價値及觀光魅力。

表 9.5　海岸親水景觀及遊憩資源潛力評估因子及內容

面向	因子	親水景觀及遊憩資源潛力		
		較低 ←------→ 高		
海岸地形地貌	底質	泥灘，卵塊石，礫灘	礁岩	沙灘
	海側海灘寬度	10m 以下，500m 以上	200 ～ 500m	10 ～ 200m
	水際線	直線型 曲折與直線複合型	曲折型 繫岸沙洲及沙舌	岬灣型
	植栽	無，雜木林	防風林 陸域草生地，水域草生地	紅樹林、自然海岸林
	獨特性及稀有性	無	岬角	礁岸（礁岩、珊瑚礁、藻礁），濕地，海蝕平臺，潟湖，沙洲
結構物	海堤及護岸材料	混凝土堤	塊石堤，土堤，拋石堤，複合堤	無
	海堤及護岸型式	坡度 1:6 以上	坡度 1:6 以下	階梯式海堤，複式斷面海堤
	離岸堤	消波塊堤，混凝土堤	潛堤	無
	突堤	I 型，T 型	磨菇型，魚尾型	無
	河口／港口導流堤	有	—	無
	非堤類構造物	其他，如防潮閘門、房舍	涼亭、廢棄再利用礁堡	考古遺跡
視覺可及性	海堤與堤後路面高程差	1.5m 以上	1.2 ～ 1.5m	1.2m 以下
	視覺障礙物	人工結構物，消波塊、人工沙丘	自然植栽及沙丘	無

面向	因子	親水景觀及遊憩資源潛力		
		較低 ◄---► 高		
海域環境	水域水質	丙類	乙類	甲類
	海水透明度	1.2m 以下	1.2 ～ 2.0m	2.0m 以上
	潮間帶生態	有汙染現象	生物族群量少	紅樹林，濕地 有招潮蟹、魚類、藻類、底棲類、珊瑚、刺包及棘皮動物等生物 有鳥類（候鳥、保育類、特有種）
親水安全	靜穩海域	有無安全顧慮	—	無安全顧慮
	有安全顧慮	有暗流、瘋狗浪、漩渦、暗礁、離岸流	—	無安全顧慮
周邊環境資源	鄰近地區產業及文化活動	無	有，但遊憩價值未被開發	產業地景，特殊活動及風俗文化
	整體景觀	無	—	遠景岬頭、背景群山景觀

參考文獻

1. Aukerman, R. (2004). *Water recreation opportunity spectrum (WROS) users' guidebook*. US Department of the Interior, Bureau of Reclamation, Office of Program and Policy Services.
2. Orams, M. B., & Lück, M. (2014). Coastal and marine tourism. *The Wiley Blackwell companion to tourism*, 479-489.
3. 日本海洋開発建設協会（1995）。これからの海洋環境づくり—海との共生をもとめて。
4. 日本港湾環境創造研究協会（1997）。よみがえる海辺—環境創造 21。

CHAPTER 10

海岸植栽

10.1 海岸植栽的功能及重要性

海岸植物泛指生長於海岸地區，在強風、鹽沫、強日照等海岸環境影響下能適應生長的植栽，大抵是位於海濱高潮線之上一、二百公尺範圍內的植物，或是海邊數百公尺受風害、鹽害範圍內能適應的植物（鄭元春，1993；洪丁興等人，1976）。海岸植栽，也稱爲海岸植物、海邊植物、海濱植物或濱海植物等，包括紅樹林、濕地沼澤、海岸林和沙丘植栽等。海岸形態影響海岸植被的分布及種類，海岸植栽對保護海岸、維護沿海生態系統的健康和穩定起著至關重要的作用。海岸植栽功能：

- 侵蝕控制：海岸植栽，如紅樹林、河口濕地等海濱植物可以緩衝波浪、海流造成的海岸侵蝕，發達的根系能穩定地抓住土壤，減少土壤因水流力量、侵蝕作用而流失。
- 風暴保護：沿海植被有助於消減強風能量，是抵禦風暴的天然緩衝，減少對陸側設施物的影響、提高休閒遊憩利用的適意性。
- 定沙、擋風沙：海濱風沙大，海岸植栽可以定沙阻擋風沙，保護土地避免表土養分流失，保護房屋、道路、農田等免被飛沙侵擾，防止漂沙堵塞溝渠、航道。
- 棲息地提供：許多物種依靠海岸植物生存和繁殖，植栽的根枝葉等可作爲各種生物築巢、生育和覓食地，海岸植栽爲生物提供棲息地和庇護所。
- 支持生物多樣性：海岸植栽可提供多樣化的棲地和生境，支持生物多樣性，有益於整體生態系統的恢復力，還支持營養循環並爲許多動物提供食物來源。
- 淨化水質：沿海植栽在過濾汙染物和改善水質方面起著至關重要的作用。當水流過沿海植物時，植物會捕獲並吸收沉積物、汙染物等，有助於維持海岸生態系統的健康和水域水質。
- 碳封存：紅樹林等沿海植栽可封存大氣中的二氧化碳，可幫助緩解氣候變遷的影響。

- 休閒和審美價值：海岸植栽可加強海岸景觀美感，提供賞景、親水等休閒遊憩活動機會。海岸植栽有助於提高沿海景觀的整體美感和自然價值，對休閒旅遊和社區福祉具有重要意義。

2005 年千禧年生態系統評估報告（Millennium Ecosystem Assessment）指出在過去五十年中，人類對生態系統改變的規模與速度皆超過歷史上的任何時期，在永續發展概念下要如何滿足日趨增加的生態系服務需求，同時減緩生態系退化的情況，是未來的挑戰。生態系統服務爲「人類從生態系中獲得的利益」，即生態系統直接或間接提供人類生活中相當的福利及必要的服務，分爲供給、調節、文化、支持服務四大類別。

海岸植栽對海岸環境的生態系統服務功能占有重要角色與意義，如何緩解生態系統退化，並滿足服務需求，是當前所面臨的挑戰。海岸植栽的生態系統服務功能說明如下：

- 供給服務，是指從生態系統獲得的各種產品。海岸植栽是許多魚貝類、鳥類的棲息地、庇護所和覓食地，爲人類提供糧食的來源。
- 調節服務，是指從生態系統過程的調節作用獲得的效益。海岸植栽在調節自然過程和維持沿海生態系統健康方面起著至關重要的作用。包括：穩定海岸線、過濾和捕獲沉積物、養分和汙染物，改善水質，減少逕流對沿海生態系統的影響，捕獲和儲存大氣中的二氧化碳從而減輕氣候變化的影響。
- 文化服務，是生態系統透過精神滿足與體驗獲得的效益。海岸植栽可提供有助於人類福祉和文化認同的文化服務，諸如：景觀美感的價值、增強海岸地區的視覺吸引力、精神滿足與體驗、提供休閒遊憩機會、地方社區及文化精神價值。
- 支持服務，是使其他生態系統服務得以發生的基礎過程，即生產其他生態系服務的基礎。海岸植栽可以透過諸如光合作用、初級生產、養分循環、水循環等，支持海岸生態系統的整體健康，維持生態系統生產力等。

10.2 植物的海岸環境特徵

海岸地區的生育環境與內陸截然不同，有各種不利植物生長的惡劣環境。在風大、陽光強烈的海岸地區，植物蒸發作用快速，不利植物生長，強風使得飛沙滾滾影響植物形態發展。海風吹襲陸地將海浪飛沫隨風飄進陸地，產生鹽霧現象使得植物不易存活。沙地土質鬆軟，透水性強，一些植物長出不定根以在乾燥的沙地上吸收更多水分；土壤保水性差、養分保持性弱，也使植物存活不易。海岸地區日夜溫差大，植物須有忍受白天高溫及夜晚保持溫度的能力。除了自然因素，人爲干擾破壞，也直接或間接影響海岸植栽生長及存亡。海岸植栽若被破壞，強風將飛沙吹入林帶使破口加大，沙丘向內陸移動，覆蓋道路、農田、建築房舍等，同時也會造成海岸侵蝕，加速海岸植栽死亡。影響海岸植栽生長的環境因子說明如下（圖10.1）：

一、高溫

植物生長最適溫度爲 15～30℃，一般在 10～24℃間，隨溫度升高生長亦隨之加速。植物生長所需的適溫範圍因種類而異，一般溫帶地區的原生植物適溫約爲 20℃左右，熱帶地區原生植物適溫約在 25℃或以上的高溫。太低或太高的溫度對植物生長皆不適宜。海岸地區，尤其沙岸沙質地表溫度多高於周圍土壤溫度頗多，更不利於植物生長。

二、強風

海岸地區常有強風侵襲，強風會造成植物機械破壞作用，如裂枝、折枝及樹體倒伏。長時間強風吹襲會使植物矮化，因爲風可使植物蒸發量加大，降低植物的生長量，使組織器官都小型化。有研究指樹高生長量在風速 10m/s 時比 5m/s 時小 1/2，比靜風區小 2/3。臺灣地區東北季風盛行於每年 10 月到翌年 3～4 月，海岸地區東北季風強勁、影響時間長達半年，迎風面、路徑上的小植物難以生存，西北部地區沿岸樹木外部形態有很大的影響，形成風剪樹。強風也會將植物生育基盤沙粒吹散，使植物根系裸露，加速死亡。

三、鹽霧

海岸地區多鹽霧，鹽霧對海岸植物影響甚大，造成植物鹽害。鹽霧是從海上吹來的風攜帶著極高的水氣，如霧一般，但在霧滴中溶有高量鹽分。海水鹽度約爲3.5%，一般植物的耐鹽度爲0.5～1.0%，生長極限濃度在2%以下，鹽生植物生存極限濃度約爲3～4%。海岸附近空中潮風濃度隨著愈進入內陸鹽分量急遽減少，冬季強勁季風或夏季颱風挾帶鹽霧，或是海浪飛沫吹至內陸，植物迎風面枝葉被鹽霧附著，大量積集造成枝葉枯萎死亡。海岸喬灌木在季風及鹽霧長期作用下，常順著風勢呈不對稱的單向生長，或呈現旗形生長。鹽霧發生後短期內若能降雨，可降低鹽分對植物的傷害。

四、飛沙

海岸前灘是飛沙的主要來源，因潮差及海岸坡度，在前灘面積較大處，裸露沙地經太陽曝曬及強風吹襲後，使沙粒表面乾燥，再經強勁海風及東北季風的吹襲，當沙粒含水量介於1.5～2.5%時，風速在5 m/s以上細沙開始飛動形成飛沙。飛沙移動使植物常遭掩埋或根群暴露，使得大部分植物無法生長（鄧書麟，2012）。細沙地表面不穩定，肥沃表土易被風吹走，土壤保水力低且貧瘠。沙灘夏季陽光下表面溫度可達50～60℃，甚或更高，植物根系受土壤高溫作用，不利植物生長或導致死亡。

五、土壤中的水分及降雨

最適宜植物生長土壤水分範圍，因土壤性質及植物種類而異，大部分植物最適宜生長之土壤水分介於土壤最大容水量之60%至80%之間（水土保持局部，2005）。植物每增加單位乾重所需要吸收或蒸散的水量稱爲需水量，一般植物之需水量爲250～400（g H_2O/g dry wt.），需水量因植物種類而異，需水量愈少，其耐旱性愈高。土壤含水率是土壤中所含的水量，土壤愈乾水愈不容易流動，也較不容易被植物吸收利用。海岸地區，日照強烈、多強風，空氣乾燥，在沙、礫含量較高的灘地，透水性大而保水性小，土壤乾旱，不利植物生長。

位於潮間帶、感潮帶的土壤孔隙一天中可能隨時都完全充滿了水，土壤在浸水飽和的狀態會導致土壤內部的通氣不良，生長於此區的植物需能適應潮水漲退環境。中央氣象局、水利署資料顯示西海岸地區年雨量在 1,500 毫米以下，苗栗以南、臺中、彰化、雲林海岸年雨量在 1,250 毫米以下。東北季風盛行期間雨量較少，降雨多集中在 6～8 月西南季風期間，颱風多發生在 7～9 月，常導致大雨，11 月至翌年 4 月爲乾旱期，通常此乾旱期雨量僅及全年雨量之 1/5～1/4。

六、土壤中的鹽分及貧瘠

海岸地區由於土壤易受到海水之影響而引起鹽化，導致土壤累積大量的可溶性鹽類，形成所謂的鹽土，使林木生長受到限制。土壤中可溶性鹽類濃度過高時，使得根部的水分及養分吸收受阻，甚至把根部的原有水分析出，不但危害林木生長甚至造成死亡。鹽分過高的土壤也會抑制種子萌發和植物生長。

鹽土表面還容易結皮（crust），導致土表的黏土粒子沉積，乾燥後在土表形成一層緊密土層，使後來的水分很難滲入土壤中。一般在土壤表層含有 0.6～2.0% 以上易溶鹽的土壤即稱爲鹽土。能在含鹽量高的土壤中生長的植物稱之爲鹽生植物（halophytes）或鹽土植物，有些鹽生植物能忍受溶鹽濃度達 6～7%。海岸地區終年受強風之吹襲及海浪的拍擊，生育地土壤無法堆積形成表土，土壤乾燥且土層淺薄、缺乏肥力、土壤貧瘠現象，不利種子發芽及幼苗生長。

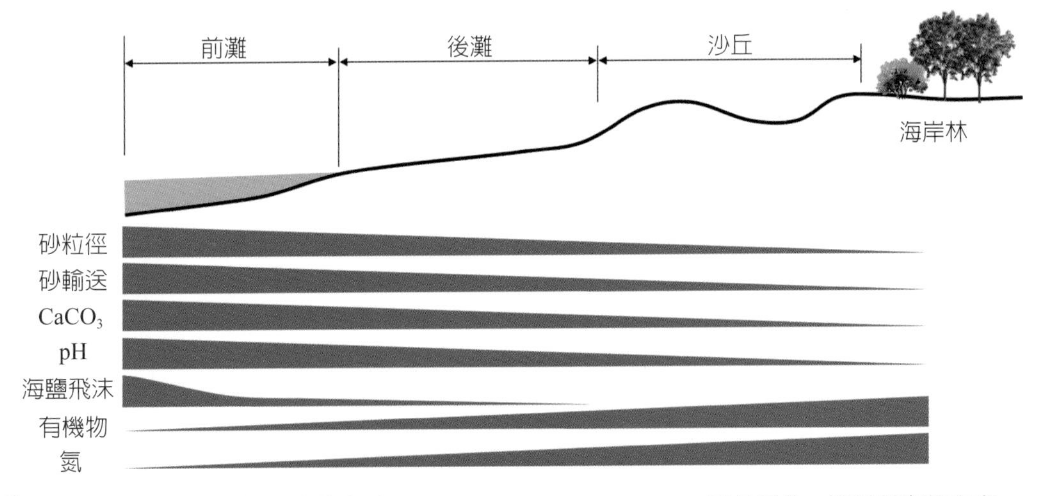

圖 10.1　海岸地形與環境梯度（Brown & McLachlan, 2010；森林保全．管理技術研究會，2013）

10.3 生態綠化

10.3.1 景觀綠化與生態綠化

植栽在海岸地區除了具海岸保護功能，在生態、景觀、休閒遊憩等功能也扮演著相當重要角色。景觀設計在環境營造上一直以來強調視覺美感及優美景色的呈現，與城市規劃共同在實踐人類美好生活環境而努力。爾後，結合地理學概念，景觀設計積極融合自然與地方概念。隨著土地開發、環境壓力，生態環境營造成爲景觀設計關注重要議題，植栽設計的手法也隨之調整。過去在景觀美學設計原則指導下，藉由植栽規劃創造地點意象及視覺美感爲主要思考，植栽設計手法強調運用植物的形、色彩、質感及四季變化等內容。當今植栽設計不僅要有美感及營造地方空間意象的思考，更關注生態環境意涵，如適地適生，並強調選用原生樹種、複層植栽綠化手法，即上中下層喬木、灌木、地被混合種植，除了營造景觀視覺豐富性與多樣性外，更要發揮植栽在緩和物理環境、提供生物棲地及生態復育等功能。植栽綠化的主要原則，諸如：選用具地方特色的原生樹種，或採用引進多年經馴化後的樹種；樹種多樣化，可以是混合不同生長速度的、常綠與落葉的、陽性與陰性、深根性與淺根性的樹種等。

隨著環境生態永續理念的倡議，「生態綠化」在近年備受重視與推廣。生態綠化是根據所欲綠化地區的潛在植被，以人爲方式誘導加速其植物社會演替過程，使綠化後的植物社會盡快與其相鄰地區契合或相類似，以達到穩定的極盛相（climax）之最終目標。所以生態綠化是依生態學的自然法則所實施的綠化工程，進行綠美化植栽之最佳材料是經長期與當地環境調和後能適應當地環境的原生植物。生態綠化有低維護管理且能抵禦外來種植物入侵之特色，另有研究指出，一地區若至少有 70% 的原生植物有助於支持本土昆蟲和鳥類生存。生態綠化成效不僅在植栽復育，同時可以達成營造生物多樣性的環境及生態環境保護的目的。

不同於傳統綠美化以美學角度爲苗木選種之要點，生態綠化種植的苗木以潛在植被演替過程中優勢種類爲主要培育對象。相較於一般景觀綠化手法，生態綠化是根據特定地區的潛在植被做綠化，可縮短天然林形成時間，對環境的維護較爲周全、適地性強且生長容易、對環境壓力有較大的忍耐性、降低維護管理成本、形成良好生物棲地，且具自行更新能力等優點（表 10.1）。

表 10.1　景觀綠化與生態綠化

項目＼類型	景觀綠化	生態綠化
目的	以提升環境景觀、適意性為主要考量，運用植栽營造地點意象及滿足分區活動機能需求。	以復育當地的天然林相或生態達到生物多樣性為主要目的。最終以達到穩定生態系為目標。
樹種選擇	為達到環境景觀美化之目的，相當程度上考量選用優形樹種，同時會因應市場流通機制選用。	強調原生樹種的使用，特別是本土適應良好且為當地潛在自然植生。模擬自然植被演替情形選擇運用。
植物相	因應工程施作及驗收的方便性，以苗木市場為主要考量。 植物以少數種類進行植栽配置。	考慮基地潛在林相、生物棲地的生境需求，以符合景觀生態設計要求的多種苗木構成複雜且安定的生態系。 以異齡苗所構成的複層林，植栽結構及植物種類多樣。
育苗	多為外部苗圃育苗，苗木移植到基地需在適應當地天候後，才能成長良好。	多為現地育苗，以採集原生樹種的種子進行育苗。 苗木種類以潛在植被演替過程中優勢種類為主要培育對象。 可提早適應當地天候，免除馴化過程。 定植容易，存活率高。
苗木與移植	苗圃經濟化栽培之規格品，移植多以大樹為主，移植耗工費時。 移植前多需斷根及枝葉修剪，致定植後生機受影響，容易死亡、風吹易倒伏。	以實生苗為主，沒有扦插等苗木之脆弱性，也沒有大樹移植之繁瑣，根系完整，定植後可以發育出良好固著力。 二階段種植，先種植陽性樹，再種植陰性樹小苗。 由多樣苗木構成複層林，兼顧短長期生態目的。
驗收	苗木在符合標準化規格規範下，常會斷幹截枝以節省運輸成本、造成樹形樹勢不佳。 以苗木總數、定植前準備工作、定植後撫育工作數量進行驗收。	工程部分，以苗木的質與量、撫育後的生長密度；生態部分，就植物多樣性的達成、外來種移除等內容，分期驗收成果，逐步實現生態復育目標。
維護管理	為維護良好景觀觀賞效益，需持續性進行維護管理工作。	在栽植後 2 ～ 3 年需維持一定程度的養護工作，養成後不需加以維護管理。
成本效益分析	苗木、移植、養護費用較高。 後期為維護良好景觀效果，維護管理費成本持續增加。	苗木成本較低，投資主要在改善立地環境條件。 苗木成長後，因其適應良好，無須再付額外之養護費用。

10.3.2 生態綠化執行程序

一、場地準備

基地條件調查評估及基地準備等工作，對生態綠化的成功與否至關重要。主要工作重點說明如下：

- 水文調查，包括地下水、地表水和降水，植被恢復的最關鍵因素之一是擁有足夠的水文來支持植物生長。
- 表土保護，原生表土深度各不相同，施工期間表土收集堆置的高度應在 3 公尺以下，表土可以播種無菌的本地草種子，臨時植被將有助於穩定表土，減少侵蝕和雜草侵擾。有研究指出，有鋪蓋原有濕地表土的濕地比未鋪設的，植物生長更好，且植物的覆蓋度和多樣性更高。
- 土壤檢測，包括養分、有機質和鹽度、土壤質地、保水力等。在某些情況下，還應測試底土是否適合作爲植物生長介質。植栽新植區至少應有 50 公分合適的表土和底土。場外運進來的表土也應測試，以確保其爲適合該地點的優質表土。海岸地區的表面和底土都應進行鹽度測試，如果土壤含鹽量很高，應選擇適應這些環境條件的植物。
- 土壤改良，根據土壤測試結果，於重新植被前進行土壤改良，包括營養物質、化學成分或質地。若使用肥料進行土壤改善，應使用緩效性有機肥料；避免使用化學肥料，因爲化學肥料會刺激一年生雜草，如果在較低高程區使用，可能會汙染水體。使用土壤改良劑應至少混合至土壤深度 15～30 公分。
- 底土改善，在黏土含量高的自然土壤可能會有壓實狀況，當土壤壓實時，植物的主、細根無法穿透堅硬的表面，土壤通氣性及水滲透量較少，不利植物生長。在綠化種植前應進行解壓工作，使水更容易滲透到土壤中被根部利用，並增強土壤滲透性，減少逕流的可能性。在更換表土時，應將下層土挖開至 30 公分的深度，根據土壤測試結果和植生類型需要，進行改善。沙質土壤水分含量少，要加固種植區土壤，也可以在播種和覆蓋後透過灌溉來加固土壤。海岸土壤含鹽量高，可以客土回填抬高種植點約 40 公分。
- 雜草評估和控制，理想情況下應在土壤擾動之前一年或更長時間開始進行雜草控制，尤其是會阻礙新植植栽生長的非原生侵略性草類。去除雜草種子源將有助於減少與新植植栽對土壤水分的競爭。在施工前實施雜草控制可以減少以後隨著新植被的建立而進行雜草控制所需的工作量。

- 既有喬木保護，保護基地既有優良喬木是場地準備的一個重要工作，應在施工階段開始時進行。

二、目標設立

導入群落植物基本資料，植物演替的機制與功能，以增加自然植被復原能力為主要考量。

- 復育當地的潛在植被，先進行樣區調查，找出該地植物社會所有可能的演替序列。再將所有可能的演替序列組合起來，此即是潛在植被。選擇該潛在植被中同一演替單位於初期、中期、末期各演替階段的優勢植物種類，採種育苗後種植。
- 運用土壤種子庫，林下表土層蘊藏著各演替階段所遺留下的植物種子，未遇到適合的發芽環境而在土壤層中累積，形成土壤種子庫（soil seed bank），若能運用該資源則會有快速復育的效果。因此工程施作時如能保留開挖地區表土，將有助於綠化復育工作的施行。
- 排除外來種，外來種可能會衝擊該地的生態平衡，故生態綠化的過程中應避免或減少外來種的引進。
- 雨季的利用，植物在移植後的最初一段時間是其最脆弱的時刻，若將苗木的種植及表土覆蓋的工作趕在雨季之前完成，可減低乾旱對苗木造成的損傷，提高生態綠化的成功 。
- 景觀性分析：景觀性分析是以主要復育基地的景觀復育為考量，在景觀規劃目標要求下對樹型、樹冠、色彩等做適度考量，可由潛在植物名錄加以篩選。

三、植物材料

選擇適合的植物對生態綠化的成功至關重要，選用與基地環境條件高度相互匹配的原生植物種類會讓生態綠化較易成功。海岸地區多為沙質土壤、鹽度高，苗木以在基地培育，種子以基地或當地苗圃取得為佳。但在綜合考量計畫案的預算、工期等因素，苗木可能是扦插苗、容器苗、裸根苗或帶土的根球苗等型式，無論選擇哪種植物材料，都應以源自當地的植物材料為優先考慮，因其更能適應當地的環境條件，一般從長期生長情形來看，在地苗木可表現出更強勁的樹勢。喬木及灌木要取得播種育苗難度通常較高，容器苗或帶土根球苗都是選項。

也可檢視鄰近地區具有類似條件的參考地點，以幫助選擇適合的植物種類。以河口岸際地區為例，以參考地點協助植被選擇時，應評估這些地點植物的形態、種類、組成、種植地點的水位、水流等的相對位置及乾濕季節變化關係。在附近沒有參考地點時，可以參考其他經過驗證相似環境條件地點的植物組成。參考地點是確定適當植物種類、密度、配置、豐度和多樣性的寶貴工具，應予重視。

四、種植

生態綠化施工時最重要考慮因素是將各植物種在適合的微生境地點，在種植前和（或）種植期間，應在基地各微生境清楚標記每種植物的種植位置，再根據基地水文、降水、地形、周邊環境對日照影響等因素，選擇適合種植時期。

種植地點的土壤表面應施加適當覆蓋物保護，使用覆蓋物的好處，可以減少雜草種子的發芽、調節土壤溫度、在乾燥天氣期間保持土壤濕度、降低侵蝕、風害等、保護土壤免受雨滴在裸露土壤上造成的結皮現象、減少大雨造成的土壤壓實、天然的覆蓋材料還可以添加有機質慢慢地滲到土壤中等。

五、維護管理

為了成功達到生態綠化目標，植栽種植施工後需進行維護管理，主要工作包括：

- 臨時性灌溉，臨時性灌溉有助於初期植物的養成，生態綠化植物一旦長成後就不需要長期灌溉工作。通常植物定植的第一個生長季節，頻繁灌溉會促進淺生根生長，接著應逐漸減少灌溉頻率和更深的灌溉（較長持續時間的灌溉），讓根可以向下深入生長。

- 雜草控制、外來種清除，和長期管理。雜草覆蓋率應少於 10%，使用 GPS 標記有毒雜草的位置有利於短期和長期管理。新種植區通常在第一年可能雜草叢生，一年生雜草種子在大多數表土中含量豐富，並且很容易發芽，在雜草開花時和結出種子之前進行修剪至關重要；長期可以自然方法，如臨時放牧手法除草。
- 枯死的樹木和灌木補植，隨著喬灌木的生長，可能需要進行修剪或疏伐，以刺激更小、更密集的生長。裸露區應重新播種補植。在一直無法長成的地點可能需要再進行土壤檢測及土壤改良，或加強灌溉。
- 修復覆蓋材料，尤其是在侵蝕區要隨時關注覆蓋材料的修復，避免侵蝕擴大，影響植物生長。特別是在颱風、強風暴雨後，要重新穩固易侵蝕地點。
- 裝置防止動物傷害的保護措施，觀察並記錄喬灌木是否有野生動物損壞，並採取保護措施。
- 裝置及維修臨時圍欄以阻止人行穿越、人為破壞等干擾行為發生。
- 清除堆積物，颱風、強風暴雨帶來的堆積沉澱物，可能帶來雜草種子入侵，可以在洪水發生後的最初幾天內將新播種區域的沉積物耙掉或鏟掉，如果沉積物很深，則可能需要額外種植，及覆蓋。

六、監測與評估

生態綠化植栽種植後生長情形的監測有助於確定及調整維護管理工作，監測結果為適應性管理提供了必要的訊息。植栽復育狀況的評估方法有多種，從簡單的照片記錄到與參考地點的比較，再到更嚴格的生態評估。

養護期監測與評估工作，包括：苗木生長情況、播種萌芽及生長速度，植物組成及密度，容器苗或帶土根球苗健康情形，保護措施是否能保持和促進植物的生長，所種植的樹木和灌木在長葉時是否仍然是正確的物種，雜草種類及位置等。養護期滿，應對場地進行評估，所有臨時性設施，如侵蝕控制、圍欄、樹木保護措施等均應拆除並移地處置，裸露區應使用計畫中為該地點指定的種子再行種植。長期監測工作通常由景觀及植物專家進行，監測方法可以從目視檢查到定量採樣的深入調查分析。

其他長短期都應進行的工作包括，原生植栽復育情形、棲地效果、對地區的保護成效、雜草或外來種入侵，及其容許存在的植物種類、容忍存在地點和（或）覆蓋範圍、必要時的替代植物種類。如果動物損害或雜草侵擾似乎是重大問題，則應制定長期管理計畫。

10.4 海岸植栽營造

10.4.1 海岸植栽設計原則

海岸植栽可以保護海岸、提升海岸景觀、復育生物棲地環境、營造良好的休閒遊憩場域。綠化植物要能耐受當地氣候、低維護管理，且對恢復當地自然棲地與生物多樣性有很好的助益。生態綠化是在生態系自然運作的理念下，以人工方式建造海岸自然林相或適意景觀環境。

如 10.2 節所述，海岸地區因潮風、波浪濺沫、港灣疏浚沙等帶來多量鹽分，地下水亦含有鹽分，這些鹽分有的隨地表透析出來，有的受海風吹襲隨著潮風而瀰漫空中與地面。同時海岸風強，沙粒微細，乾燥時即起飛沙，總體而言海岸地區的環境條件對植栽而言十分嚴苛。

因此在海岸進行植栽綠化工作克服鹽分及防止飛沙是二項重要工作，在海水濺澆到的地方，應選用耐潮性較強的地被植物，海岸林最前線直接遭逢潮風，選用耐潮性的樹，而不直接遭受潮風的海岸林後側，則可選用較不具耐潮性的樹種。同時受潮風吹襲的海岸樹木應採用群植密植，由海側（迎風側）向內陸部形成拋物線的林冠線，以減少風壓。海岸林營造成功後會具生態及景觀價值，於植樹帶中可設置低密度使用的環境教育或景觀遊憩設施；林帶後側可能有更多的土地利用，可選用具景觀觀賞價值的原生植物種類。海岸植栽設計基本原則：

- 選擇環境適應性強的本土樹種爲主，馴化而能適應本地環境的引進樹種爲輔，除了植栽撫育及維護管理較爲容易外，也可避免外來樹種對當地生態系造成的傷害。
- 植栽的樹種及數量比例盡量與潛在植被組成相近，如此造林植栽達到穩定成熟階段所需時間將較短。

- 以保護或復育現有的自然生態系統爲優先考量，盡可能恢復自然形貌，恢復或加強自然植物相，同時兼顧景觀美質及環境適意性的營造。
- 應盡量以生態綠化取代景觀綠化。
- 多採用群聚方式栽植，同時植栽配置時應盡量運用自然力形成具干擾、阻撓等機能的保護結構，以達到保護海岸環境的功能。植栽帶或區塊（patch）的形狀和形式應是不規則和自然的。
- 海岸沙地有機質缺乏，除施用有機肥外，可栽植肥木，以促進植栽的生長。
- 植栽移植時爲增加存活率，除了選擇適當的移植季節外，可利用特殊技術解決風害和乾旱的問題，如搭設防風網，或於根部配合使用保水材料，枝幹包覆防護，枝條使用蒸散抑制劑等。
- 植栽移植後可以覆蓋稻草等材料防止土壤乾燥與表面侵蝕、抑制雜草等。
- 應盡量減少行人和自行車道垂直通行穿過海岸林，若無法避免時最好採用高架木板步道以「之」字型配置，以確保人爲活動對植被的干擾最小。

10.4.2 防風林

海岸防風林結合了寬度和高度來防風定沙，保護陸側建築屋舍、爲野生動物提供良好棲息地。防風林夏季有降溫效果，冬季可以增溫，讓人類活動變得更加舒適（圖 10.2）。

防風林高度與減風效果，在迎風面減風範圍約爲樹高的 5 倍，背風面約爲迎風面樹高的 20 倍，最佳保護區域是樹木高度的 10 到 15 倍。因此若要在防風林的背風面產生防風效果，則需要將樹高設置爲預期防風效果範圍的 1/20（圖 10.3）。

植物的樹冠投影面積、樹形、樹表面粗糙度會影響減風效果，枝葉密度與可截獲空氣中的鹽分有關。海岸林下部枝條枯萎的區域，枝條不會再生，因此在樹冠以下沒有枝葉的區域，減風效果和濾鹽功能下降。因此，種植複層植栽可以減少喬木下部枝葉乾枯。

防風林與冬季盛行風垂直，通常以不同高度的喬灌木組成，有效的防風林需要至少 10 排喬灌木組合，但約 3 排樹木即能產生一些積極的防風效果。一般來說，防風林應距離其背後擬保護建築物至少 15 公尺，防風林枝葉密度約爲 40% 到 60% 有最大保護效果，選擇植物的枝葉要能在關鍵保護期內達到所需密度，理想的防風

圖 10.2 防風林保護陸地不受海風侵襲，也是重要的生態棲地廊道，同時具有景觀遊憩功能

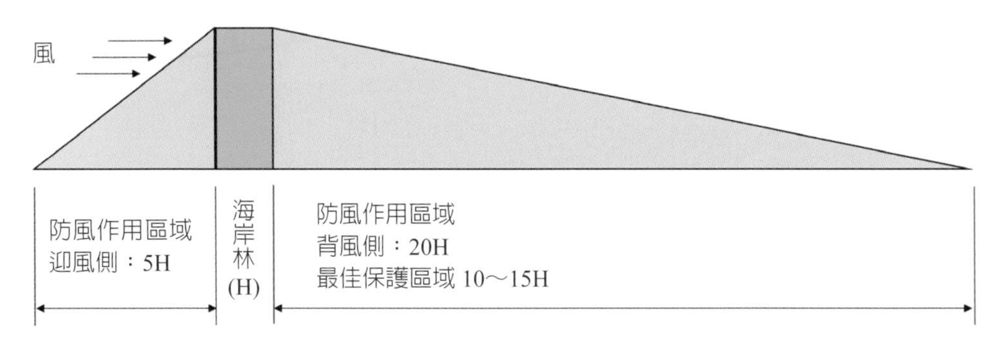

圖 10.3 防風林樹高與減速範圍

林寬度爲 35～45 公尺（表 10.2）。

防風林從海側到陸側依序爲，(1) 用幾排木本灌木完成迎風面的防護林，這些灌木以樹籬狀排列，間距爲 90～180 公分或更小，植株間距因物種而異；(2) 接下來約爲 4 排常綠及落葉喬木組合，由海側向陸側逐漸加高的喬木提供升力，引導風向上吹過另一側擬保護的建築物，而當部分風穿過樹枝時產生漩渦減緩風速；(3) 在靠近建築或活動區，可以 2～4 排常綠喬木，以提供最後的防風屏障，並爲野生動物提供舒適的冬季庇護所（圖 10.4、圖 10.5）。

表 10.2　風速 32km/hr，防風林枝葉密度 40～60%，下風處保護範圍

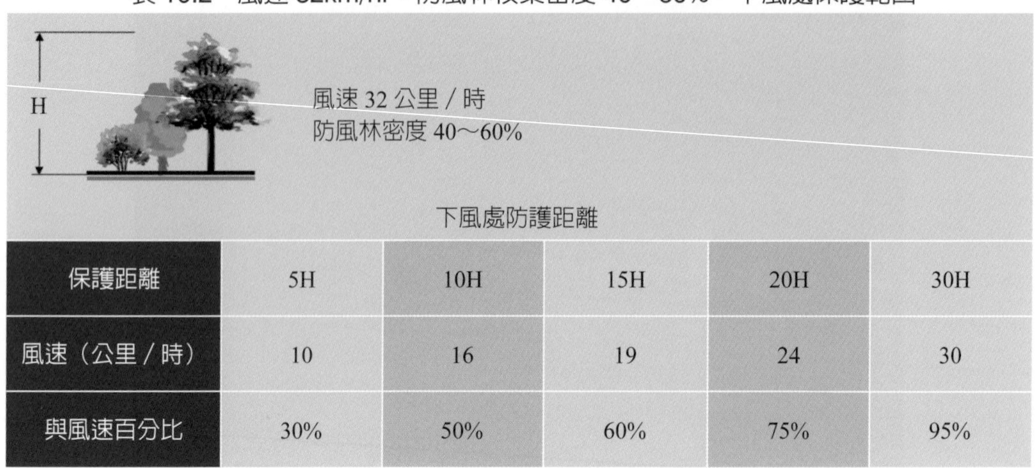

保護距離	5H	10H	15H	20H	30H
風速（公里／時）	10	16	19	24	30
與風速百分比	30%	50%	60%	75%	95%

資料來源：Gold et al., 2018

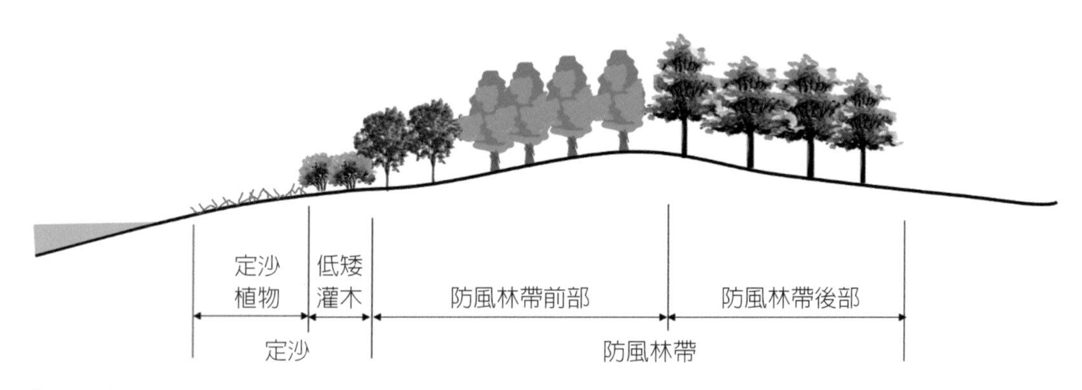

圖 10.4　防風林的種植組成

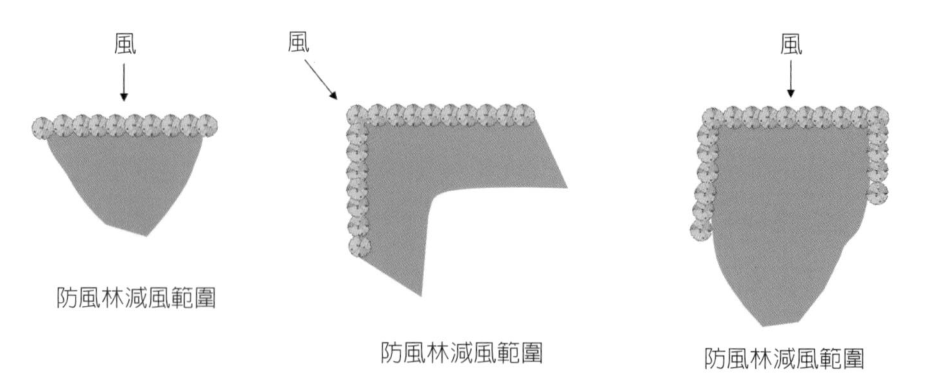

圖 10.5　需特別保護區域防風林種植型式（Bentrup, 2008）

海岸防風林營造二項重點，(1) 多數混合栽植法：植栽之選定依生育地土壤、選出耐風、耐潮性強之多種樹種。並以生態綠化手法配置，採複層混合交錯栽植方式，且藉由地形及防風網來保護栽植之植物。如果種植的樹木可能被風沙掩埋，應設置防沙籬。(2) 二階段造林：如環境逆壓太大，直接栽植恐無法獲得良好造林成效。第一階段應先採用適應性較強之樹種爲先驅樹種營造防風林，這些植物普通生長速度較快且對環境要求不高，在這些樹木長成形成林蔭之後，即可進行第二階段造林。第二階段造林以海岸林植物社會及部分低地森林之優勢種類爲主，即陸續以其他原生樹種進行間植，並逐年將先驅樹種汰換，以漸進的方式形成原生樹種混合林。

10.4.3 沙丘與定沙

臺灣西部海岸冬季漂沙盛行，加上強勁的東北季風，岸上風飛沙極爲發達，因此形成明顯的海岸沙丘地形。自然沙丘有非常特殊的視覺景觀與自然生態，但風飛沙也常對居民生活造成災害。沙丘一般位於海灘後方，高於高潮位線的區域，是保護海岸的最佳天然屏障。沙丘的最前緣是發育沙丘，組成以鬆散的沙粒爲主，藉由向岸風的搬運堆積所造成；向岸的強風將乾燥沙灘上沙粒攜帶向內陸，遇到植物或籬圍等地面突起物的干擾阻礙後開始堆積下來，形成前灘沙丘；後灘沙丘是相對穩定的沙丘，對內陸有好的保護功能。沙丘的各個區域通常會長成適應這些區域條件的植物，發育期沙丘是草本及匍匐性的蔓藤定沙植物，前灘沙丘長有灌木和地被植物，穩定的後灘沙丘長有結合喬灌木和地被植物的多層植物結構型式。

穩定沙丘可以減少海岸飛沙的衝擊，沙丘上的植生覆蓋對沙丘的安定有很大的作用，同時透過營造沙丘原生植物群落可以恢復和維持生物多樣性，爲各種動物提供棲地。足夠的植物覆蓋，可以保護脆弱的沙丘免受風蝕（圖 10.6、圖 10.7）。

在高度擾動的沙丘上，植栽的自然再生速度可能太慢而無法防止侵蝕，可種植草本或蔓性藤本等低矮的定沙植物，如：馬鞍藤、蔓荊、濱刺麥等，也可以種植豆科植物增加土地的肥分，使用在地原生苗木將有助綠化的成功。草本蔓藤性沙丘植物的特點是根部可深入地下獲取水分，莖葉被沙子覆蓋後還可以伸出地面繼續生長。這類植物因具有蔓延性，可以很快地覆蓋沙丘表面，防止地面上的沙粒受風作用移動。

圖 10.6　匍匐性蔓生植物有定沙的功能，對保護海岸有很大的貢獻

圖 10.7　定沙植栽使海岸生態景觀環境更多樣

待沙丘發育稍穩定後或在定沙植物的前灘沙丘，可以種植比較大的多年生草本和灌木、矮樹及豆科植物，植物種植後需以天然材質之防風網保護，待植物的根系

長好之後，保護的圍籬腐化成爲肥料。最後木本科植物進入，形成複層林相，後灘沙丘應以海岸防風林方式經營，對於飛沙災害防治有很大功效，同樣對於生物多樣性的提升也有很大助益。

定沙植物的種植需依照上述自然演進的過程，分階段引進植栽種植，並加上維護管理方式來加速復育的進程，如肥料的施用、沙籬的設置等，一般完成全部的過程約需 3～5 年的時間。沙丘土質乾旱保水不易，加上沙粒受風吹持續移動，植生極爲不易，可以輔以防風構造物，如防風籬，以減低風速，抑制沙粒移動，保護苗木以加速植物成長以遏止飛沙。

10.4.4 景觀植栽

海岸具有很好的親水遊憩價值，因此會導入相關建築及設施物以利遊憩活動的便利性，但這些開發項目也可能會影響海岸景觀及親水遊憩品質。海岸植栽除了保護海岸，良好的植栽綠化不僅可強化海岸景觀增加海岸魅力、提供多樣休閒遊憩活動機會，也可以緩和人工元素與海岸自然景觀的衝突，連結自然及人爲空間的功能。

- 植栽綠化對海岸地區景觀營造扮演著重要的角色與地位，優美植栽不僅可以強化及改善海岸景觀美質，同時可增加海岸地區的遊憩吸引力。
- 海岸林在海岸線的開闊地帶，爲沿海景觀帶來視覺多樣性；海風等自然因素使植被具有獨特形式與紋理，創造海岸地區的美感吸引力。植被的季節性變化，增強海岸動態性視覺體驗。
- 植栽經由景觀設計具強化海岸空間的機能，同時喬灌木等植栽本身亦可圍塑，或形成頂蓋空間的功能，如防風林內常形成海岸地區可供遊憩利用之獨特空間。
- 海岸林等各種植被爲休閒遊憩活動提供了多樣機會，吸引遊客並提供愉快的體驗。
- 植栽不僅可改善海岸微氣候環境，阻擋及減弱強大海風，使海岸地區更適於人類利用發展。
- 植栽本身具生態效益，可形成生態棲地，或具淨化空氣、水質功能，可維持海岸良好的生態環境。防風林等植栽爲鳥類和其他野生動物提供棲息地，使其成爲鳥類等各種野生動物觀察的理想場所。

- 植栽可以調和空間，使海陸側空間在視覺關係上具整合性及連續性，也可以緩和海岸防護工程，如海堤的阻隔感，堤後植栽可以降低結構物的壓迫感和生硬感；適量提高堤前沙灘高度，種植適合當地環境的海岸植物，可以降低堤防的視覺衝擊、提高可及性、營造生態棲地，成爲物種遷徙廊道（圖10.8）。

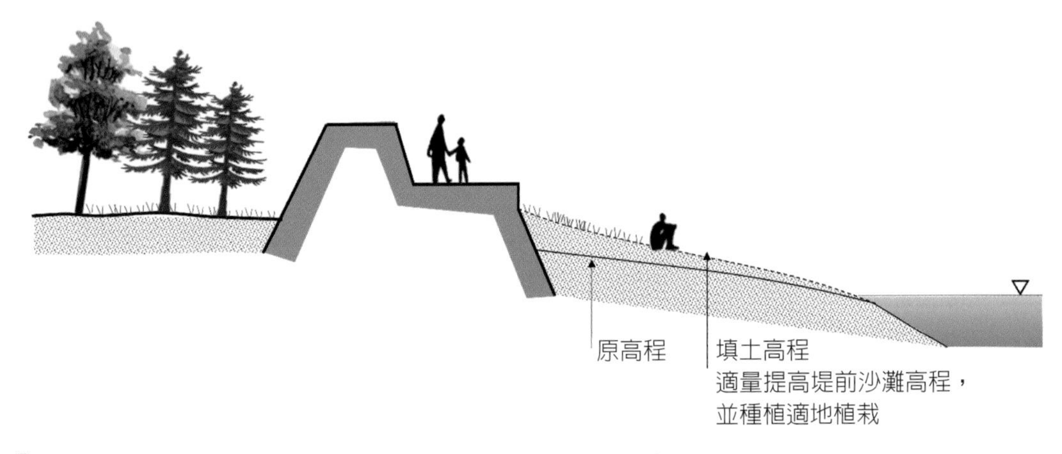

圖 10.8　運用植栽緩和人造結構物對景觀的衝突感及壓迫感

- 自然性海岸與陸側人爲利用區在空間使用機能上是有差異的，可以植栽綠化作爲緩衝，降低兩者間的不協調感。堤後適度利用地形變化與植栽綠化設計，可以增加眺望海景的可能性，同時也可增加遊憩及樹下休閒野餐空間。植栽配置時要特別留意植栽的密度，植栽密度過高可會造成反效果，因視覺穿透性被阻隔，反而使海岸空間的連續性變弱。適當的植栽密度可以滿足防風效果，同時也要確保不影響海側的視覺可及性（圖 10.9）。
- 植栽能夠確保綠蔭的存在，又能夠降低溫度，形成一個陰涼舒適的空間；此外，植栽可以軟化堤防或護岸與沙灘之間生硬的邊界。適當位置的植栽，由護岸法線投影下的植栽綠蔭，可以模糊並柔化護岸和沙灘的邊界，消除原本邊界線條產生的僵硬感，並且能提供遊客舒適的休息停留空間（圖 10.10）。

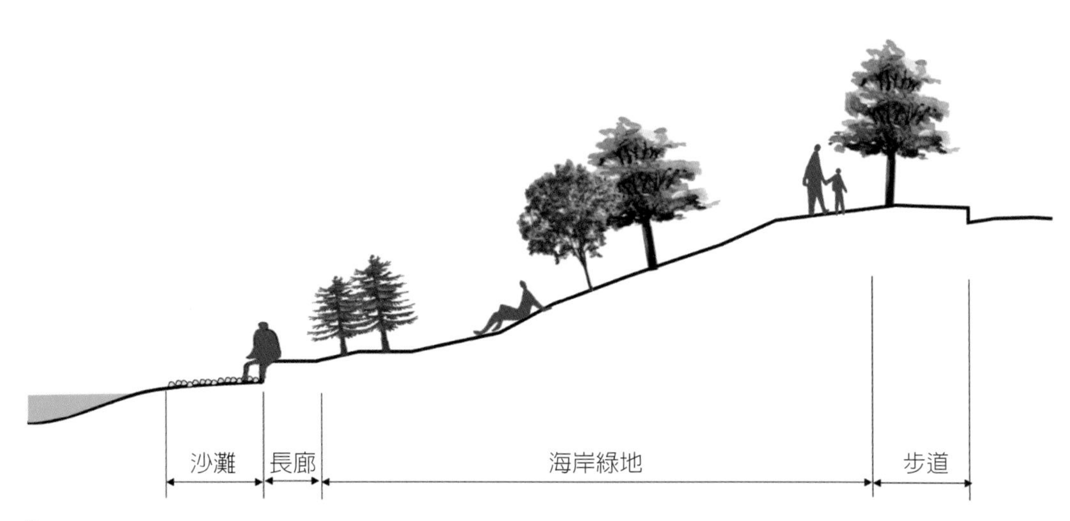

圖 10.9 藉由植栽的運用可以營造從陸側到海岸的視覺景觀多樣性氛圍

圖 10.10 植栽可以遮蔭，也可以使海岸結構物表面具有光影變化

- 植栽可以作爲表現當地海岸景觀特色的自然元素。海岸是與風和浪潮直接對峙的地方，對植物來說，是個相當嚴峻的環境。因此，耐鹽、抗潮、防風等功能，是選擇海岸植栽的基本條件。若以景觀美化營造爲重點，植栽選用仍應以原生植物爲優先考慮，進一步並考慮與海岸景觀環境的相符程度，選擇植物特性能夠貫穿當地四季的氣候條件的樹種更是必須考量。
- 對人工元素的遮蔽及軟化。植栽可以緩和建築及設施物的生硬感及不協調感，讓紊亂感覺在樹蔭中變得較不顯眼。海岸植栽的特性與機能需要配合適當的設計與配置，才能有效地發揮其功能與效果。工程施作時，首要尊重環境自然的樣貌，讓海岸安全防護、景觀美質和生態維護三方面一併提升，並且從多樣且複合性的觀點來思考，才能營造出良好的海岸景觀。

- 海岸植栽可以提升周邊居住生活環境的適意性及景觀品質，可強化社區地點感意象。產業地景，如鹽田、漁塭，適當運用植栽綠化可以改善景觀、提供樹下休憩節點，提供具愉悅性的地方旅遊廊道。
- 建築結構物等之避風處，配合栽植蜜源、誘鳥等樹種，建築群間可以景觀原生樹種混植之複層林相，構築綠色廊道，營造生物棲息環境。

10.4.5 海岸工程環境特性及植栽耐性需求

海岸地區為抵禦風浪暴潮的侵蝕破壞，構築多種工程以保護海岸，海岸工程項目包括防波堤、導流堤、護岸、海堤、突堤、防潮堤、碼頭、道路、停車場等。海岸工程除了安全防護目的，也可考量運用生態綠化以兼顧景觀、親水遊憩等功能的滿足，同時還可以營造出生物棲息空間，提供環境教育的機會。

海岸工程因工程施作區位及工程特性各有其衍生的環境特性，不同植物種類其生育環境也不同，因此針對海岸工程進行植栽綠化時應排除乾燥、土壤不良等對植物生存障礙因素，同時應根據基地環境狀況選擇對環境耐性強的適用植栽。海岸地區適用植栽耐性包括耐旱性、耐寒性、耐瘠性、耐水性、耐鹽性、耐風性、耐汙染性、耐碰觸性等，針對海岸工程與植栽耐性需求，如表 10.3 之說明。

10.5 植栽選擇

一、臨海帶

位於海岸潮間帶上緣與潮間帶間，常有因潮汐搬運來的漂流木及碎石，地質多延續潮間帶之沙質壤土，易受海風及陸風侵蝕，多鹽沫、飛沙。植栽應具備耐旱、抗鹽及防風定沙能力；適合以草本匍匐性、蔓藤性植物為先驅植種，以穩固沙岸，再搭配景觀及生態需求進行植栽配置，景觀設計亦可適度融入漂流木等自然材料。

表 10.3　海岸工程項目與陸上植物特性之關聯性

工程項目（植生地點）	植物耐性							
	耐旱性	耐寒性	耐瘠性	耐水性	耐鹽性	耐風性	耐汙染性	耐碰觸性
防波堤工程	●	●	●	●	●	●		
導流堤工程	●	●	●	●	●	●		
護岸工程	●	●	●	●	●	●		
海堤工程	●	●	●	●	●	●		
突堤工程	●	●	●	●	●	●		
防潮堤工程	●	●	●	●	●	●		
碼頭工程	●	●	●		●	●		
道路工程	●		●			●	●	●
停車場工程	●	●	●			●	●	●

二、防風林／緩衝林帶

具備提供防風功能、增進海岸景觀、形成生態區塊間漸變帶功能。防風林樹種選擇條件：對營養、水分要求不高，耐飛沙、海風、寒風、抗蟲害，落葉、落枝腐化可提高土壤肥力。利用生態綠化手法以使本區植栽融入相鄰區域植被。

三、景觀植栽

位於內陸人為開發利用區，多建築房舍、產業地景等，以可提升地方景觀美感及適意性為考量，植栽以具景觀美感的原生植栽為考量，並能搭配多層次之混種複層林相。

參考文獻

1. 水土保持局部（2005）。水土保持手冊。
2. 洪丁興、孟傳樓、李遠慶、陳明義（1976）。台灣海邊植物。農發會、林務局、中興大學合作印行。
3. 森林保全・管理技術研究會（2013）。海岸林の役割と再生の考え方。
4. 鄧書麟（2012）。與飛砂的拔河——飛砂防止保安林之經營策略。林業研究專訊，**19**(6)：47-51。
5. 鄭元春（1993）。臺灣的海濱植物。渡假出版社。
6. Bentrup, G. (2008). *Conservation buffers: design guidelines for buffers, corridors, and greenways*. Asheville, NC, USA: US Department of Agriculture, Forest Service, Southern Research Station.
7. Brown, A. C., & McLachlan, A. (2010). *The ecology of sandy shores*. Elsevier.
8. Gold, M., Cernusca, M. & Hall M. (2018). *Training manual for applied agroforestry practices*. The Center for Agroforestry, University of Missouri, Columbia.

附錄 1　海岸生態景觀規劃綠帶各區建議植種分布

分區		植栽名稱
臨海帶	草本	濱水菜、番杏、毛西番蓮、馬鞍藤、濱旋花、土丁桂、白花馬鞍藤、豬草、濱斑鳩菊、濱豇豆、長柄菊、濱刀豆、臭白花菜、濱排草、鹽定、安旱草、濱防風、伏生千日紅、毛馬齒莧、臺灣濱藜、文珠蘭、蘆葦、紅毛草、濱刺麥、狗尾草、牛筋草、甜根子草、乾溝飄拂草、土牛膝、孟仁草、白茅、紅乳草、島嶼馬齒莧、臺灣灰毛豆、天蓬草舅、海雀稗
	藤本	恆春風藤
	灌木	藍蝶猿尾木、姬草海桐、草海桐、水芫花、刺裸實、綠珊瑚、白水草、蔓荊、越橘葉蔓榕、爬森藤、苦林盤
	小喬木	銀合歡、林投、海檬果、欖李、五梨跤（紅海欖）、水筆仔
	喬木	苦楝、大葉山欖
防風林／緩衝帶	草本	毛西番蓮、濱旋花、土丁桂、豬草、單花蟛蜞菊、天人菊、提湯菊、濱豇豆、長柄菊、石板菜、青葙、臭白花菜、濱排草、長花九頭獅子草、伏生千日紅、猩猩草、文珠蘭、濱刺麥、狗尾草、牛筋草、甜根子草、乾溝飄拂草、土牛膝、孟仁草、紅乳草、蒺藜、夏枯草、香葵、黃花磯松、蝶豆、臺灣灰毛豆、天蓬草舅
	藤本	雞屎藤、串花藤、金銀花、扛板歸、風船葛、無根藤、腺果藤、恆春風藤
	灌木	姬草海桐、苦檻藍、水芫花、曼陀羅、刺裸實、蓖麻、馬纓丹、綠珊瑚、白水草、蔓荊、苦藍盤、日本衛矛、蔓榕、三葉埔姜、黃野百合、止宮樹、越橘葉蔓榕、爬森藤、苦林盤
	小喬木	蘭嶼樹杞、銀合歡、毛苦參、烏柑仔、蟲屎、林投、海檬果、無葉檉柳、紅柴、恆春楊梅、十子木、山柚
	喬木	刺桐、繖楊、象牙樹、毛柿、欖仁樹、大葉山欖、鐵色、苦楝、魯花樹、臭娘子、黃槿、木麻黃
景觀帶	草本	豬草、豬草、單花蟛蜞菊、天人菊、提湯菊、濱豇豆、蒼耳、石板菜、青葙、長花九頭獅子草、猩猩草、文珠蘭、狗尾草、土牛膝、夏枯草、香葵、黃花磯松、蝶豆、臺灣灰毛豆、天蓬草舅
	藤本	雞屎藤、串花藤、金銀花、扛板歸、風船葛、三角柱仙人掌、無根藤、腺果藤、恆春風藤
	灌木	姬草海桐、漿果莧、苦檻藍、草海桐、水芫花、曼陀羅、刺裸實、馬纓丹、綠珊瑚、苦藍盤、日本衛矛、蔓榕、三葉埔姜、黃野百合、止宮樹
	小喬木	蘭嶼樹杞、毛苦參、烏柑仔、蟲屎、海檬果、無葉檉柳、紅柴、恆春楊梅、十子木、山柚、欖李
	喬木	刺桐、繖楊、象牙樹、毛柿、欖仁樹、大葉山欖、鐵色、土沉香、海茄苳、山欖、臺灣海棗、白榕、苦楝、魯花樹、臺東漆、棋盤腳、臭娘子、水黃皮、黃槿、木麻黃、稜果榕、克蘭樹

分區		植栽名稱
海堤	草本	老荊藤、葛藤、天門冬、羊角藤、月桃、蓖麻、紅梅消、香附子、疾藜草、海雀稗草、過江藤、馬鞍藤、霍香薊、鹽地鼠尾草、濱刺麥
水質淨化	喬木	九芎、臭娘子、水茄苳、風箱樹
	灌木	木苧蔴、青苧蔴、長葉苧蔴、密花苧蔴、水蓑衣、鯽魚膽
	高草類	蘆葦、香蒲、狹葉香蒲、茭白、燈心草、鋪地黍、海雀稗、穗花山奈（野薑花）、紅蓼
	低草類	雙穗雀稗、狗芽根、蓼科植物
	水生類	挖耳草、柳絲藻、東方茨藻、水王孫、甘藻、臺灣萍蓬草、小莕菜、冠果草、異匙葉藻、眼子菜、水萍、無根萍、南國田字草、早苗蓼、睫穗蓼、細葉雀翹、箭葉蓼、寬葉毛氈苔、長葉茅膏葉、小毛氈苔、焊菜、合萌、多花水莧菜、卵葉水丁香、光巾草、細葉泥花草、長距挖耳草、直立半邊蓮、蔥草、矮水竹葉、石菖蒲、田蔥、假香附子、黑珠蒿、小風車、小球穗扁莎、豬毛草、水柳、海茄苳

附錄 2　海岸植物用途分類

用途		耕地防風林植物	海岸防風林植物	海岸生態綠化用植物	園林綠化植物	沿海至低海拔地區草坪草種	定沙及耐沙埋植物	濕地植物（淡水）	耐鹽濕地植物（潟湖濱海）
喬木	常綠			* 土樟	* 土樟				
		* 大葉山欖	* 大葉山欖	* 大葉山欖	* 大葉山欖				
		* 木麻黃	* 木麻黃	* 木麻黃	* 木麻黃				
				* 毛柿	* 毛柿				
		* 水筆仔							* 水筆仔
		* 臺灣海桐		* 臺灣海桐	* 臺灣海桐				
		* 相思樹	* 相思樹	* 相思樹	* 相思樹				
			* 白水木	* 白水木	* 白水木				
				* 白樹仔	* 白樹仔				
				* 克蘭樹	* 克蘭樹				
				* 俄氏莿					
		* 紅茄苳							* 紅茄苳
				* 革葉山馬茶	* 革葉山馬茶				
			* 海檬果	* 海檬果	* 海檬果				
				* 棋盤腳樹				* 棋盤腳樹	* 棋盤腳樹
				* 象牙樹	* 象牙樹				
				* 葛塔德木					
		* 榕樹	* 榕樹	* 榕樹	* 榕樹				
		* 福木	* 福木	* 福木	* 福木				
				* 臺灣樹蘭	* 臺灣樹蘭				
				* 銀葉樹	* 銀葉樹				
				* 欖樹	* 欖樹				
				* 稜果榕					
			* 截萼黃槿	* 截萼黃槿					
				* 臺東漆	* 臺東漆				
			* 濱槐						

用途		耕地防風林植物	海岸防風林植物	海岸生態綠化用植物	園林綠化植物	沿海至低海拔地區草坪草種	定沙及耐沙埋植物	濕地植物（淡水）	耐鹽濕地植物（潟湖濱海）
喬木	常綠	* 瓊崖海棠	* 瓊崖海棠	* 瓊崖海棠	* 瓊崖海棠			* 瓊崖海棠	* 瓊崖海棠
			* 鐵色	* 鐵色	* 鐵色				
			* 蘭嶼樹杞						
				* 欖李				* 欖李	* 欖李
				* 蓮葉桐					
					大葉桃花心木				
		* 茄苳	* 茄苳	* 茄苳	* 茄苳				
				* 春不老	* 春不老				
					黑板樹				
			南洋杉		南洋杉				
				* 川上氏土沉香					
		* 臭娘子	* 臭娘子	* 臭娘子	* 臭娘子				
		* 魯花樹	* 魯花樹	* 魯花樹	* 魯花樹				
				* 白榕	* 白榕				
		* 山欖	* 山欖	* 山欖	* 山欖				
		* 繖楊	* 繖楊	* 繖楊	* 繖楊				
	落葉			* 土沉香			* 土沉香	* 土沉香	* 土沉香
		* 大葉合歡		* 大葉合歡	* 大葉合歡				
				* 山鹽菁					
		* 水黃皮	* 水黃皮	* 水黃皮	* 水黃皮				
		* 朴樹	* 朴樹	* 朴樹	* 朴樹				
					羊蹄甲				
				* 刺桐	* 刺桐				
		* 苦楝	* 苦楝	* 苦楝					
		* 黃連木		* 黃連木	* 黃連木				
				* 構樹					
		* 欖仁	* 欖仁	* 欖仁	* 欖仁				
		* 水柳		* 水柳				* 水柳	* 水柳

用途		耕地防風林植物	海岸防風林植物	海岸生態綠化用植物	園林綠化植物	沿海至低海拔地區草坪草種	定沙及耐沙埋植物	濕地植物（淡水）	耐鹽濕地植物（潟湖濱海）
喬木	落葉				木棉				
					細葉欖仁				
			* 烏榕	* 烏榕	* 烏榕				
					* 臺灣欒樹				
小喬木	常綠				* 火筒樹				
		* 朱槿		* 朱槿	* 朱槿				
		* 宜梧	* 宜梧	* 宜梧	* 宜梧		* 宜梧		
				* 革葉石斑木	* 革葉石斑木				
		* 海茄苳							* 海茄苳
		無葉檉柳	無葉檉柳		無葉檉柳				
		華北檉柳	華北檉柳						
		* 五梨跤							* 五梨跤
			* 十子木	* 十子木	* 十子木				
			* 恆春楊梅	* 恆春楊梅	* 恆春楊梅				
			* 紅柴	* 紅柴	* 紅柴				
			* 烏柑仔	* 烏柑仔	* 烏柑仔				
				* 毛苦參					
				* 蘭嶼樹杞	* 蘭嶼樹杞				
	落葉		銀合歡				銀合歡		
灌木	常綠			* 日本女真	* 日本女真				
				* 日本衛矛	* 日本衛矛				
				* 止宮樹	* 止宮樹				
		* 夾竹桃		* 夾竹桃	* 夾竹桃				
		* 林投	* 林投						
			* 苦林盤	* 苦林盤	* 苦林盤		* 苦林盤	* 苦林盤	* 苦林盤
			* 海桐	* 海桐	* 海桐				
				* 馬纓丹	* 馬纓丹		* 馬纓丹		
				* 甜藍盤	* 甜藍盤		* 甜藍盤	* 甜藍盤	* 甜藍盤

用途		耕地防風林植物	海岸防風林植物	海岸生態綠化用植物	園林綠化植物	沿海至低海拔地區草坪草種	定沙及耐沙埋植物	濕地植物（淡水）	耐鹽濕地植物（潟湖濱海）
灌木	常綠			* 細葉草海桐			* 細葉草海桐		
				* 軟枝黃蟬	* 軟枝黃蟬				
			* 五蕊山巴豆	* 五蕊山巴豆					
		* 黃槿	* 黃槿	* 黃槿	* 黃槿		* 黃槿	* 黃槿	* 黃槿
				* 葉下白	* 葉下白				
				* 蔓荊			* 蔓荊	* 蔓荊	* 蔓荊
			* 草海桐	* 草海桐	* 草海桐		* 草海桐	* 草海桐	* 草海桐
					雲南黃馨				
			綠珊瑚						
				* 刺裸實	* 刺裸實				
				* 臺東火刺木	* 臺東火刺木				
					* 山柚				
			* 鵝鑾鼻蔓榕						
				* 爬森藤	* 爬森藤				
				* 越橘葉蔓榕	* 越橘葉蔓榕				
					黃野百合	黃野百合			
		* 三葉埔姜	* 三葉埔姜	* 三葉埔姜					
		* 蔓榕	* 蔓榕	* 蔓榕	* 蔓榕				
			蓖麻		蓖麻	蓖麻			
				* 水芫花	* 水芫花				
				* 漿果莧	* 漿果莧				
				* 姬草海桐	* 姬草海桐		* 姬草海桐		
	落葉			* 小葉桑					
							* 黃荊		
					曼陀羅				
					凌霄花				

用途	耕地防風林植物	海岸防風林植物	海岸生態綠化用植物	園林綠化植物	沿海至低海拔地區草坪草種	定沙及耐沙埋植物	濕地植物（淡水）	耐鹽濕地植物（潟湖濱海）
草本 一年生				天人菊		天人菊		
				大波斯菊				
				毛馬齒莧				
			* 鱧腸	* 鱧腸	* 鱧腸	* 鱧腸		
		豬草		豬草				
				蒼耳				
				青葙				
			* 臭白花菜	* 臭白花菜				
				猩猩草				
			* 臺灣濱藜			* 臺灣濱藜	* 臺灣濱藜	* 臺灣濱藜
				埃及指梳茅				
			* 狗尾草	* 狗尾草	* 狗尾草			
		土牛膝		土牛膝	土牛膝			
			* 牛筋草	* 牛筋草	* 牛筋草			
			* 孟仁草		* 孟仁草	* 孟仁草		
			* 紅乳草	* 紅乳草	* 紅乳草	* 紅乳草		
				蒺藜		蒺藜		
			* 夏枯草	* 夏枯草	* 夏枯草			
			* 香葵					
			* 島嶼馬齒莧			* 島嶼馬齒莧		
							* 白花蛇舌草	
							* 菁芳草	
							* 節節花	
							* 空心莧	
							* 睫穗蓼	
							* 紫蘇草	

用途		耕地防風林植物	海岸防風林植物	海岸生態綠化用植物	園林綠化植物	沿海至低海拔地區草坪草種	定沙及耐沙埋植物	濕地植物（淡水）	耐鹽濕地植物（潟湖濱海）
草本	一年生							* 螢藺	
								水丁香	
草本	多年生						三角葉西番蓮		
						大葉百喜草			
						小葉百喜草			
							* 五節芒		
						地毯草			
					* 百慕達草	* 百慕達草	* 百慕達草	* 百慕達草	* 百慕達草
					三裂葉蟛蜞菊		三裂葉蟛蜞菊	三裂葉蟛蜞菊	三裂葉蟛蜞菊
					月桃				
						海雀稗	海雀稗	海雀稗	海雀稗
			* 臺灣海棗	* 臺灣海棗	* 臺灣海棗				
							* 白花馬鞍藤		
						竹節草			
				* 馬尼拉芝	* 馬尼拉芝	* 馬尼拉芝	* 馬尼拉芝		
					假儉草	假儉草			
			* 甜根子草				* 甜根子草		
							* 馬鞍藤	* 馬鞍藤	* 馬鞍藤
							* 濱刀豆		
					翼柄鄧伯花				
							* 單花蟛蜞菊		
							象草		
						奧古斯丁草			
							* 濱水菜	* 濱水菜	* 濱水菜

用途		耕地防風林植物	海岸防風林植物	海岸生態綠化用植物	園林綠化植物	沿海至低海拔地區草坪草種	定沙及耐沙埋植物	濕地植物（淡水）	耐鹽濕地植物（潟湖濱海）
草本	多年生						* 濱刺麥	* 濱刺麥	* 濱刺麥
						* 雙穗雀稗	* 雙穗雀稗	* 雙穗雀稗	* 雙穗雀稗
					類地毯草	類地毯草	類地毯草		
					* 蘆葦			* 蘆葦	* 蘆葦
						鹽地鼠尾粟	鹽地鼠尾粟		
						蟛蜞菊	蟛蜞菊	蟛蜞菊	蟛蜞菊
				* 乾溝飄拂草	* 乾溝飄拂草				
				* 黃花磯松		* 黃花磯松	* 黃花磯松		
				* 番杏			* 番杏		
				毛西蕃蓮			毛西蕃蓮		
				* 濱旋花	* 濱旋花		* 濱旋花		
					土丁桂		土丁桂		
					大花咸豐草	大花咸豐草	大花咸豐草		
			* 濱斑鳩菊				* 濱斑鳩菊		
					提湯菊				
					長柄菊				
				* 石板菜	* 石板菜				
				* 濱排草			* 濱排草		
				* 鹽定			* 鹽定	* 鹽定	* 鹽定
				* 安旱草		* 安旱草	* 安旱草		
				* 長花九頭獅子草	* 長花九頭獅子草				
				* 濱防風			* 濱防風		
				* 伏生千日紅		* 伏生千日紅	* 伏生千日紅		
				* 文珠蘭	* 文珠蘭				
					紅毛草				
				* 白茅		* 白茅	* 白茅		

用途		耕地防風林植物	海岸防風林植物	海岸生態綠化用植物	園林綠化植物	沿海至低海拔地區草坪草種	定沙及耐沙埋植物	濕地植物（淡水）	耐鹽濕地植物（潟湖濱海）
草本	多年生				蝶豆	蝶豆			
				* 姑婆芋	* 姑婆芋			* 姑婆芋	* 姑婆芋
				* 臺灣灰毛豆			* 臺灣灰毛豆		
				* 天蓬草舅	* 天蓬草舅		* 天蓬草舅		
					藍蝶猿尾木				
						細葉芝			
								* 半枝蓮	
								豆瓣菜	
								* 石菖蒲	
								水芙蓉	
								水芹	
								* 蕹菜	
								* 睡蓮	
								布袋蓮	
								鴨跖草	
								* 香附	
								* 香蒲	
								藨草	
								* 水蜈蚣	
								* 茭白筍	
								* 水毛花	
								* 大安水簑衣	
								* 荷花	
								* 野薑花	
藤本	一年生			* 風船葛	* 風船葛				
				* 無根藤					

用途		耕地防風林植物	海岸防風林植物	海岸生態綠化用植物	園林綠化植物	沿海至低海拔地區草坪草種	定沙及耐沙埋植物	濕地植物（淡水）	耐鹽濕地植物（潟湖濱海）
藤本	多年生				大鄧伯花				
					* 金銀花				
							* 濱豇豆		
				* 雞屎藤	* 雞屎藤				
					串花藤				
				* 扛板歸	* 扛板歸				
					三角柱仙人掌				
				* 腺果藤	* 腺果藤				
				* 恆春風藤	* 恆春風藤				
					薜荔				
					珊瑚藤				
* 為原生種									

CHAPTER 11

港灣景觀環境營造

11.1 港灣景觀環境基盤

11.1.1 港灣景觀

港口是停泊船舶、運輸貨物、人員的地方，由水域和陸域構成的經濟活動場所。港口以用途區分爲商港、漁港、遊艇港、軍港及工業專用港等。《商港法》定義商港是指通商船舶出入之港，《漁港法》定義漁港是指主要供漁船使用之港，遊艇港主要是供遊艇使用之港，或是商港、漁港內的遊艇泊區或遊艇碼頭。漁港除了漁船停泊進出，漁港扮演著漁業生產基地港的角色，及漁獲交易的場所。因漁業環境變遷、產業結構調整，部分漁港轉型朝向「漁港多元化建設」，也就是漁港除了具有傳統漁業功能外，還提供遊憩觀光功能，稱之爲觀光漁港或休閒漁港。港灣景觀環境營造，包括港口及其周邊環境景觀，如鄰近的海岸、社區漁村、都市等，因此稱之爲「港灣」。

港口雖有豐富的自然景觀及生態資源，以漁港爲例，漁港原是爲了漁業生產及航運交通，建設以功能性、防災性爲考量，如泊地、碼頭、防波堤、生產作業廠區等，港域高度開發利用且爲因應單一土地利用目的之水泥化建設爲多，使得漁港及鄰近海岸景觀品質不佳，爲發展觀光遊憩之多元利用，港灣景觀需加以改善及強化。

港灣地區除了船舶、生產機能外，水體泊區與海岸、港口與鄰近區域的交織帶，其景觀、生態、生活特性及海氣象變化使其具遊憩價值與觀賞魅力。因此港灣景觀環境營造重點，除了保存港灣特色景觀資源外，還要在現有開發型態下營造優美適意海岸景觀，諸如利用港灣物流、生產、泊區型態之特點營造景觀眺望、景觀廊道，及親水和與生物接觸的遊憩機會，利用港區特色地標建築、地方歷史文化強化地點感與地方意象、生態綠化營造適意空間，甚或營造夜間景觀使港灣具多樣吸引力。

11.1.2 港灣的欣賞

遊客如何欣賞港灣景觀？除了在港灣內，也可能是從遠山或鄰近建築物高處俯瞰港灣廣闊的泊區、漁船進出與生產活動，及深邃海面景色，或從海上看到港區不斷變化的景色，或從抵達港口的道路以移動視點構成港灣複雜的景觀印象。遊客可能是在近景觀察，或從遠景欣賞；鄰近的遠山、海面或建築物等都可能是港灣景觀的重要背景。

港灣面積廣闊，港區建築結構設施物多，且連接著遠處自然景觀及城鎮，景觀環境構成複雜，可供觀賞的資源多樣。因此，港灣景觀環境營造要從「看」的角度解析港灣景觀環境基盤，視對象和視點場的組合是判斷港灣環境營造範圍的基礎，加以組織，有利遊客遊覽探索，及景觀環境營造計畫的研擬。

一、視點場

視點是觀景者站立或坐著觀看景觀的地方，視點場是視點所在的場域，所以視點場討論的內容包括：觀賞位置、觀賞視域、觀賞距離、觀賞速度。觀賞位置在上位、平位或下位，即俯視、平視及仰視，所看到物體重點位置會不同。觀賞視域，在頭眼固定不動時，涵蓋範圍約爲水平 120°、垂直 135°，焦點景觀約在水平 100°、垂直 60° 範圍內，水平 210°、垂直 135° 會有開闊視野感受，基本上水平與垂直的大致比例約爲 16：9。觀賞距離，近景—中景—遠景的視覺體驗內容可能會從細部、型態到概況輪廓，其觀賞的細緻程度不同。觀賞速度，如步行、沿海岸駕車行駛，或在海上航行，觀賞速度增加，觀賞視角會變小、景物會有模糊感，速度會影響人與環境間的連結，有吸引力景觀會產生變化的視覺體驗。

景觀環境營造除了與視對象相對的視點場，也有可能因人工結構物的阻擋使得視對象無法被觀賞，或視點場被阻隔無法靠近，那就需要創建新的視點場，或營造視點場的易達性。

- 視對象因其特徵有其適合的觀賞位置及觀賞距離。如，海岸線、山脈、岬頭、夕陽、夜景等，適合遠景或全景景觀觀看。歷史建物、寺廟、漁村活動等適合近距離觀察、體驗臨場感。
- 有些具港灣特色但有危險性，如漁貨船裝卸活動，可能較適合在中—遠景觀看。
- 船舶、舢舨等，民眾可能希望可以近距離觀察船體細部，也想從中—遠處觀看船舶進出港的動態景觀，因此同一個視對象可能有多個不同視點場。

- 不良景觀，應將其置於視點可見範圍外，或是在遠景位置。
- 從水域或從陸域遠山看到的景觀多為中景一遠景，會有岸際活動、碼頭景觀及遠景景觀，焦點景觀可以加強港灣印象，且應強調整體景觀的協調性。
- 若從視點場可以看到多個視對象，其整體性及協調性可以形塑港灣意象。
- 視點場及其周邊環境的可及性、安全性及舒適性考量。

二、視對象

視對象，是觀景者觀看的景觀，包括；主對象、副對象。主對象，是觀景者有意識觀看，或設計者希望人們觀看的對象，例如，燈塔、橋梁、歷史倉庫、漁獲吊架等。副對象，是景觀中對主對象有影響的對象，如，看到橋梁景觀時，橋後面的山、旁邊的建築物都會對橋梁印象產生影響，副對象也是景觀營造的重點。

視對象選取的主要原則，一是港區焦點景觀元素，二是具代表港區特色的景觀要素。主要可以包括下列五類：

- 與生產作業相關的元素，如：泊地水域、船舶、航道、漁具整補場、曬網場、橫跨水面或跨港橋梁，以及具歷史價值的建築結構物，如倉庫、防波堤等。
- 特徵要素：燈塔、與海洋文化相關的寺廟、老樹等。
- 美麗的海岸線，毗鄰港口或包含在港口內的沙灘、海水等。
- 港口周邊地形要素，如山脈、岬頭等。
- 其他如，夕陽、夜景，節慶活動場域及其附屬空間。

11.2 港灣遊憩活動環境需求及營造原則

11.2.1 港灣遊憩活動環境需求

港灣因交通便利、臨近市區，常是遊客休閒遊憩活動場域的選擇之一，環境營造可以提供多樣的遊憩活動，創造港灣魅力。港灣地區空間型態包括：生產作業區、遊憩水域及親水區、陸岸休閒遊憩區、周邊海岸，其他如遠景及道路等。

不同的遊憩活動依存著不同空間型態與環境資源，港灣建造目的為運輸、生產用，景觀環境營造時應思考港灣空間可能衍生的遊憩活動類型及遊憩活動的環境需求，運用適當的工程生態手法有助於景觀與生態環境營造，以符合民眾對港灣景觀生態、遊憩親水利用的需求（表 11.1）。

- 生產作業區，港灣機能是以營運生產爲主要目的，航運安全十分重要，故不適宜發展水上遊憩活動。但港灣碼頭的營運作業、生產用的結構設施物具有特殊意象價值。景觀環境營造，指認具景觀價值的視對象，以景觀美化成爲焦點景觀，可強化漁港魅力及漁港意象。對與休閒遊憩功能、景觀欣賞不協調的建築結構物，可以植栽綠帶加以遮蔽。
- 遊憩水域及親水區，遊憩水域是指可從事水上遊憩活動之水域，親水區指可以臨水賞景、散步的水岸空間。如娛樂漁船碼頭是帶遊客出海觀光、海釣，生產作業區、航道等港區水域，遊客可在岸邊觀賞生產活動、停靠及航行的船舶。廢棄無用的港區水域經水質淨化、復育生態環境，提供堤釣、浮潛、水肺潛水，或是游泳等遊憩活動，或利用防波堤建置人工磯場或磯釣公園。
- 陸岸休閒遊憩區，包括漁貨直銷中心、停車場、服務設施、遊客服務中心等。港灣綠地作爲海濱公園，遊客可在此休憩野餐、放風箏、打球等，陸岸空間也可提供散步道、自行車等，或引進海水做成親水公園。景觀營造如環境美化、人工結構物的生態化、可及性，植栽的運用可加強港灣景觀意象、防風、防潮、遮蔭以營造適意環境。以生態綠化復育海岸林及防風林，營造生態棲地，提供賞鳥等生態觀察場域。親水公園，可以是利用潮汐變化的淡鹹水濕地公園，可供採捕，生態觀察體驗活動，或作爲親水遊戲公園。
- 周邊海岸，港灣周邊海岸可能因突堤效應，導致海岸堆積、侵蝕的現象。在堆積側，可做潮間帶生態復育、人工潮池，增加生態多樣性，提供潮間帶的生態體驗活動。或人工沙灘、人工海水浴場，提供如游泳，沙灘遊憩活動。在侵蝕海岸，生態型人工保護結構物，可保護海岸，復育生態，提供釣魚等活動。
- 其他，如遠景的岬頭、山景，以景觀維持爲主，岬頭、山景可做潛在植被生態復育，恢復其既有景觀生態；水域可以離岸堤營造魚類棲地，或復育紅樹林生態小島，增加生態及景觀效益。道路部分，找出道路沿線可以看到港灣

表 11.1　港灣遊憩活動環境營造與海岸工程技術

空間型態	活動類型／設施	環境營造重點	海岸工程類型
生產作業區	碼頭、航道、泊地、船舶、船庫、漁業作業區：倉庫、漁具整補場、曬網場等	水質淨化 海域靜穩化 特殊景觀意象強化	生態型碼頭、護岸 緩衝植栽
遊憩水域及親水區	娛樂漁船碼頭、海上觀光、堤釣、磯釣、海釣、浮潛、水肺潛水、岸區觀景、散步	水質淨化 人工潮池 人工磯場 磯釣公園 自然生態復育 水岸空間營造	海洋生物著床型結構物 親水性堤防 生態綠化
陸岸休閒遊憩區	漁貨直銷中心、停車場、服務設施、遊客服務中心賞景、散步、騎自行車、賞鳥、生態採捕及觀察體驗，及配合海岸及周邊環境特色衍生的休閒遊憩活動	臨海步道 海濱公園 親水公園 防風林復育 防風防潮綠帶 堤防、胸牆美化	緩坡護岸或堤防 階梯式護岸或堤防 突堤生態化 親水性防波堤 防波堤美化
周邊海岸	賞景、賞鳥、散步、生態採捕及觀察體驗、人工沙灘、人工海水浴場、傳統漁法體驗	海域靜隱 水質淨化 潮間帶復育 人工潮池 人工沙灘 海岸林、防風林復育	離岸堤或潛堤 生態小島 人工岬灣、人工養灘 生態型海岸結構物 潮池及潮溝 生態綠化
其他，如遠景、道路等	賞景	景觀維持 序列景觀體驗	潛在植被復育

特殊景觀或焦點景觀的視線，加以組合營造序列的視覺體驗，加強與遊客與港灣的連結感。

11.2.2 營造原則

港灣水岸環境營造包括維護與改善二個面向，維護面，目的是就港灣空間利用型態，維護地區海岸景觀特色。因此指認港灣景觀特色的視對象、視點場，加以維護或在營造過程中予以強化是爲重點。改善面，目的在創造港灣更佳的觀賞性與吸引力。港灣因生產作業需求有許多人工建築、結構及設施物，使得環境單調水泥化。景觀環境營造結合適當的生態型海岸保護工法，在消極面可以緩和這些結構物對景觀的衝擊，積極面在重新營造海岸景觀美質及復育生態環境。

一、視對象景觀的確保及其場域環境營造

對港灣景觀資源進行盤點後，決定視對象，及視對象場域空間規模的大小，以利視對象保存、視對象—視點場、視對象—副對象的景觀環境營造（圖 11.1、圖 11.2）。副對象及視對象場域的土地利用型態會影響視對象的景觀印象，首要條件是空間尺度的比例不能干擾視對象，且色彩要與視對象相協調。

視對象場域空間規模尺度可以依據視對象物體的尺寸來決定，觀景者觀看景物的認知極限視角約爲 0.5°～1°，此時的觀賞距離約爲 4～8 公里，可見的視對象高度約爲 10 公尺。

當視對象物體高度 H 大於寬度 W，H 小於 10 公尺，視對象及其觀賞場域範圍近景約在 10H 以下，中景約爲 10H～30H，遠景約爲 30H～50H；H 大於 10 公尺，視對象及其觀賞場域範圍近景約在 10H 以下，中景約爲 10H～30H，遠景約爲 30H～100H。

當視對象物體寬度 W 大於高度 H，W 小於 10 公尺，視對象及其觀賞場域範圍近景約在 10W 以下，中景約爲 10W～30W，遠景約爲 30W～50W；W 大於 10 公尺，視對象及其觀賞場域範圍近景約在 10W 以下，中景約爲 10W～30W，遠景約爲 30W～100W。

可以觀賞視對象的視點場位置或視野方向有多種可能性，視點場若因地形變化、建築物阻擋而無法清楚看到視對象，或通往視點場的路徑不易到達，或是危險的，則應將視點場或視對象從提取範圍中刪除。

表 11.2　視對象場域規模

視對象		視對象場域		
		近景	中景	遠景
H > W	H < 10M	< 10H	10H ～ 30H	30H ～ 50H
	H > 10M	< 10H	10H ～ 30H	30H ～ 100H
W > H	W < 10M	< 10W	10W ～ 30W	30W ～ 50W
	W > 10M	< 10W	10W ～ 30W	30W ～ 100W

資料來源：日本農林水產省（2010）。第 4 章，地図を用いた視点場抽出範囲の設定。https://www.maff.go.jp/j/nousin/keityo/kankyo/attach/pdf/keikan_manual-11.pdf

圖 11.1　視對象及副對象關係

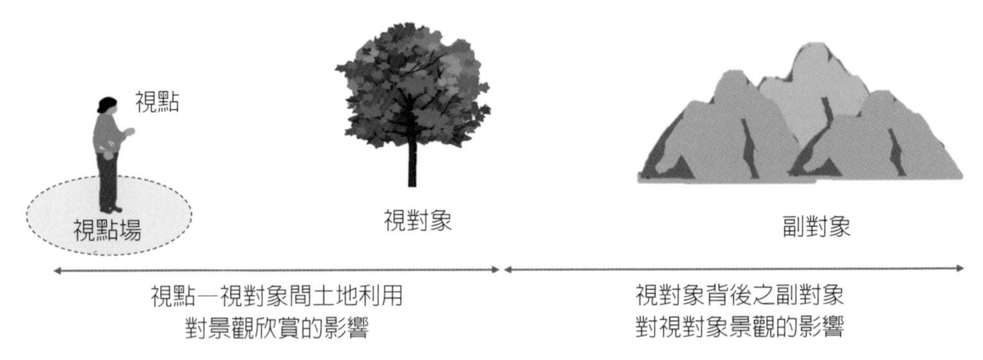

圖 11.2　視點場－視對象－副對象的關係（改編自日本農林水產省，2010，農村における景観配慮の技術マニュアル－デザンコード活用手法）

二、視軸線確保及連續性景觀營造

可觀看視對象且具景觀價值視軸線應予以確保，視軸線周邊的建築結構物應以植栽軟化，減少建築結構物對視軸線景觀的影響。同時不要讓建築結構物破壞自然天際線，維持自然天際線的完整性（圖 11.3）。視軸視眺望的景觀範圍內，如重要特色景觀或焦點景觀，是構成港灣印象的重點區，因此範圍內的建築結構物應有高度管制，避免阻礙眺望的視野，且建築形式、色彩等要配合景觀環境與之相協調（圖 11.4）。

連續性景觀，包括實質上及視覺上的連續性。在靠近水邊岸際有連續性景觀，讓遊客行走移動時在主要視軸線上可以欣賞到多樣的景色；同時在水平視野上可以俯瞰整個內港區域。港區與海岸、社區漁村等的串連步道，可營造連續性景觀，創造序列的視覺體驗（圖 11.5）。

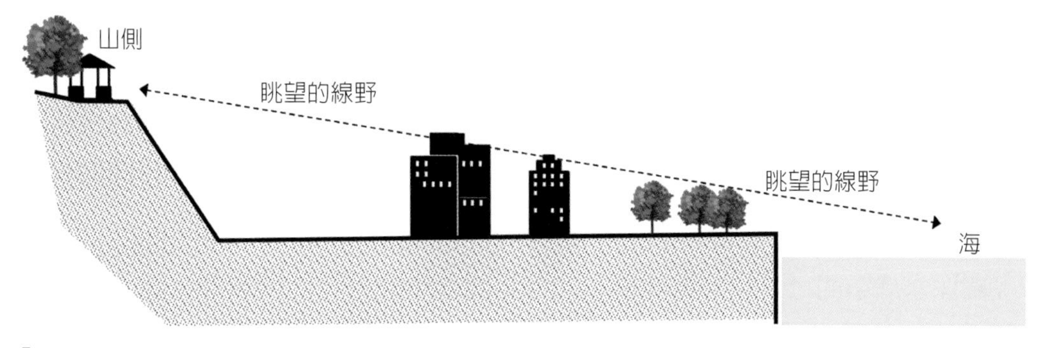

圖 11.3　眺望視線可能被建築物阻擋港灣水際線視野或海上眺望陸側遠景之視野

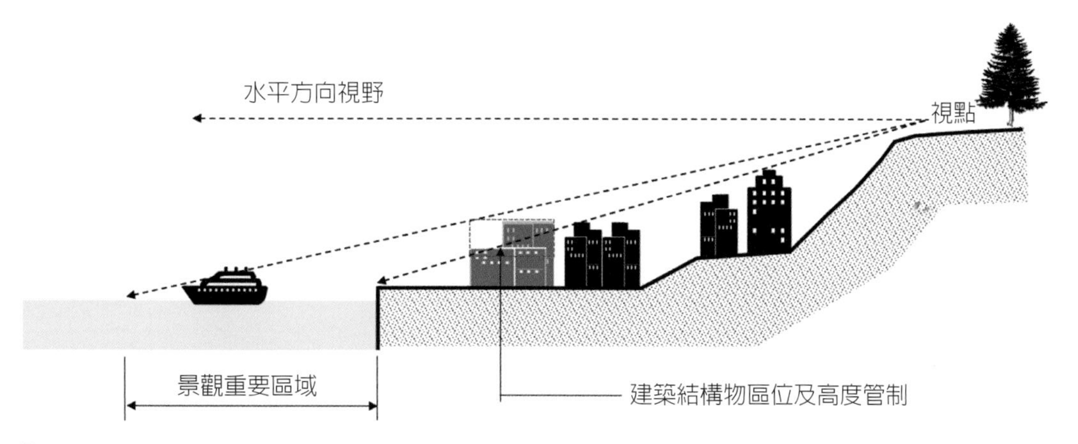

圖 11.4　眺望視軸視內的建築結構物不可影響景觀重要區段的觀看（改編自日本国土交通省，2007，港湾景観形成ガイドライン）

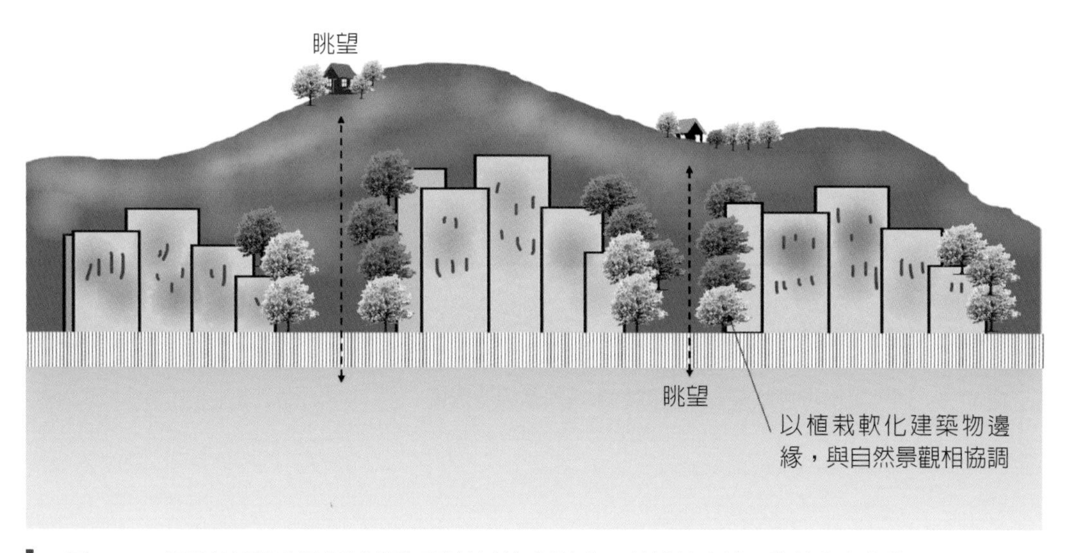

圖 11.5　視軸線邊際的建築結構物應以植栽加以軟化，並維持自然天際線的完整性

三、加強水岸空間魅力的認知印象

水岸空間營造重點在使其具有港口景觀意象，乾淨的水域，白天可以反映天空及周圍建築結構物倒影，夜晚可以映照閃爍的迷人夜景。水岸邊歷史倉庫、特色建築結構物、可遠眺的視對象景觀都應予保留。與港灣生產、船舶遊憩、服務碼頭或相關設施物的美化要能強化港灣印象。營造人們可以舒適行走和停留的空間節點，或伸入到水域的廊道，增加人與水親近的機會。

確保水岸空間可及性及開放感，也包括臨水岸建築物的開放性，過多封閉不可進入的建築物會使遊客有阻隔距離感。水岸建築物常會成爲景觀空間中的主導元素，要使其與水岸及港口景觀意象相協調，並透過造形、材料、色彩等創造空間的節奏感及焦點。同時可以燈光及水域反射的照明計畫營造出迷人的夜景，爲水岸地區帶來活力與吸引力。

水岸側的人工結構物，在安全無虞的情況下，可以緩坡護岸或階梯式護岸增加親水性，結合水岸廣場成爲展演及休憩空間。

四、運用植栽營造適意性環境及遮蔽不良景觀

運用植栽可以調和港灣人工結構物與自然海岸，或漁村間景觀的不協調性，軟化人工結構物的生硬感或壓迫感。道路、人行通路上運用喬木樹型及其配置，可引導遊客視線，使遠處的視對象在視野中突顯出來。港灣內的不良景觀，如港區作業區及機械裝卸設施可設置緩衝綠帶加以遮蔽，或有安全疑慮的、噪音、廢氣、惡臭汙染等，可以植栽綠帶加以緩衝或阻離（圖 11.6）。

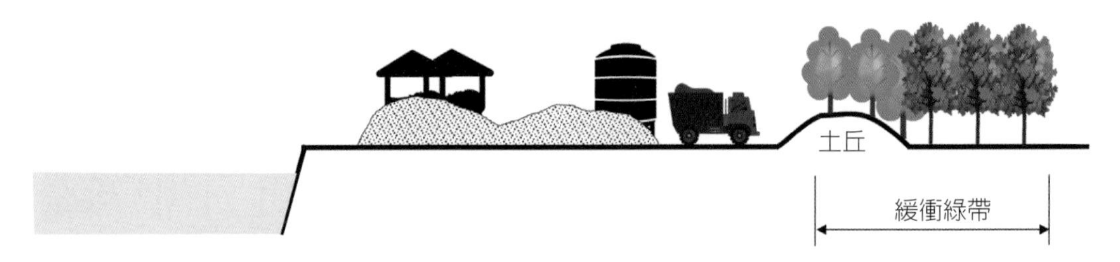

圖 11.6　運用緩衝綠帶以減輕不良或危險域對景觀的影響

灣港及社區漁村通常是土地利用密集的環境，爲因應海岸烈日、高溫課題，提供港灣舒適的遊憩環境，道路中央分隔島、人行道等應設置足夠寬度的綠帶。綠帶寬度應至少可以種植雙排遮蔭樹，並以複層植栽種植，爲讓植物有更好的生長空間及存活率，有效土壤深度喬木依種類以不少於 60～150 公分、灌木 50～70 公分、地被植物 30 公分（表 11.3）。

表 11.3　綠化植栽基本基盤的有效土壤厚度

<table>
<tr><th rowspan="2">有效土壤</th><th rowspan="2">地被植物</th><th rowspan="2">灌木
低木
1m ～ 3m</th><th colspan="3">喬木</th></tr>
<tr><th>目標樹高
3m ～ 7m</th><th>目標樹高
7m ～ 12m</th><th>目標樹高
12m 以上</th></tr>
<tr><td>上層土壤</td><td>20cm 以上</td><td rowspan="2">30-40cm</td><td rowspan="2">40cm</td><td rowspan="3">60cm</td><td rowspan="3">60cm</td></tr>
<tr><td>下層土壤</td><td>10cm 以上</td></tr>
<tr><td colspan="2" rowspan="3">上層有效土壤：養分、水分補給
下層有效土壤：支持根系分布，排水、通氣性的確保</td><td>20-30cm</td><td></td></tr>
<tr><td rowspan="2"></td><td>20-40cm</td><td>20-40cm</td><td rowspan="2">40-90cm</td></tr>
<tr><td></td><td></td></tr>
<tr><td>排水層厚度</td><td>—</td><td>10cm</td><td>15cm</td><td>20cm</td><td>30cm</td></tr>
</table>

資料來源：日本農林水產省，第 12 篇漁港環境設施整備。
https://www.jfa.maff.go.jp/j/gyoko_gyozyo/g_thema/attach/pdf/sub52-29.pdf

五、結構設施物的複合功能及與環境協調性

港灣結構物，如防波堤、碼頭、海堤等，在確保安全性和功能性的同時，應將其與周邊親水休閒遊憩區、自然海岸、漁村的景觀相協調，與地方意象相連結的結構物，可爲地方創造旅遊景點魅力。

防波堤、胸牆等結構應考慮結構的表面處理和材料運用，減緩結構量體給周圍環境帶來壓迫或不適感。除了水岸親水環境營造，可運用各種生態工法聚魚、設置釣魚護岸。

港區建築物的造型、色彩、材料等應力求與港口景觀相協調，且應考慮地方意象特色的延續。生產作業需求的結構設施物在確保安全和功能性前題下，截取地方

設計語彙進行設計，並與港口景觀相協調。

隨著工法的進步，在安全防災無虞情況下，應以海岸生態工程爲主，並減量設計，以維護較佳的景觀環境。同時應於進行海岸土地更新利用時就整體環境進行檢討，思考對既有人工結構物進行景觀改善或減量計畫。

陸側相關結構設施物或道路、停車場等空間應少用混凝土、柏油等非綠色營建材料，盡量多使用砂土、木石和植栽等綠色營建材料。且盡量以透水性鋪面取代不透水鋪面等。

11.3 環境營造技術

11.3.1 親水設施環境營造

港灣人爲設施多必須加以整理才能夠有遊憩利用價値，進行景觀環境營造前需先考慮以下事項：

- 不能妨礙到港灣及原有土地使用功能。
- 強風巨浪經常發生的地方不適宜營造遊憩親水設施。
- 易受侵蝕的海岸，海岸設施需以防災功能爲主，然後才考慮與海岸景觀的協調性及遊憩親水設施的提供。
- 盡量減少人工設施，多採用生態植栽或自然性材料才是永續性海岸建設手法。
- 設施的設置不應對水陸域的自然生態造成衝擊，工法的選用以能營造生態環境者爲適當。

海岸結構物的改善需根據使用機能、腹地、周邊土地等進行考量，如臨近漁村的海岸結構物改善，可爲居民提供臨海通行、散步路徑。過高的海堤阻隔視野、消波塊影響海岸景觀生態，緩坡砌石親水海堤，易於親水、觀景、散步，若有突堤效應造成沙灘流失，利用人工養灘，營造親水休憩海岸（圖 11.7、圖 11.8、圖 11.9）。

(a)

(b)

圖 11.7　日本廣島縣瀨戶田港整備前後環境景觀對照：(a) 營造前，(b) 營造後（日本国土交通省，2004）

(a)

(b)

圖 11.8　日本香川縣津田港整備前後環境景觀對照：(a) 營造前，(b) 營造後（日本国土交通省，2004）

(a)

(b)

圖 11.9　日本福岡縣博多港整備前後環境景觀對照：(a) 營造前，(b) 營造後（日本国土交通省，2004）

11.3.2 釣魚設施

釣魚活動是很受喜愛的健康休閒活動，喜歡到海邊垂釣的民眾相當多，也是港灣重要的臨水遊憩活動。常有民眾冒險在防波堤和消波塊上進行垂釣，因此安全且有豐富魚群垂釣場所的開發有其必要性（圖 9.25）。或設置收費的海上釣魚平臺，以鋼構棧道設置釣魚活動空間於海中，平臺上並設置專用的釣魚設施，如安全帶、水龍頭等。由於平臺下面水中拋置各型魚礁有很好集魚效果，因此容易讓遊客達到休閒遊憩的目的（圖 9.25、圖 9.26）。

漁港碼頭閒置區因安全性較高，適合營造成可親子一起遊樂的場域，除了提供舒適的休憩設施外，也可改建成親子釣魚場，可以人工方式，如音響誘引外海魚類游進港區泊地，或以天然或人工礁石拋石工法、棧橋釣魚平臺結合拋石及生物床，復育生態棲地集魚。廢棄碼頭可以人工養灘等手法營造生態棲地及親水環境，提供多樣親子遊憩活動機會（圖 9.27、圖 11.11）。

此外，因防波堤深入海中，加上消波塊等結構物容易有集魚效果。利用防波堤適於釣魚的特性，在堤頂增加安全性和方便性設施，使釣客能安全且舒適的達到釣魚的樂趣。尤其臺灣西海岸海底坡度平緩，近岸處水淺不利釣魚，故對防波堤、離岸堤等海岸構造物稍做改善，是營造釣魚活動場所很好的一個機會（圖 9.28）。

圖 11.10　安全又有豐富魚群垂釣場所的開發有其必要性。且應考慮為釣客設計適合的扶手、生態海堤

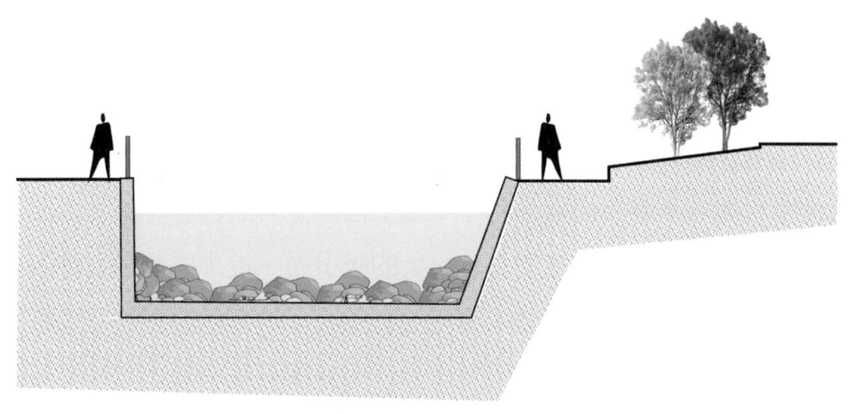

(a) 廢棄碼頭拋石生態復育

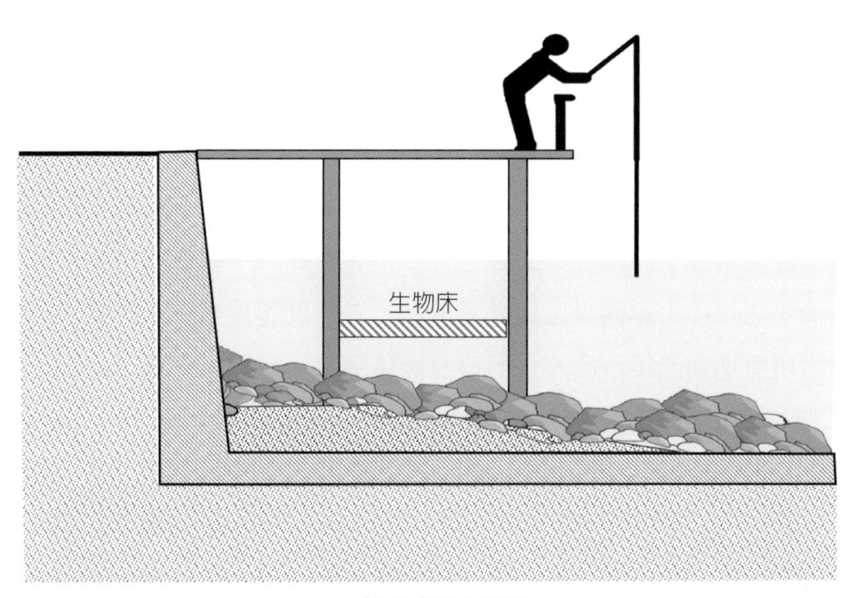

(b) 棧橋式釣魚平臺

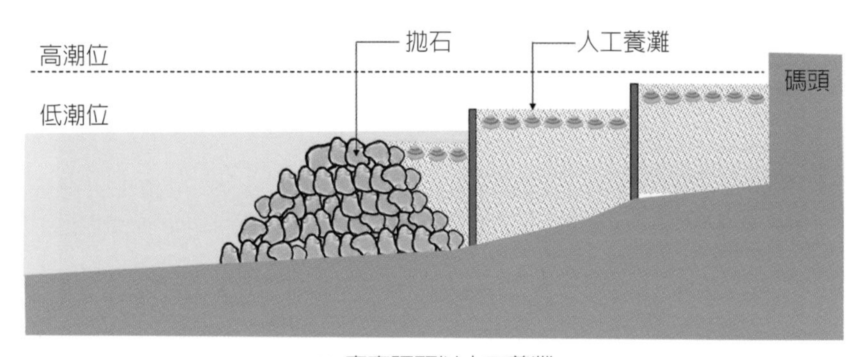

(c) 廢棄碼頭以人工養灘

圖 11.11　廢棄碼頭生態復育

11.3.3 遊艇碼頭與漁人碼頭

海上的遊艇活動在先進國家是深受歡迎的休閒活動之一，雖然臺灣是全世界最大的遊艇生產地，但一般民眾對遊艇休閒活動並不熟悉，這可能與臺灣海岸環境及國人休閒習慣有關。臺灣海岸缺乏灣澳，加上沿岸尤其是西海岸海水混濁水產資源缺乏，海面上的遊憩活動對民眾並沒有很大的吸引力。近來由於遊艇港及漁港多元化建設發展，很多地方的漁港碼頭改建成遊艇碼頭，很多漁船也改造爲供遊憩使用的遊漁船，乘載遊客出海釣魚或賞景。臺灣近海漁業資源枯竭，尤其是在西海岸沙灘型海岸漁獲不多，但若利用漁礁的設置創造漁場，對喜歡海上垂釣之遊客仍會有很大的吸引力。

漁港多元化建設發展，主要以觀光爲主，除了遊艇碼頭以外，漁人碼頭的設置也是重要發展重點。遊客在漁港購買生鮮漁獲，還可以看到漁船與漁民生產作業，就如觀光果園一般，遊客可充分體驗漁市拍賣，獲得接近生物實體的滿足感，並可接近海洋大自然。漁港與觀光遊憩工程相關的建設，應以水岸和生態環境營造爲重點，而不應以陸上景觀設施爲投資重點，尤其硬體建築物，如廣大的停車場，會讓漁港環境更加高溫不舒服，也不符合綠色港口（或稱生態港口）經營趨勢（圖11.12）。階梯式護岸、植栽綠化有利營造適意親水的碼頭水岸空間（圖 11.13、圖

圖 11.12　港口烈日酷曬時間長，過多的人工鋪面會讓漁港地區熱環境不利遊憩使用

11.14）。漁港的多元化永續經營應從港池水質淨化開始，結合地方景觀生態環境和地方人文特色，並運用社區總體營造手法，達到充分發揮漁港碼頭觀光遊憩的功能。

圖 11.13　階梯式護岸營造碼頭水岸親水環境

圖 11.14　運用植栽營造碼頭水岸適意空間

11.3.4 大型土木工程和建築群構成的港口景觀

港灣內的大型橋梁和建築群，可以形成港口大尺度的全景景觀意象。大型工廠和倉庫地區，以低明度、低彩度色彩，營造與周圍環境相和諧的港口景觀（圖 11.15）。同時港灣作業區常是景觀凌亂的場所，可以隔離綠帶做緩衝，盡量減少對視覺景觀的負面影響。碼頭建設除滿足產業需求外，因其爲寶貴的水陸交界面，是遊客最易接近及感受到的近景景觀，其結構物或休憩設施等要能呈現港口特色（圖 11.16、圖 11.17）。

建築結構物周邊有足夠的腹地，可以地形變化及植栽，緩和混凝土結構物的景觀衝擊，提升港灣視覺美質及舒適性感受，增加自然氛圍及變化性，打造港區特色景觀，創造有吸引力的視對象，如燈塔、吊橋、橋梁、碼頭、漁獲吊架、魚市場等景觀特色營造（圖 11.18）。

圖 11.15　碼頭水岸結合倉庫群營造休閒遊憩場域（新加坡）

圖 11.16　都市港灣水岸環境營造（巴塞隆納）

圖 11.17　運用人行棧橋打造港區特色景觀

圖 11.18 運用高程變化增加碼頭趣味性

11.3.5 生態棲地營造

海岸工程從線到面的防護，到兼顧自然生態，達到與自然環境共生共存之目標。海岸生態工程除了防止海岸災害，同時要確保或復育海岸原有自然形態、生態與景觀。港灣生態工程包括生態棲地環境的改善與創造，旨在降低因人工結構物及水汙染等課題造成棲地質與量的變化。

水質淨化爲生態復育之基礎，由於人工結構物使泊地與海水交換較低、海水滯留不易流動，影響泊地及附近海域水質環境。透水型海岸結構物是在人工結構物上附加海水交換與生態機能，利用潮汐或波浪能量促進海水交換，以淨化水質、營造生物棲地，達到生態復育之效益。閒置泊地可以設置前檻結構堆置大石塊使水變淺，從而促進海藻更活躍的光合作用，或人工養灘形成潮間帶生態環境，可提供釣魚，採捕等生態體驗活動（圖 11.11c）。

海堤、護岸或防波堤以複式平臺緩坡，增加水生生物生存和繁殖的場所。破損防波堤的修復可改良成爲與自然和諧相處的防波堤，水下結構材料可採用大型石塊創造海藻、魚類棲地，可以提供釣魚等活動。

生態式離岸堤或島堤，形成靜穩水域，結合人工養灘供親水遊憩利用。發展潮間帶自然生態供海岸地景生態體驗活動。結合人工魚礁、生態產卵礁，創造生態棲地。因礁石間空隙可讓海藻、海草及魚類生長，海水較靜穩、交換良好，可發展浮潛、生態體驗活動（圖 11.19、圖 11.20）。

圖 11.19　生態環境復育可使港灣成為生態體驗及遊憩場域，右側水中立木吸引鳥類暫停，遊客可在此近距離觀賞

圖 11.20　島堤形成靜穩水域及沙灘

11.3.6 都市型的港灣

・重視水岸空間和市區與自然綠地的連續性

都市型港灣，水岸常是城市空間軸線的重要一環，植栽在連結水岸與都市空間扮演一個很好角色。港內地景從海平面、港口、濱水綠地有韻律地延伸到都市空

間，再到周邊自然綠地，和諧交織的連續性視覺景觀體驗對都市型港灣環境營造非常重要。

・賦予水岸空間意象魅力

都市型港區有更多的空間供市民近距離接觸港口，從市區沿著海岸可以形成水岸長廊，遊客視覺體驗從都市高層建築、與港灣相關的歷史建築、工廠碼頭、水上船舶等景觀元素，從市區到港灣，從人工—生產—自然的景觀，景觀環境營造要有效掌握及延伸其多樣性魅力，可讓水岸空間更具吸引力。

・思考船上視點和視對象，創造海上吸引力的風景

因觀賞位置不同遊客對港灣與都市景觀的感受也會發生變化，遊船常是都市型港灣遊憩活動之一。從市區到海岸的路徑多與海岸垂直，水岸路徑多是水平與垂直交織，遊船路徑是與海岸平行且視野開闊。海上觀光多以港口水岸爲近景、市區爲中景、山景爲遠景，是眺望的動態景觀，可供遊客指認的視對象或焦點景觀，可以強化遊客地點感印象，營造整體景觀的和諧性可以使港灣具有自明性、意象性。所以都市型港灣景觀環境營造，包括從市區看水岸、水岸看陸側及海側，還有海上看陸側的景觀。

・視點場的保存與創造

都市型港灣可以從多個角度欣賞港區風景，在都市建築高處或遠山等鳥瞰緩緩展開的都市建築、水岸景觀、碼頭、航行的船隻、海洋等，營造這些視點場可以增加旅遊的豐富性，提升都市型港灣觀光遊憩價值。

・營造景觀元素的多樣性及和諧性

視點場與視對象關係的思考，從不同觀賞位置、觀賞距離、觀賞速度等檢視視對象，以作爲強化現有景觀元素吸引力的依據，這些內容的規劃設計，要保留港口功能記憶，並與周邊景觀、地方特色、景觀資源相協調。

11.4 港灣水域景觀偏好及水質管理

港灣用地大部分爲泊地水域，水域環境是港灣重要的景觀資源。「海域環境分類及海洋環境品質標準」以保護人體健康之海洋環境品質爲主，港口水域因船舶進出，這些區域禁止進行水上活動，如游泳、划船，因此對具休閒遊憩功能的港灣，如休閒漁港等，水體景觀的視嗅覺感受非常重要。

水景具有很高的視覺景觀價值，是群眾最喜歡的景觀，水體景觀在視覺適意性感受扮演著重要的角色，因為水體不僅具有美感價值，還能喚起人們正向情感、舒緩壓力和疲勞，水體景觀對於吸引遊客也具有重要意義。

「智者樂水，仁者樂山」，對水體環境的欣賞自古皆然，對美麗水體的形容，如：水天一色、碧水泛波、江水綠如藍、雨過潮平江海碧，多以顏色、澄澈、水面映照著周圍景色等文詞來形容水體的美麗。也有對汙染水體的形容，如：積水非澄徹，明珠不易求；軼埃堨之混濁；幾被泥沙雜，常隨混濁流，大抵多是以水中泥沙夾雜、水體混濁的濁水來形容。一般群眾常以水體外觀如清澈的、乾淨透明的、混濁的，或顏色如水綠或水黃等，或以水體散發的氣味，如清新潮濕的、腥味、霉臭味等直接的視覺、嗅覺感受作為判定水體品質的標準。

水質化性因子是影響水體外觀表現的重要因子，如濁度、透明度是判斷水體澄清與否的最重要標準。港灣水體的透明度會影響遊客的水體景觀美感評價，透明度愈高景觀美評價也愈高。水體可能因船舶及陸上機械關係，使得水域表面浮著一層油脂，使水體透明度受到影響，地表逕流使水體濁度增加，這些現象都會影響遊客對水體的美質評價與喜好，也影響遊客旅遊意願。另一方面，透明度、濁度也會影響水中生物的活性，進而影響水質與水色。

當陽光照到水面時，海水通常會吸收紅光至黃光，散射藍光，所以觀賞者多會看到藍色的水色。水中的有機物和無機物等溶解物質，可能會影響浮游生物的生長，也會影響水的顏色。不同藻類群落結構會有不同水色表徵，如水中含大量綠藻時，水色便會呈綠色，嚴重者甚至使海洋呈棕色或紅色，產生令人不喜好的水景。

引起水體臭味的物質以藻類和其他水生動植物代謝或分解之產物，及水體中的有機物和無機物為主要來源。水體異味對於遊客的感官知覺有相當重要的影響，也會影響親近的意願。當水體受汙染時會促使藻類過度繁殖，而產生之代謝物質將會產生臭味；當水中溶氧太低，使水環境形成厭氣狀況，也會產生臭味。其他水中溶解的如氨氮會有刺激氣味，靜止的水體中可能會產生腐敗味（李寶華、傅克忖，1999；何玉琦，2004；畢永紅、胡征宇，2005）。

根據李麗雪（2010）、Lee（2016, 2017）、Lee和Lee（2015）[1]的研究群眾對水體視嗅覺感受的滿意度受到水質透明度、溶氧、氨氮、總磷的影響。將各項水質標準與群眾感受滿意度結合，滿意度從高到低分成 I、II、III、IV 等級，各有其對應的水質標準，並依序給予 4～1 分。如透明度的感受滿意度，第 I 級透明度約大於 2.6 公尺，滿意度最高，點數給予 4 分；第 II 級透明度在 2.1～2.6 公尺之間，滿意度點數給予 3 分；第 III 級透明度在 1.5～2.1 公尺之間，滿意度點數給予 2 分；第 IV 級透明度少於 1.5 公尺，滿意度最低，滿意度點數給予 1 分。

溶氧、氨氮、總磷的感受滿意度點數依此類推計算。四項水質的感受滿意度點數加總獲得整體感受滿意度積分，累計積分值最大為 16，最小為 4。進一步將累計積分值 14 到 16 視為最高水質滿意度等級，定為 A 級；積分 11 到 13，定為 B 級；積分 8 到 10，定為 C 級；積分 4 到 7，定為 D 級（表 11.4）。

水的外表顏色受到很多因素影響，一般是與水中所含浮游藻種類及數量有關，或是水中分解的有機物或無機物造成。水色及透明度影響遊客視覺美質評價，水色及透明度狀態都受到水質影響，且又相互影響。從水色及透明度可以判斷遊客對港域水體的美質評價，水色可以概分成三類，淡黃色至黃綠色、綠色至藍綠色、海寶石藍到藍色。

配合港域水體視嗅覺感受滿意度的水質標準，透明度從高到低分成 I、II、III、IV 等級，結合水色的美質評價分成高到低分成 I（很美麗）、II（美麗）、III（普通）、IV（不美麗）、V（很不美麗）五個等級。乾淨的水在水淺時多為無色透明，可看見池底及水中生物，水深時呈藍色系，其美質評價最高。綠色至藍綠色的美質評價中至稍高，在高透明度時有高的美質評價。淡黃色至黃綠色的美質評價

---

1 Lee, L. H. (2017). Appearance's aesthetic appreciation to inform water quality management of waterscapes. *Journal of Water Resource and Protection*, *9*(13), 1645.

Lee, L. H. (2016). The relationship between visual satisfaction and water clarity and quality management in tourism fishing ports. *Journal of Water Resource and Protection*, *8*(08), 787.

Lee, L. H., & Lee, Y. D. (2015). The impact of water quality on the visual and olfactory satisfaction of tourists. *Ocean & Coastal Management*, *105*, 92-99.

李麗雪（2010）。港灣水體美質評估技術探討。港灣報導季刊，**87**，48-55。

偏低，有較高透明度時，其美質評價可提高接近至中等（圖 11.21）。與本節相關的水質淨化手法見第 5.3 節。

表 11.4　結合視嗅覺的漁港水體感受滿意度水質標準

感受滿意度等級	I	II	III	IV
透明度（M）	> 2.6	< 2.1 ～ 2.6 ≤	< 1.5 ～ 2.1 ≤	≤ 1.5
溶氧（mg/L）	> 6.5	< 4.5 ～ 6.5 ≤	< 4.0 ～ 4.5 ≤	≤ 4.0
氨氮（mg/L）	< 0.5	≤ 0.5 ～ 0.7 <	≤ 0.7 ～ 0.85 <	≤ 0.85
總磷（mg/L）	< 0.3	≤ 0.3 ～ 0.65 <	≤ 0.65 ～ 1.0 <	≤ 1.0
感受滿意度點數	4	3	2	1
整體感受滿意度等級	A（14-16）	B（11-13）	C（8-10）	D（4-7）

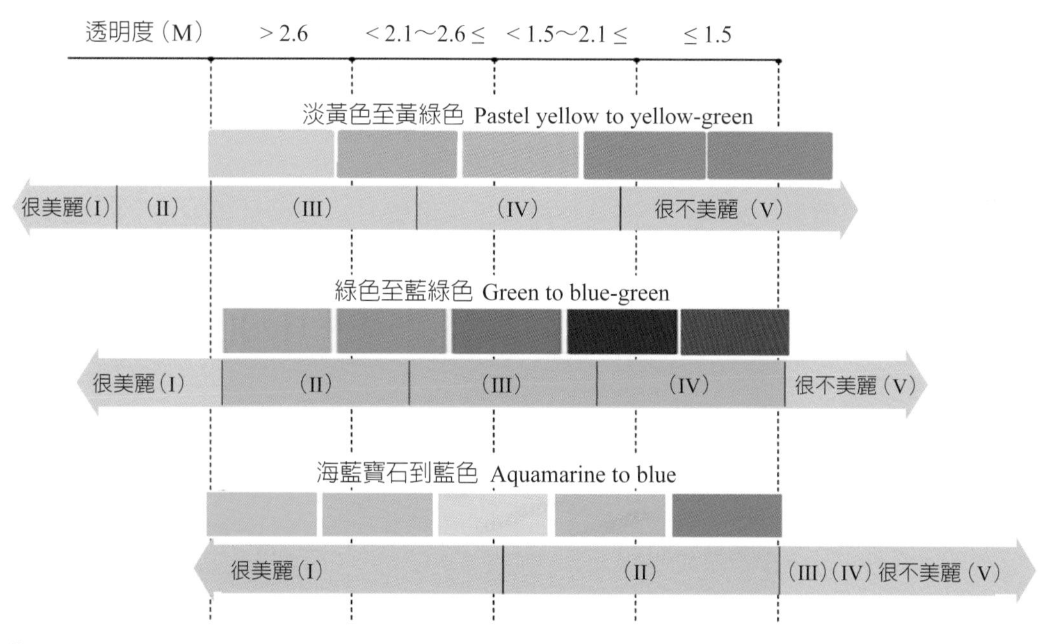

圖 11.21　水色與透明度關係下的景觀美質評價

參考文獻

1. 何玉琦（2004）。應用嗅覺與儀器方法分析水中臭味之研究。碩士論文，國立成功大學環境工程學系。
2. 李麗雪（2010）。港灣水體美質評估技術探討。港灣報導季刊，**87**，48-55。
3. 李寶華、傅克忖（1999）。南黃海浮游植物與水色透明度之間相關關係的研究。黃渤海海洋，**17**(3)，73-79。
4. 畢永紅、胡征宇（2005）。水色及其與藻類的關係。生態科學，**24**(1)，66-68。
5. Lee, L. H. (2017). Appearance's aesthetic appreciation to inform water quality management of waterscapes. *Journal of Water Resource and Protection*, *9*(13), 1645.
6. Lee, L. H. (2016). The relationship between visual satisfaction and water clarity and quality management in tourism fishing ports. *Journal of Water Resource and Protection*, *8*(08), 787.
7. Lee, L. H., & Lee, Y. D. (2015). The impact of water quality on the visual and olfactory satisfaction of tourists. *Ocean & Coastal Management*, *105*, 92-99.
8. 日本国土交通省（2007）。港湾景観形成ガイドライン。
9. 日本国土交通省（2004）。港湾整備効果事例集。
10. 日本農林水產省（2010）。農村における景観配慮の技術マニュアルーデザンコード活用手法。

CHAPTER 12

海岸未來發展與願景

12.1 海岸土地發展

12.1.1 魚塭

臺灣西南部海岸土地平坦、地勢低窪排水不良以及氣候惡劣不適居住和農作，在海堤以內很多地方發展成爲漁業養殖區，隨處可見俗稱魚塭的養魚池塘（圖12.1），臺灣目前國內的養殖漁業產量已占全部漁業產量的一半以上。由於外海漁業自然資源日漸枯竭，勞力短缺加上漁港淤積問題嚴重，未來養殖漁業勢必取代海上漁船捕撈作業而成爲供應民生水產物資的主要來源。陸上魚塭養魚成本低利潤高，臺灣海岸土地最大的經濟利用方式應是水產養殖。

岸上水產養殖最重要的條件是要有充足和乾淨的海水，由於臺灣很多海岸土地高程低於高潮位但高於低潮位，高潮位時引入海水，低潮位時排出養殖廢水，取水排水都可依靠重力非常方便，這種魚塭其實就是一種人工潮池，用來漁業養殖事半功倍，可以創造很大的經濟產業。然而由於土地上高密度的遍布魚塭以及魚塭內高密度的魚蝦養殖，海水的引進以及廢水的排出，難以做到眞正與海水有充分的交換，導致魚塭內水質不良甚至汙染周遭的環境。又若陸上下大雨剛好碰到高潮，堤內的水排不出去，魚塭被淹沒會造成很大的經濟損失。因此引水、排水以及水質問題若無周全的改善計畫和相關設施來配合，養殖事業的未來發展會受到很大的阻礙與限制。

此外海岸漁業養殖區的整片土地，環境品質低落，設施凌亂水泥過度使用，缺乏植栽全無綠意，形成生態貧瘠景觀單調的一種不良海岸風貌。水塘、渠道和海岸線原本具備良好生態景觀環境潛能，現今只爲經濟考量而忽略了土地自然資源的價值，極爲不妥。這種地區整體環境的改善，需要政府單位的經費補助和觀念宣導才有改造成功的機會。政府曾爲了避免環境雜亂，對取水排水利用共同管溝的構想有一些推動之外，目前對於生態景觀環境的改善仍缺乏積極有效的作爲。反而有時囿於當地民眾要求，會將排水道的土石緩坡護岸改造成混凝土直立護岸，將土石路改造成水泥或柏油路，常常工程過量嚴重破壞自然生態和景觀，一切只爲漁民生活、工作方便和經濟利益。時下這種普遍的民意與公共建設，對永續海岸或里海精神的倡導與推動而言可說是背道而馳。

圖 12.1 海岸魚塭

不論任何水岸只要用心營造，都可成爲生態豐富環境優美的空間。例如由於地勢低窪，魚塭間的排水渠道通常都是感潮河段，水岸邊有茂盛的紅樹林，從魚塭排出的水含有大量有機汙染物質，渠底底棲生物豐富，水鳥有食物來源又有可棲息的樹林，因此渠道蘊含有非常豐富的生態資源。此種類似潮間帶的海岸生態，又因兩旁伴隨有紅樹林生長，生態和景觀顯得更爲豐富和多樣。如圖 12.2 所示，如此環境優美的地方，若提供小船悠遊其間，將成爲生態旅遊的絕佳去處。

再說魚塭水岸的營造，一般漁民的觀念是認爲堤岸上的植生對養魚有弊無利，樹林引來鳥類棲息，鳥類會吃掉魚塭中的魚造成損失，這與稻田或果園的經營是同樣的問題，如何避免鳥害有很多方法可以解決，而不能就此否決了自然生態復育的重要性。這與高密度開發利用的工業區不同，魚塭這種在海岸地區大面積土地上做低效率利用的方式，不考慮自然生態系的存在價值，乃違背了生態與產業共榮的里海倡議及永續發展的精神。目前的魚塭養殖是一種人工生態系，我們永續海岸的發展目標是要將人工生態系導向半自然生態系。如今水稻田已逐漸可以用生態方式去經營，雖然會增加不少麻煩，但魚塭的生產方式也應可朝此方向去努力，共同創造美好的海岸環境。如何經營，方法上應有很多可去思考的空間，例如在魚塭堤岸與道路以不吸引鳥類聚集的方式做植生復育，創造綠意盎然的生態景觀環境，多元化生態系的復育等，應是目前首要的當急之務（圖 12.3）。

圖 12.2　漁業養殖排水渠道

圖 12.3　魚塭堤岸上的植生

12.1.2 濕地和潟湖

臺灣海岸天候條件嚴苛，沿岸土地除了魚塭、港口和漁村以外，很多土地難以利用只能任其荒廢。此外西部海岸很多地方地勢低窪排水不易，依照《海岸管理法》防護計畫估計，若無海堤的阻擋，臺灣西岸從中部以南，受暴潮溢淹的區域相當廣泛。即使有了海堤，堤後也時常因海水倒灌而淹水，土地難以做有效的經濟利用。因此假設我們將海堤全部拆除，恢復自然海岸，臺灣海岸的很多土地都會變成濕地或潟湖。海邊有些聚落或魚塭等需要保護的地點，確實是不能沒有海堤，但以目前的臺灣海岸而言，海堤絕對是工程過量，很多海堤後面已無保護標的，但還是不能拆除。以前有人認爲沒了海堤，土地淹了水就算國土流失，多一寸土地就是多一寸國土，於是積極與海爭地，海堤一直向海側推進。然而現在的正確觀念和世界潮流是要還地於海，以自然爲依歸。其實海岸的特點和可貴的就是水陸交接，水岸愈多，自然生態和景觀就愈豐富。順其自然還地於海，讓陸地多些濕地和潟湖將會增加很多的水岸。

臺灣西南部海岸，不少地層下陷區時常淹水，任其自然事實上已是濕地，很多地方排水不良，需要依靠堤內滯洪池減輕淹水，滯洪池事實上就是潟湖，然而由於海堤或防潮閘門的阻隔，使其水體與外面海水無法自由暢通，缺乏與海洋連接的生態廊道，水質與生態豐富性不如眞正的海岸濕地或潟湖。我們在未來若能將這些海岸土地的易積水地區，有些地方抬高地面高程供做道路和居住，有些積水地區利用排水道有效地與海洋連接，這些排水道渠底高程目前很多都已是在海平面甚至低潮位以下，海水與海洋生物可隨潮水進出，潮水帶來乾淨的海水和鹽分，使陸域的水體成爲生物多樣性豐富的淡鹹水濕地或潟湖，帶出有機汙染物使海域增加魚類食物和營養鹽。有時淹水有時不淹水的地方作爲濕地，經常保持有水的地方作爲潟湖，形成廣大的海岸濕地與潟湖遍布的區域，海岸就不再是單調平直的海岸，整片土地除了大幅增加了生態與景觀多樣性之外，這也是一個有效的災害緩衝區，發揮生態防災與韌性海岸的功能。

此外，這種陸域上接近濕地和潟湖的海岸土地，是讓人賞心悅目可親近自然景觀的特殊風景區，是休閒遊憩或生態旅遊的理想地點，如圖 12.4。若有周全的防災措施，再加上環境美化，發展成爲擁有良好居住環境的高級社區，將原本常淹水的荒蕪土地，改變成高價值的可利用土地。這也是實現里海倡議產業與生態共榮的目標。

圖 12.4　潟湖周圍形成環境優美的生活區（日本海洋開発建設協会，1995）

12.1.3 保安林

保安林又稱防風林，其除有防風功能外，還有生態、環境品質和防災等諸多功能，是保護海岸內陸很重要的自然基礎設施。但目前臺灣的防風林因老化而正在逐漸消失，加上氣候變遷的威脅，這是臺灣海岸一個非常嚴重的問題。這問題會被忽視的原因，一是它沒有產值，不像一般山上造林有經濟價值，二是若它消失了不會馬上產生直接明顯的災害，不像海堤破了海水馬上會倒灌進來。想解決這問題要分兩方面來討論，一方面是現在既有防風林的維護，另一方面是防風林的重新復育。

既有防風林的維護，第一是防止天災，主要是防止海岸侵蝕，加強防風林前的護岸結構是防止侵蝕唯一的方法。雖說自然性侵蝕在《海岸管理法》中是希望順其自然，但以自然材料如拋石等自然工法來加固護岸，應是可被接受的。否則就要做海岸線後撤的規劃，在陸側加緊補植苗木拓寬防風林，避免防風林的減損。第二是林相更新，去除老病的植株，補植苗木或引入其他樹種，藉著舊有防風林的防風效果，讓整體植生年輕化多樣化。第三是減少人爲干擾與破壞，不像森林，防風林周遭都是人類活動的空間，遊憩行爲的入侵或私人土地的使用方式等最好能加以規範或勸導，而平時就要宣導一般民眾去認識防風林的重要性。

防風林的重新復育非常困難，首先是土地的取得，其次是植生技術的研究和創新。無既有植生或其他屏障的海灘，風強、鹽分高以及土壤表面乾燥，不論種植樹苗或移植成樹都存活率極低。因此剛開始要有擋風圍籬，植苗後要辛勤澆水，一直照顧到根部能穩定吸取水分爲止。此後若是幾年連續乾旱，造林也不易成功，要等待有連續幾年多雨少風的時機，才有最後成功的希望，所以需要長時間的不斷嘗試和努力。因此，已成形的防風林不能輕易讓其消失，利用既有防風林的防風保濕效果，汰換老舊的樹木，盡快扶植原生樹苗或外來樹苗，才能長久地持續保持其功能。天然防風林可能因棲地條件改變而消失，人工防風林本就是人爲產生，更需有人力的持續維護才得以永存。

12.1.4 太陽能發電

爲減少地球的碳排放量以及減輕從國外進口能源的壓力，臺灣努力的目標是減少對傳統能源的依賴，逐步提高再生能源和綠能對全部能源的所占比率。其中太陽能發電是一個主要發展目標，目前發展迅速，而地點大都集中於海岸地區。根據臺灣的能源政策，到 2025 年，太陽能發電的裝置容量預計達到 20GW，並計畫在 2030 年前達到 27GW。

海岸地區氣候嚴苛土地空曠，利用價値不高，特別是廢棄鹽田、農地或魚塭等沿岸土地，很方便轉移用來作爲太陽能發電的場所。太陽能發電吸收太陽光，需要占用廣大土地面積，對當地生態系統和農業資源產生很大壓力，導致土地性質的變動和生物多樣性的損失。我們若以恢復自然海岸爲目標，這些土地本應以恢復生態繁榮爲優先，而不是以低效率產值的方式去濫用土地。此外如果太陽能板塗料在施工過程中被洩漏，或使用大量的清洗劑而排放到土壤或水域，可能會對土壤和水體的化學組成以及微生物生態系統造成負面影響。如圖 12.5 爲太陽能發電占用魚塭的情況，陽光照不到水面，水體中的浮游藻、底棲藻無法生長，食物鏈中斷生態系

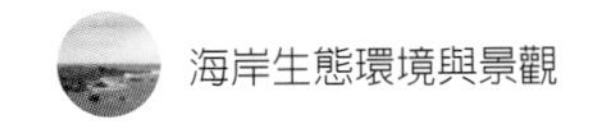

統滅絕。魚塭或農地是半自然生態系，光電廠是人工生態系，將半自然生態系轉變爲人工生態系顯然是違反永續海岸發展的目標。因此在海岸地區，太陽能發電設施應以建築物如工廠、豬舍或雞舍等的屋頂爲優先，採用高密度高效率的土地使用方式，以及要經過嚴格的生態檢核、生態評估和代償措施程序才能施設。健全的代償措施制度尚未建立之前，太陽能發電不宜在海岸地區廣爲推廣和發展。

圖 12.5　占用魚塭發電的太陽能光電廠

12.2 潮間帶維護

12.2.1 自然資源維護

潮間帶是海陸交接的異質交錯帶，一種生態敏感區，也是自然海岸的核心地帶。潮間帶的自然資源包括地形、地質、水體、波浪、潮汐和動植物等，而會改變這些自然資源的原因，一是自然現象的長時間變遷，二是人爲措施短時間造成的改變，三是人爲措施促成的自然變遷。一般會破壞自然潮間帶的主要原因大都是人爲措施所造成的後果。

潮間帶的最主要人爲措施是防災結構物，爲維護潮間帶的自然永續發展，最理想的做法就是海堤、突堤或防波堤等所有人工結構物要避開潮間帶，也就是代償措施中所建議的迴避措施。海堤的位置要盡量遠離潮間帶往陸側興建，不要侵占潮間帶使其變成堤後的陸地，堤前盡量保留自然海岸的空間。離岸堤一般都是設置在低潮位以外的海側不會侵占潮間帶，但可能會影響漂沙移動而改變潮間帶的形態與棲地。突堤的位置正好是在潮間帶，對潮間帶的連貫性阻隔很大，最好不用，若難以迴避只能設法減輕，例如縮短長度或加長間隔。比較理想的防災結構設施是人工潛礁或人工岬灣等近自然工法，應多加利用以避免破壞潮間帶。此外，港口以及填海造地等建設，是完全破壞了海岸潮間帶，雖其占有的海岸長度有限，但基於代償措施的理念，還是盡量能有補償措施的規劃。例如可在防波堤海側實施人工養灘，補償因建港而損失的潮間帶，如圖 12.6 所示。一般海岸的人工養灘，覆蓋了原有的潮間帶而形成新的潮間帶，其利弊得失須經評估分析始能有定論，其內容詳述於 4.3.3 節與 4.4.3 節。

圖 12.6　建港代償的人工潮間帶（日本港湾環境創造研究協会，1998）

防災結構物之外，人類行爲對潮間帶造成的破壞還有水質與底質汙染。雖然如 5.3.2 節所述潮間帶有消化汙染的能力，外面寬廣海水有稀釋汙染的能力，但潮間帶水質和底質若是長期保持著汙染的狀況，只有耐汙染性的少數生物可以生存，生物多樣性低，也不利於親水，對生態系或遊憩行爲都有很大的負面影響。因此河川排水的水質控制與陸上汙水的海洋放流（圖 12.7）必須積極落實，才能得到一個美麗乾淨的自然海岸。此外，陸地的有機汙染要是能善加利用和妥善處理，例如嚴謹規劃的海洋放流，反而對近海生態系的繁榮有益，是符合海岸永續發展的一種人爲措施。

圖 12.7　海洋放流（日本海洋開発建設協会，1995）

12.2.2 水產經濟

雖然要盡量減少人工措施以免破壞潮間帶的自然生態，但牡蠣養殖事業的發展，卻是一個可以接受的人爲措施。臺灣西部海岸有寬廣的潮間帶，牡蠣養殖事業興盛，是臺灣牡蠣的主要生產地。牡蠣自行由水中濾食有機物有淨化海水的功能（詳見 5.3.4 節），以及促進生物多樣性有繁榮海洋生態的功能（詳見 2.3.4 節），也有少許消能防災的功能，又有興盛產業經濟發展的功能，對潮間帶整體生態系的健全發展有很多正面的意義。

一般牡蠣養殖有懸吊式和插竿式兩種方法（圖 12.8）。插竿式的養殖設施是在潮間帶，一般要避開漂沙移動劇烈的地區，所以對潮間帶的地形變化影響不大，但因其設施露出水面，對海岸景觀會產生明顯的衝擊。懸吊式要在水比較深，大致是潮間帶的潟湖中，其蚵體不露出水面，但浮體露出水面，對海岸景觀仍有不良的影響。如圖 12.8 所示，目前由漁民自行發展出的養殖場，常是凌亂不堪失去了自然

(a) 插竿式

(b) 懸吊式

圖 12.8　牡蠣養殖

潮間帶的原有樣貌，不是值得鼓勵的產業發展方式。然而這種人為景觀是可以去改善的，例如插竿的分布和配置由政府或民間主管單位做系統性的規劃，或宣導漁民讓浮體使用較美觀的材料、形狀和布置等。若能約束漁民做好環境整理工作，兼顧養殖和視覺景觀，或許我們反而可以創造出一種獨特風貌的海岸潮間帶，增加海岸景觀的多樣性。

臺灣西部海岸潮間帶雖然適合養殖牡蠣，可是海水水質不佳是一直是個有待克服的問題。雖說牡蠣本身可吸收汙染物來淨化水質，可是在汙染水域中成長的牡蠣，作為人類食物，品質不佳經濟價值較差，甚為可惜。因此不論是自然保育或經濟利用，臺灣沿岸的海水水質改善，都是刻不容緩的工作。

除了牡蠣之外，潮間帶還有不少具有高食用經濟價值的海洋生物，例如二枚貝類的文蛤、花蛤、西施舌，或甲殼類的蝦、蟹等。人類雖有捕食這些潮間帶上野生底棲生物的行為，但一般不做野外人工養殖，而在陸上的魚塭行高密度養殖。在潮間帶上，若是能夠豐富這些自然野生底棲生物，一方面對水產經濟有些幫助，二方面可繁榮潮間帶的生態，三方面可增加遊憩行為的活動項目。因此我們應多利用人為措施，適當地給予一些助力促其繁榮，例如底質、水質、水深的改善，定期的幼苗放養，或抓捕行為的時效控制等，讓自然潮間帶能夠更加活化具有多元性的功能。不論生態或景觀，人為設施好好利用不一定就會損傷自然的存在與價值，人類生活與大自然能夠共存共榮，才是我們未來海岸發展的期望與目標。

12.2.3 休閒遊憩

世界各地著名的度假旅遊勝地，很多是位於海岸風景區，臺灣雖四面環海，但可供觀光遊憩的海岸卻極為缺乏。海岸休閒遊憩產業的開發，也是未來臺灣海岸永續發展積極努力的方向之一。發展海岸觀光事業，首要條件是要有整潔的環境和乾淨的海水水質，這是臺灣海岸目前的困境，要解決整體海水汙染問題需要長時間逐步去完成（詳見 5.3.2 節），但短時間內，還是有些地方仍可有所作為，例如東部海岸雖腹地狹小，但比較沒有海水水質不佳的問題。海岸遊憩行為種類很多，在礁岩海岸有磯釣、潛水或撿拾螺貝等，在沙質海岸有游泳、衝浪、風帆、水上摩托車或沙灘摩托車等，在泥質海岸有挖文蛤、抓螃蟹或生態旅遊等，不同海岸的地理環境條件有不同的遊憩活動，而其主要內容都是在潮間帶的親水活動。海岸遊憩一般都是在氣溫較高的夏天，臺灣的氣候半年以上的時間都適合親水活動，海岸遊憩產業具有很大的發展潛力。

然而一般海岸具有的天然地理條件，剛好能夠滿足某種遊憩活動需求條件的機會並不多，因此若假以人工手段改造原有環境條件，使其更符合於某種遊憩的需求條件，將會大幅增加海岸遊憩的機會、品質和可行性。然而絕不能過度操作而破壞海岸的自然性，否則將適得其反得不償失，例如海水浴場爲了減小波浪和避免沙灘流失，使用 L 型突堤圈住海岸，如圖 12.9 所示，破壞了自然海岸的連續性，是一種不正確的作爲。因地制宜，充分利用各種海岸的自然地理條件，加以如 5.1 節所述的人工潛礁、人工岬灣、人工養灘及人工潮池等近自然工法，去營造合適的遊憩空間才是正確的努力方向。能夠增加視覺景觀和遊憩需求而不破壞生態的人工結構物，如離岸釣魚廊道（圖 12.10）、水邊觀景平臺（圖 9.6、圖 9.18）或親水護岸（圖 9.12、圖 9.16）等，在永續海岸的發展目標上應是可以接受的。此外整理與更新周遭的植栽，廢棄物的清除搬運，一些提升整體生態景觀環境品質的措施，在休閒遊

圖 12.9　不連續的海岸線

圖 12.10　離岸釣魚廊道

憩事業發展上也是必需的。

海岸的經營，除了人工設施建造之外，生態復育、環境整理與管理措施等都需要經費的支助，遊憩事業的收入可以用來支援這些工作，經費愈多環境品質可以做得愈好，如此海岸才能夠得以永續發展，沒有收入沒有經費，就只能永遠停留在如目前般環境品質低落一片荒蕪的狀態。

12.3 近岸水域利用

12.3.1 海洋牧場

魚貝類的成長過程中，在孵化後的幼魚時期有大量的死亡，由於流失、食物不足或被吞食，一般存活率極低，因此若以人爲控制方式給予優越的生存環境使其絕大部分都能存活下去，則可望有豐富的漁獲。因此配合自然環境加上人工輔助以增加漁業資源，此即爲海洋牧場的概念。海洋牧場利用人爲方式創造出適合魚貝類生活的環境，依照各種不同階段需要各種不同的設施。從產卵、孵化、幼魚保育到成魚長成，必須滿足水質、波浪、水流、光線、底質、餌料、產卵孵化場所、消滅敵害等種種棲地條件，殊爲不易。海洋牧場的規模有大有小，內容有複雜的有簡單的，任何海岸生態保育或海洋生態工程其實也都是廣義海洋牧場的實現。狹義海洋牧場一般可分放牧式和圈養式兩種，比較簡單的，前者例如拋放魚礁或藻礁以形成漁場，後者例如需要定時餵餌的箱網養殖。不論魚礁或箱網都是人爲設施，人爲設施要與自然條件相結合才能事半功倍永續發展。

魚礁的使用約有六、七十年以上的歷史，其可增加魚類產量的效果已不容置疑。魚礁投放位置的選擇很重要，一方面要考慮目標魚類的棲地條件，另方面須避免魚礁破壞海洋自然生態環境，故在進行魚礁投設的規劃時要非常謹慎，審愼考量水流、水溫、水深與底質等因素，再選定合適的地點與材料來進行魚礁投放。魚礁材料以混凝土居多（圖 12.11），價格便宜，但重量大易沉陷消失故壽命不長，鋼構魚礁效果較佳但價格高，其他還有廢棄船舶、廢電桿或廢輪胎等亦可作爲魚礁使用。魚礁的使用有很大漁業經濟利益，但要在符合自然生態的原則下廣泛地去實施，也是產業與生態如何共榮的一個海岸發展課題。

圖 12.11　混凝土塊魚礁示意圖

箱網養殖是利用近海水域進行養殖生產的一種方式，由網架、網及錨纜固定系統在海上組成一個圓柱型或立體造型的水體空間，如圖 12.12 所示。有沉式箱網、浮式箱網與浮沉式箱網多種型態，框架又有軟式和硬式之分。海域原本就是魚類生存的空間，利用近海水域來養殖魚類，只要條件合適，成長速度與放養密度都高於陸上魚塭，具有更大的經濟利益。因科技進步與資金集中，海上箱網養殖現已成

(a) 方形箱網

(b) 圓形箱網

圖 12.12 箱網養殖

一種國際潮流發展快速。箱網養殖需要乾淨的海水、適當的水流速度、迴避颱風風險，以及高成本的投資金額。臺灣有很高水準的水產養殖技術以及雄厚的資金，若能利用工程技術改善水理條件和養殖設備，充分利用沿岸近海水域，應有很大的發展潛力。但因是高密度養殖，必須小心避免汙染附近海岸的水質，才能永續經營與維護自然海岸的生態。

12.3.2 離岸風力發電

海岸風速強勁，地勢平坦，風力發電機多設置於海岸地區。風力發電根據能源政策，臺灣計畫在 2025 年之前達到風力發電裝置容量 5.5GW，並在 2030 年前達到 10GW 的目標。早期爲求方便，風力發電機多設置於岸邊後灘或高地，後因顧慮噪音以及視覺效果會對地方環境產生不良影響，且因外海海面上的風能潛力較大，故今發展都朝向以離岸風力發電爲主（圖 12.13）。

圖 12.13　離岸風力發電場

海上風機一般都設置在離岸較遠，水深一、二十公尺以上的地點，雖然其噪音對魚類的影響以及葉片對鳥類的影響至今尙不明確，但依目前的評估，認爲對海岸生態或生物棲地的負面衝擊應該不大。反而是依據既有已開始運作機組的觀察資料顯示，在風機水下的固定基座，由於水質與陽光合適，其上有豐富的附著生物生長，類似人工魚礁的功能，形成多種魚類的良好棲地。然而不像長條狀的深水防坡堤，風機每部機組距離約 500 公尺，間距太遠，對整個風場而言，其魚類總棲地面積有限。若是我們能夠在各部機組之間的海底多拋置一些生態礁、掌握波浪海流資訊、做好自然生態保護與船舶安全措施，加上有效的管理機制，或許可形成一個生態豐富的海洋牧場或漁場。風機的規劃設計與營運過程，對當地的氣象、水理與地質狀況都有詳細的研究和監測，這些資料有助於海洋牧場的規劃和實現。風機造價極其昂貴，並占用廣大的近海公用領域，在經濟上對漁民補償或生態補償都難辭其責且行有餘力，然補償方式應是創造海岸永續的生態環境和繁榮漁業資源，而非給予地方金錢補助去做其他用途。離岸風電的整個風場若能夠同時成爲一個近自然的海洋牧場，將可實現產業與生態共榮的理想，達成海岸永續發展的目標。

12.3.3 島堤與人工島的創造

臺灣海岸平直缺少內灣或內海，直接面對海洋受波浪侵襲，故海岸土地利用價值不高。想要有岸線曲折地形變化豐富的海岸，一則是向內創造人工潟湖或濕地，二則是向外擴張創造內灣或內海水域，例如人工潛礁或人工岬灣。臺灣西海岸坡度平緩水深不深，若能配合廢棄土掩埋，在離岸稍遠的海域塡築人工島堤，如圖 12.14 所示，利用島堤構成內海，則可獲得一穩靜但不封閉的內海。人工島群的構成，可運用精細的水理模擬計算，適當配置人工島的位置，有效控制內海的波況流況，如圖 12.14 所示，如此可將海岸防護前線移防到外海域，增加高利用價值的內海水域空間，並減少沿岸水陸交錯帶原有生態的破壞。此種做法的優點是：

1. 屏障原有海岸土地，防止風浪的侵襲。

2. 形成水質良好又平穩水域的內海，使水域生態繁盛，並有利水產養殖的發展。

3. 增加水陸交界的水際線及淺灘，有淨化海水及豐富生態之功能。

4. 島上土地可做經濟利用或生態復育，如垃圾焚化場、發電場、機場、漁港、遊艇碼頭或生態公園等。

5. 利用自然景觀環境，創造高品質的休閒遊憩利用場所。

6. 陸上廢棄土的充分利用。

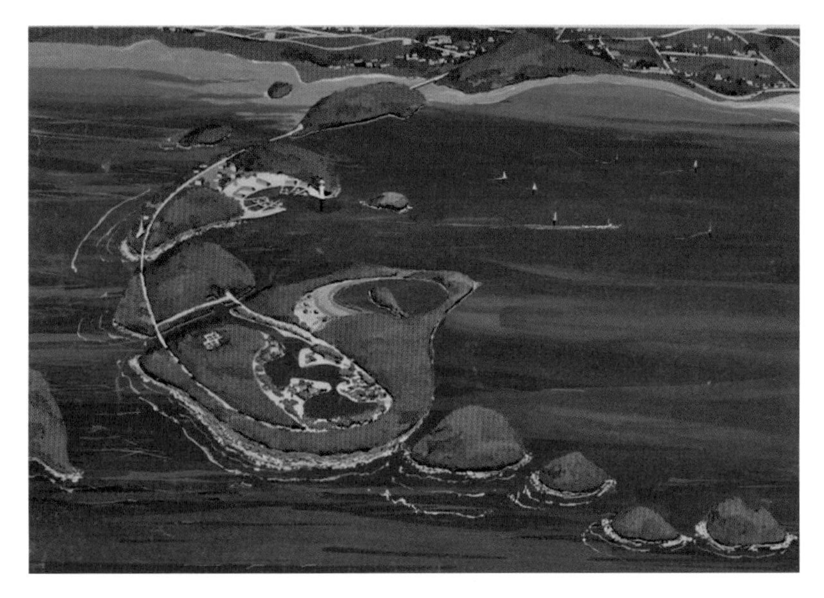

圖 12.14　利用島堤構成內海（日本海洋開発建設協会，1995）

有水岸才有親水空間，同時水岸也是一種異質交錯帶（ecotone）生物物種豐富的場所。我們知道在保護自然和生態的觀點下，蜿蜒的河道優於平直的河道，同樣的曲線複雜的海岸線優於平直的海岸線。如圖 12.15 所示，島嶼可以形成很多曲折的海岸線，建造人工島可以彌補臺灣海岸線過於單調平直的缺點。此外，海岸平直則漂沙盛行，臺灣沿岸大部分漁港都位於漂沙帶內，深受漂沙淤積港口的困擾。人工島位於漂沙帶外，若利用人工島建造漁港，一方面水深大，二方面無港口淤積問題，對臺灣漁業發展會有很大的貢獻。

由於施工船機的進步，如今世界各國在海中建造人工島已不乏其例，例如商業用途的杜拜棕櫚島、軍事用途的中國南海人工造島、交通用途的日本海上機場（圖 12.16），都是很大規模的人造島計畫。大規模的人工島建設計畫需要龐大資金，需要龐大的土方，但在技術上已相當成熟齊備，人工島的構想實現不難，問題是在於它的實質效益。近海離岸人工島的建造起初是以迴避垃圾焚化、火力發電的空氣汙染，或迴避航空噪音等環境汙染爲主要目的，後來因海邊水岸的景觀特色，逐漸成爲休閒遊憩或居住的理想地點，因此其經濟效益與社會效益隨之提升。

圖 12.15　曲線複雜的海岸具有豐富的景觀生態（日本土木学会，1994）

圖 12.16　日本中部機場

臺灣亦有不少海埔新生地或離島工業區等塡海造地的案例，當時由於爲圖方便節省費用，緊鄰海岸抽沙塡土，雖有隔離水道的設計，後來也逐漸淤積陸化。這種營造方式不僅未能形成島堤的功能，反而是埋沒了遠淺的海灘，喪失大面積的海岸潮間帶，造成南北兩岸的生態隔離，阻擋海岸漂沙移動，引起南北海岸嚴重的侵淤變化。這種做法是完全不同於上述島堤建設的多元化永續利用構想。世界各國近年來的海岸新生地開發，都已改向以離島建設爲主，雖然在工程技術與開發資金上較爲困難，但所獲得的效益是永久且多元的，這種做法對海岸線單調平直的臺灣西海岸而言，更是有迫切的需要。

人工島不宜建造於水深較淺的地方，因其一方面侵占底棲生物的棲地，另方面阻擋漂沙移動影響海岸平衡，適合的水深約在一、二十公尺以上。一般在水深二十公尺以上的水下，陽光與空氣不足，海底生物稀少，然而在這種水深的海域水質潔淨。人工島四周的緩坡護岸抬高了水底高程，可孕育豐富的海藻、底棲及魚蝦等海洋生物（如圖 2.24）。例如日本的一些離島海上機場（圖 12.16）興建後，經幾年後調查研究發現，該海域魚類的種類與數量均有很大幅度的增加。

島堤建造構想中最大的困難是在土方的取得與經費的籌措。臺灣的離島建設爲了方便是抽取附近海砂來塡土，對環境衝擊很大且費用可觀。島堤的建造構想應考慮利用收取陸地廢棄土所得的土方與收益來建造，所以建設策略的要點是要盡量拉長施工時間，讓土方的供應不致匱乏。除此之外拉長工期亦可減輕每年財政負擔、降低生態環境衝擊以及有利規劃設計的調整。因外在條件複雜，例如海底地質狀況、塡土的沉陷量以及波流數値模擬的可靠性等，初始的工程設計難有絕對周全的考量，故施工中施工後持續的監測、驗證和適當的應變也是必要的。

臺灣四面環海，政府一再強調以海洋立國，然而受限於海岸氣象與地理條件之故，人民的生活一向是以海堤自絕於海洋，放棄寶貴的海岸自然資源，實在是很可惜。我們在不願實現還地於海的政策下，建設人工島群形成島堤，創造內海豐富漁業資源，保護海岸不受風浪侵襲，將生活空間擴展到海堤外，人民才能眞正與海接觸，實現成爲一個海洋國家的理想。

參考文獻

1. 日本土木学会（1994）。日本の海岸とみなと。
2. 日本海洋開発建設協会（1995）。これガらの海洋環境づくリ，山海堂。
3. 日本港湾環境創造研究協会（1998）。よみがえる海邊，日本山海堂。

國家圖書館出版品預行編目資料

海岸生態環境與景觀／李麗雪、郭一羽著.
－－初版.－－臺北市：五南圖書出版股份
有限公司, 2024.04
面； 公分
ISBN 978-626-393-149-7（平裝）

1.CST: 海岸工程 2.CST: 生態工法 3.CST:
景觀生態學

443.3 113002822

5N62

海岸生態環境與景觀

作　　者 — 李麗雪、郭一羽
發 行 人 — 楊榮川
總 經 理 — 楊士清
總 編 輯 — 楊秀麗
副總編輯 — 李貴年
責任編輯 — 郭雲周、何富珊
封面設計 — 封怡彤
出 版 者 — 五南圖書出版股份有限公司
地　　址：106台北市大安區和平東路二段339號4樓
電　　話：(02)2705-5066　傳　　真：(02)2706-6100
網　　址：https://www.wunan.com.tw
電子郵件：wunan@wunan.com.tw
劃撥帳號：01068953
戶　　名：五南圖書出版股份有限公司

法律顧問　林勝安律師

出版日期　2024年4月初版一刷
定　　價　新臺幣680元